Molekularbiologie kurz und bü[ndig]

Horst Will

Molekularbiologie kurz und bündig

Horst Will
Wandlitz
Deutschland

ISBN 978-3-642-55109-3   ISBN 978-3-642-55110-9 (eBook)
DOI 10.1007/978-3-642-55110-9

Die Deutsche Nationalbibliothek verzeichnet diese Publikation in der Deutschen Nationalbibliografie; detaillierte bibliografische Daten sind im Internet über http://dnb.d-nb.de abrufbar.

Springer Spektrum
© Springer-Verlag Berlin Heidelberg 2014
Das Werk einschließlich aller seiner Teile ist urheberrechtlich geschützt. Jede Verwertung, die nicht ausdrücklich vom Urheberrechtsgesetz zugelassen ist, bedarf der vorherigen Zustimmung des Verlags. Das gilt insbesondere für Vervielfältigungen, Bearbeitungen, Übersetzungen, Mikroverfilmungen und die Einspeicherung und Verarbeitung in elektronischen Systemen.

Die Wiedergabe von Gebrauchsnamen, Handelsnamen, Warenbezeichnungen usw. in diesem Werk berechtigt auch ohne besondere Kennzeichnung nicht zu der Annahme, dass solche Namen im Sinne der Warenzeichen- und Markenschutz-Gesetzgebung als frei zu betrachten wären und daher von jedermann benutzt werden dürften.

Planung und Lektorat: Kaja Rosenbaum, Stella Schmoll
Redaktion: Andreas Held

Gedruckt auf säurefreiem und chlorfrei gebleichtem Papier

Springer Spektrum ist eine Marke von Springer DE. Springer DE ist Teil der Fachverlagsgruppe Springer Science+Business Media
www.springer-spektrum.de

*Dass der Körper des Lebewesens nicht einfach ist,…,
ist klar.*
Aristoteles in „Über die Seele"

Vorwort

Die Molekularbiologie hat die Vorstellungen über Lebensprozesse außerordentlich bereichert. Ob es um Vererbung geht, um die Entwicklung und Funktion von Organen, um Sinnesempfindungen, Lernen oder Verhalten, um immunologische Abwehrreaktionen, um Ernährung, Umwelteinflüsse, Krankheiten, Alter oder Tod, überall sind völlig neue Kenntnisse hinzugekommen.

Das vorliegende Buch gibt einen Überblick über den aktuellen Wissensstand der molekularbiologischen Forschung. Im Vordergrund stehen die Zusammenhänge zwischen Genomaktivität, Proteinfunktionen und zellulären Vorgängen. Auf historische Diskurse, extensive Beschreibungen von Stoffwechselwegen und mechanistische Details wird zugunsten einer übersichtlichen Darstellung verzichtet. Konkrete Angaben beziehen sich vorzugsweise auf Moleküle und Vorgänge in menschlichen Zellen.

Der Inhalt gliedert sich in drei Teile. Der erste Teil ist DNA-Sequenzen und Genen gewidmet. Einzelne Abschnitte behandeln die Struktur von DNA-Molekülen, das Kopieren, die Modifizierung und die Transkription von DNA, die Evolution der DNA sowie Varianten und Defekte von DNA. Der zweite Teil gibt eine Einführung in Proteinstrukturen und demonstriert die Vielseitigkeit von Proteinen als Katalysatoren chemischer Reaktionen, als Energiewandler sowie als Mittler von Transportprozessen, Bewegungen und Signalen. Der abschließende dritte Teil baut auf den ersten beiden auf und beschreibt Zellen als Ganzes. Spezifische Themen sind die Teilung von Zellen, die Entwicklung differenzierter Zellen aus Stammzellen, die Reprogrammierung von Zellen, die Anordnung von Zellen in Geweben und Prozesse des Alterns und des Absterbens von Zellen.

Das Buch ist als aktuelle Information und zum Nachschlagen für alle an Lebensprozessen Interessierte gedacht, für Mediziner, Pharmazeuten, Biotechnologen, Assistenten und Lehrer, die in ihren Berufen mit molekularbiologischen Themen befasst sind, und für Laien, die mehr über molekulare Vorgänge in Zellen erfahren wollen.

Lesern mit geringen Kenntnissen der Molekularbiologie wird empfohlen, sich nicht an den ungewohnten Bezeichnungen der vielen Gene und Proteine zu stoßen. Sie wurden – mit Ausnahme der Nomenklatur von Enzymen – meist willkürlich gewählt. Die Namen von Genen sind durchweg mit kleinen Buchstaben aufgeführt und meist auch kursiv gesetzt, z. B. „*oct4*", „*foxp2*", und die von Proteinen fangen mit einem großen Buchstaben an oder sind gänzlich in großen Buchstaben geschrieben, z. B. „Oct4", „FOXP2". Schlüsselbegriffe sind, wenn sie erstmals im Text auftauchen, halbfett hervorgehoben, und ergänzende Fachbegriffe in englischer Sprache stehen in Klammern.

Als weiterführende Literatur werden am Ende jedes Kapitels Lehrbücher und Übersichtsarbeiten empfohlen. Nur wenige Originalarbeiten mit konkreten Zahlenangaben und neue Arbeiten, die noch nicht in Übersichten erwähnt wurden, sind unmittelbar im Text zitiert.

Der Autor dankt Frau Dr. S. Bähring und Herrn Dr. Th. Müller vom Max-Delbrück-Centrum für Molekulare Medizin in Berlin-Buch für die kritische Durchsicht von Teilen des Textes. Vielen Dank gleichfalls an Frau Kaja Rosenbaum, Frau Stella Schmoll und Herrn Andreas Held für die redaktionelle Hilfe. Alle Unzulänglichkeiten und Fehler gehen gänzlich zu Lasten des Autors.

Inhaltsverzeichnis

1	**Einleitung**	1
	1.1 Was ist Leben?	1
2	**Gene**	5
	2.1 Die Desoxyribonucleinsäure (DNA) enthält die Erbinformationen: Was ist DNA?	5
	2.2 Die Replikation von DNA	11
	2.3 Wie werden die Informationen der DNA gelesen?	15
	2.4 Alle meine DNA	24
	2.5 Die Zugänglichkeit von DNA: epigenetische Regulationen ..	31
	2.6 Die Regulation der Transkription: wie Gene angeschaltet werden	37
	2.7 Die Evolution von DNA	45
	2.8 Wie wir uns in unseren Genen unterscheiden; genetische Variation und Defekte des Genoms	53
	Literatur	59
3	**Proteine**	63
	3.1 Proteine sind Polymere aus Aminosäuren	63
	3.2 Die dreidimensionale Struktur von Proteinmolekülen	71
	3.3 Proteinfunktion I: Bindung von Liganden	79
	3.4 Proteinfunktion II: Katalyse biochemischer Reaktionen durch Enzyme	86
	3.5 Proteinfunktion III: Energieumwandlungen und Bewegungen	96
	3.6 Proteinfunktion IV: Signalübertragungen	111
	Literatur	129
4	**Zellen**	131
	4.1 Wie Zellen aufgebaut sind: Zellhülle, Zellorganellen und Cytoskelett	131
	4.2 Die Teilung von Zellen: der Zellzyklus	146
	4.3 Von Stammzellen zu differenzierten Zellen und wieder zurück zu Stammzellen	159

	4.4	Die Organisation von Zellen in Geweben	172
	4.5	Wie Zellen altern und sterben	183
	Literatur		197

5 Anhang 201
    5.1   Keine Angst vor chemischen Formeln: eine Einführung in Konzepte der chemischen Bindung 201
    Literatur 206

Sachverzeichnis 207

Einleitung

1.1 Was ist Leben?

Der Autor fragt seine Enkelin „Was ist Leben?" Sie antwortet: „Weiß' ich doch nicht. Man lebt und stirbt." Und Achselzucken. Nicht schlecht! Leben entsteht und Leben vergeht. Kann es Unsterblichkeit geben? Nicht für das Leben, das sich auf unserer Erde entwickelt hat. Eine Verlängerung gibt es nur in dem Sinne, dass aus Leben wieder neues Leben entsteht, solange die Bedingungen dafür erhalten bleiben. Jedes einzelne Lebensschicksal kommt früher oder später zu einem Abschluss. Organe, Gewebe und Zellen sind nur begrenzt funktionsfähig. Ihre Leistungen sind ohnehin außerordentlich. Ein menschliches Herz schlägt ca. 60 bis 70 Mal in der Minute, etwa eine Million Male am Tag und 30 Mrd. Male im Laufe eines 80-jährigen Lebens. Immer wieder variiert es je nach Anforderung, und ohne dass wir bewusst darauf Einfluss nehmen, seine Schlagkraft und Schlagfrequenz. Unsere Kniegelenke, in denen jeweils zwei lange Röhrenknochen Kuppe auf Kuppe stehen, halten riesige Lasten aus. Wer auf einem Bein balanciert, verlagert sein Gewicht von durchschnittlich 60–80 kg auf wenige Quadratzentimeter Knorpelschicht zwischen Oberschenkel- und Schienbeinknochen. Umgerechnet auf eine anschauliche Fläche von einem Quadratmeter ergibt sich eine Belastung von über 50 t/m². Die Gelenke tragen dieses Gewicht nicht nur. Sie halten es im Gleichgewicht, beim Stehen und Gehen, beim Tanzen, Hüpfen und Springen. Gewichtheber legen noch etwas darauf, über 200 kg auf die gleichen wenigen Quadratzentimeter Knorpel. Ähnlich erstaunliche Leistungen vollbringen andere Organe, Gewebe, Zellen und sogar einzelne Moleküle. In unseren Körperzellen wirken ununterbrochen molekulare Syntheseautomaten, Pumpen, Generatoren und Motoren. In den Kraftwerken jeder Zelle, den Mitochondrien, rotieren in Membranen Proteinkomplexe und erzeugen mit jeder Drehung eine energiereiche Substanz, die für energieaufwendige Prozesse benötigt wird. Die Proteinrotoren werden durch Ionengradienten getrieben, die ihrerseits durch die Verbrennung von Nahrungsstoffen aufgebaut werden. So ausgeklügelt diese und andere molekulare Komponenten sind, so abgestimmt sie ineinandergreifen, haben sie doch alle nur eine begrenzte Lebensdauer und müssen bei Verschleiß ersetzt werden. Zellen können neue Moleküle synthetisieren, und abgestorbene Zellen können aus Stammzellen und Vorläuferzellen ersetzt werden. Aber auch die zellulären Synthesesysteme verschleißen, und Stamm- und Vorläuferzellen haben ebenfalls eine begrenzte Lebensdauer. Schließlich läuft alles darauf hinaus, dass die Informationen über den Aufbau und die Herstellung der molekularen Komponenten von Zellen und Geweben erhalten bleiben müssen. Diese Informationen sind in den Molekülen von **Desoxyribonucleinsäuren** gespeichert, die von Generation zu Generation weitergegeben werden. Die Moleküle sind gut geschützt, und sie werden bei Schädigungen repariert. Nichtsdestoweniger unterliegen auch sie zufallsbedingten Prozessen und verändern sich mit der Zeit. Änderungen, die einen Überlebensvorteil bringen, bleiben erhalten. Organismen mit „verbesserten" Erbinformationen breiten sich aus. Änderungen, die wichtige Funktionen von Zellen und Geweben nicht ausreichend gewährleisten, beeinträchtigen dagegen die Lebensfähigkeit von Organismen, und diese verschwinden früher oder später. Die Evolution der Desoxyribonucleinsäuren hat auf diese Weise von niederen zu höheren Lebewesen geführt, und der Mensch hat sich mit seinem Erbmaterial an unterschiedliche Bedingungen angepasst. Die Evolution hat auch ihren Tribut gefordert. Viele Entwicklungen wurden abgebrochen. Seitenzweige der Evolution sind ausgestorben.

Die belebte Natur ist aus der unbelebten Natur hervorgegangen. Alle Lebewesen, von einfachen Einzellern bis zum Menschen, bestehen aus kleineren und größeren Molekülen, die den gleichen physikalischen und chemischen Gesetzen unterliegen wie die Moleküle von Gasen und Flüssigkeiten, von Metallen und Steinen, von Gläsern und Kunststoffen. Lebende Organismen heben sich aber durch wesentliche Unterschiede von der unbelebten Materie ab. Lebewesen sind Zellen, oder sie sind aus Zellen aufgebaut. Jede Zelle enthält eine große Anzahl nieder- und makromolekularer Verbindungen, darunter viele, die nur in Zellen synthetisiert werden und die in der unbelebten Natur üblicherweise nicht vorkommen. Lebensfunktionen sind eng an polymere Nucleinsäuren und Proteine geknüpft, und nahezu alle biochemischen Reaktionen werden durch Enzyme katalysiert. Biologische Makromoleküle bilden zudem räumliche Strukturen, die durch die chemische Natur der Moleküle und ihre Interaktionen mit anderen Molekülen bestimmt werden. Sie lagern sich in Prozessen der Selbstorganisation zu umfangreicheren, supramolekularen Strukturen zusammen, die komplexere und differenziertere Funktionen ausführen können als die Einzelmoleküle. Die verschiedenen Komponenten wirken präzise, dynamisch und aufeinander abgestimmt. Sie beeinflussen und regulieren sich gegenseitig. Änderungen einer Komponente haben Änderungen anderer Komponenten zur Folge. Jede lebende Zelle besteht aus so vielen miteinander in Wechselwirkung stehenden Substanzen und Strukturen, dass die Herstellung einer neuen Zelle durch willentliches Zusammenfügen aller Teile unrealistisch erscheint. Wie eine erste Zelle entstanden ist, kann nur vermutet werden. Es gibt dazu Hypothesen. Keine Hypothese, sondern ein wichtiges Merkmal des Lebens ist die Fähigkeit zur Reproduktion. Lebewesen stammen immer von anderen Lebewesen ab. Alle lebenden Organismen haben Eltern. Sie entstehen aus vorhandenen Organismen durch Teilung, Knospung oder sexuelle Vereinigung, und sie übernehmen dabei die Erbinformationen ihrer Vorfahren. Nachkommen geschlechtlicher Fortpflanzung sind keine vollständig identischen Kopien der jeweils vorhergehenden Generation. Charakteristisch für das Leben ist vielmehr die evolutionäre Entwicklung. Ausgehend von frühen Lebensformen sind viele andere Formen, eine große Zahl verschiedener Organismen, durch immer wieder neue Abwandlungen entstanden.

Die Bildung von Zellen und Organismen und auch ihre bloße Existenz erfordern Energie, die aus der Umgebung aufgenommen wird. Zellen sind in der Lage, verschiedene Formen von Energie – chemische, mechanische, osmotische und elektrische Energie – ineinander umzuwandeln. Lebende Organismen nehmen aus der Umgebung auch Informationen auf. Sie reagieren auf Signale und veränderte Umweltsituationen und passen sich den vorherrschenden Bedingungen an.

Die aufgeführten Merkmale gelten für alle Lebewesen. Auf der Ebene der Moleküle gibt es viele weitere Gemeinsamkeiten. Zwischen verschiedenen Organismen existieren aber auch nahezu unzählige Unterschiede. Im vorliegenden Text werden vorzugsweise die Bausteine menschlicher Zellen beschrieben. Ein besseres Verständnis ihrer Funktion hilft, sorgsamer mit dem Leben umzugehen. Es gibt nämlich noch etwas, was die Enkelin weiß und für selbstverständlich hält: Jedes Leben ist ein einmaliges Geschenk, das es zu schützen und bewahren gilt, für sich und für die nächsten Generationen.

Gene

2.1 Die Desoxyribonucleinsäure (DNA) enthält die Erbinformationen: Was ist DNA?

Wenn aus einem Einzeller, z. B. einem Bakterium, durch Teilung zwei Einzeller werden und durch Teilung der zwei Einzeller wieder je zwei Einzeller und so fort, bis Milliarden gleicher Einzeller entstanden sind, dann ist das erstaunlich, aber durchaus vorstellbar. Eine kleine Zelle wächst zu einer großen Zelle, die sich in zwei kleinere Zellen teilt, die wieder zu großen Zellen heranwachsen und sich teilen. In Wirklichkeit ist es keineswegs einfach. Auch bei Einzellern wird vor jeder Teilung zunächst die Erbinformation verdoppelt. Viele andere Zellkomponenten werden vermehrt, und die Teilungen verlaufen streng kontrolliert. Um wie viel komplexer sind die Vorgänge bei höheren Organismen und erst beim Menschen. Wenn aus einer einzelnen Eizelle und einem Spermium eine Frau oder ein Mann werden, die Keimzellen für einen Menschen der nächsten Generation in sich tragen und so fort von Generation zu Generation, dann gibt es dafür keine einfache Vorstellung oder Erklärung. Die Entwicklung von einer befruchteten Eizelle zu einem fühlenden, denkenden und handelnden Menschen und wieder zu einer befruchteten Eizelle ist ohnegleichen.

Die wesentlichen Vorgaben für die Entwicklung eines Individuums sind bereits in der Zygote, der befruchteten Eizelle, enthalten. Ein zusätzlicher Stempel wird durch Umwelteinflüsse aufgedrückt. Die genetischen Informationen sind in polymeren Molekülen, den **Desoxyribonucleinsäuren (DNA)** gespeichert. Um welche Informationen handelt es sich dabei? Die DNA enthält die Information für die Herstellung von zwei Hauptkomponenten aller Zellen und Gewebe, der **Ribonucleinsäuren (RNA)** und der **Proteine**. Die DNA ist das stabile Element, das von Zelle zu Zelle und von Generation zu Generation weitergegeben wird. Vor jeder Weitergabe wird die DNA kopiert. Das Kopieren der DNA nennt man **Replikation**. Die DNA dient auch unmittelbar als Vorlage für die Synthese von Ribonucleinsäuren. In den Prozessen der **Transkription** wird die Sequenz der DNA abschnittsweise in Sequenzen verschiedener Klassen von RNA übertragen. RNA-Moleküle einer Klasse,

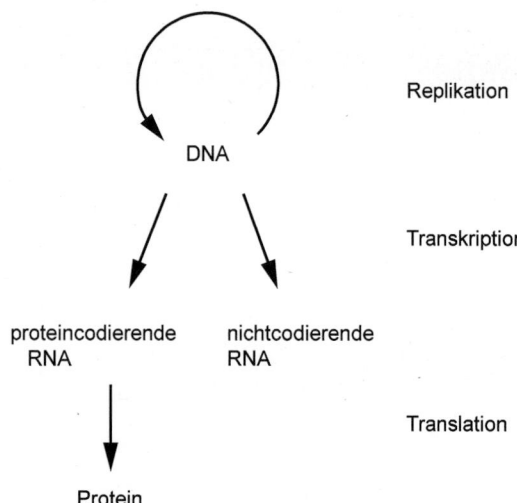

Abb. 2.1 Die genetische Information wird von DNA an RNA und Proteine weitergegeben

die man als **codierende RNA** oder **Boten-RNA (messenger-RNA, mRNA)** bezeichnet, übernehmen von der DNA die Codierung der Reihenfolge von Aminosäuren in Proteinen und präsentieren diese an den Proteinsynthese-Organellen, den Ribosomen. Die Synthese von Proteinen an Ribosomen wird als **Translation** bezeichnet. Die Information wird somit von der DNA auf RNA und weiter auf Proteine übertragen (Abb. 2.1). Andere RNA-Moleküle codieren nicht für Proteine. Sie haben regulierende Funktionen oder dienen als Katalysatoren und Strukturelemente. Die verschiedenen Sequenzabschnitte der DNA, die funktionelle RNA-Moleküle und Proteine codieren, nennt man **Gene**. Die gesamte DNA eines Organismus, die alle Gene und die zwischen den Genen liegenden Sequenzen einschließt, bezeichnet man als **Genom** des Organismus.

DNA-Polymere bestehen aus vier chemischen Bausteinen, den **Desoxyribonucleotiden** Desoxyadenylat, Desoxyguanylat, Desoxythymidylat und Desoxycytidylat (Abb. 2.2). Die vier Desoxyribonucleotide, vereinfacht auch „Nucleotide" genannt, unterscheiden sich nur in einem Bestandteil, der stickstoffhaltigen Base, bei der es sich um Adenin (A), Guanin (G), Thymin (T) oder Cytosin (C) handeln kann. In ihren übrigen Bestandteilen, einem Zuckerrest, der Desoxyribose und einem Phosphatrest, sind sie identisch. In der DNA sind die Nucleotide in einer kontinuierlichen Sequenz aneinandergefügt (Abb. 2.3). Ihre Verbindung erfolgt über die Phosphat- und Zuckerreste, die immer in der gleichen Weise orientiert sind. An die 3'-OH-Position des Zuckerrestes eines ersten Nucleotids schließt das zweite Nucleotid mit seinem Phosphatrest an. Das folgende Nucleotid knüpft mit seinem Phosphatrest an die 3'-Position des zweiten Nucleotids an und so fort. Zwischen den Nucleotiden werden Phosphodiesterbindungen ausgebildet. Das Rückgrat der DNA ist somit eine Kette aus Phosphat- und Desoxyriboseresten, und jede Desoxyribose ist mit einer Base verbunden:

```
Phosphat – 5'-Desoxyribose-3' – Phosphat – 5'-Desoxyribose-3' – Phosphat – 5'-Desoxyribose-3' -.....
              |                                |                                |
            Base 1                           Base 2                           Base 3
```

2.1 Die Desoxyribonucleinsäure (DNA) enthält die Erbinformationen

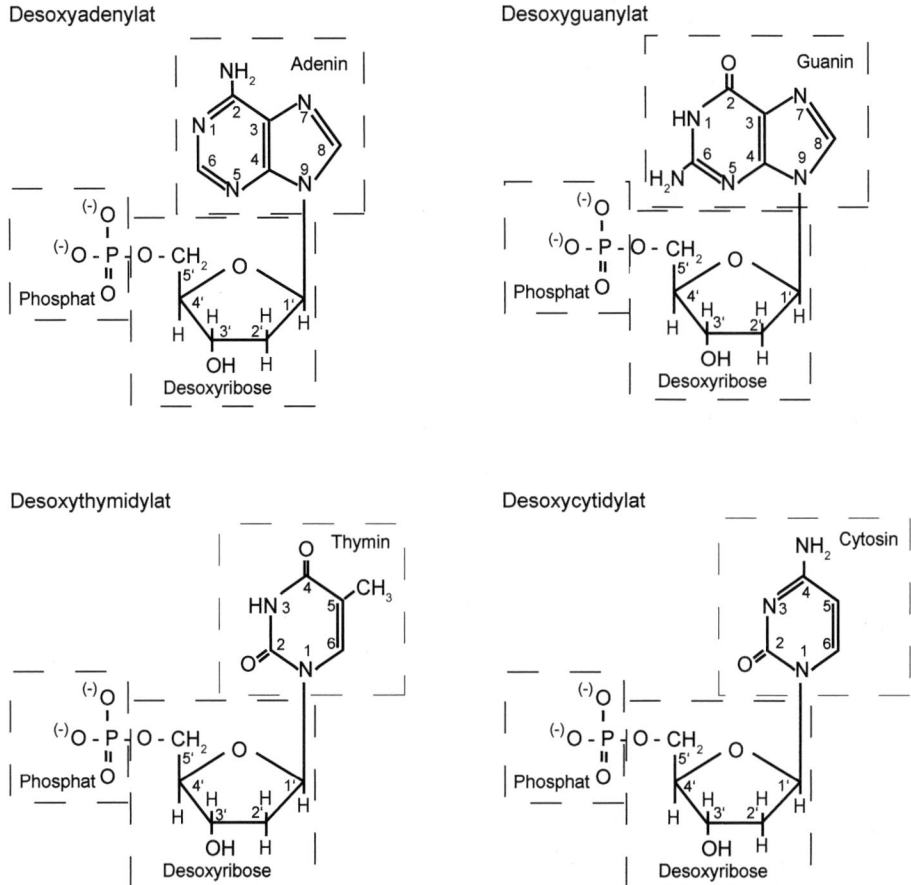

Abb. 2.2 DNA-Moleküle sind Polymere aus vier Desoxyribonucleotiden: Desoxyadenylat, Desoxyguanylat, Desoxythymidylat und Desoxycytidilat

Die endständigen Nucleotide zeichnen sich dadurch aus, dass das eine Nucleotid eine freie oder eine mit einem Phosphatrest verknüpfte 5'-OH-Gruppe enthält und das andere eine freie 3'-OH-Gruppe. Das erstere wird als das **5'-Ende**, das letztere als das **3'-Ende** bezeichnet. Nucleotidsequenzen werden üblicherweise in 5'→3'-Richtung geschrieben und die Reihenfolge der Nucleotide wird durch die Abkürzungen der Basen angezeigt. Eine Sequenz der vier Nucleotide Desoxyadenylat, Desoxyguanylat, Desoxythymidylat und Desoxycytidylat wird demnach durch die Folge 5'-AGTC-3' wiedergegeben. Die Reihenfolge der Nucleotide der DNA enthält die Information für die Reihenfolge von Bausteinen in Ribonucleinsäuren und Proteinen. Im Vergleich zu den 26 Buchstaben der deutschen Schriftsprache reichen in der DNA vier Buchstaben für alle Wörter und Sätze aus.

Je zwei lineare DNA-Polymere lagern sich in Zellen zu doppelsträngigen DNA-Molekülen zusammen. Die Einzelstränge sind in den Molekülen entgegengesetzt und rechts-

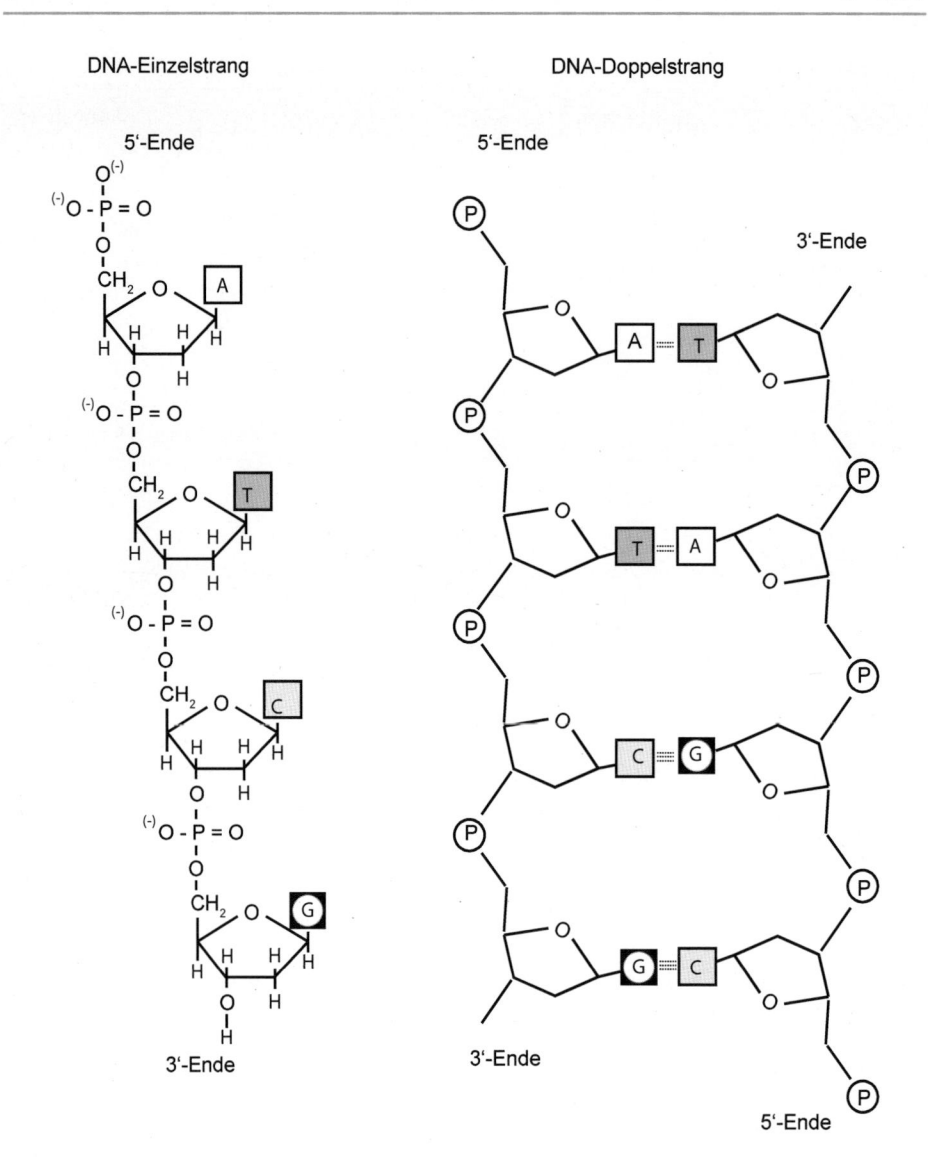

Abb. 2.3 Zwei komplementäre DNA-Einzelstränge vereinigen sich zu einem DNA-Doppelstrang

gängig um eine gemeinsame Achse verdreht angeordnet. Vom Anfang oder Ende eines DNA-Doppelstranges aus gesehen, beginnt ein Strang mit dem 5'-Ende und verläuft in 5'→3'-Richtung. Der zweite Strang beginnt mit dem 3'-Ende und verläuft in 3'→5'-Richtung. Die Verdrehung der Einzelstränge bedingt eine charakteristische helicale Struktur, die „DNA-Doppelhelix". Im Innern der Doppelhelix befinden sich die Nucleotidbasen der Einzelstränge, während die Zucker- und Phosphatreste außen lokalisiert sind. DNA-Einzelstränge, die sich zu Doppelsträngen zusammenlagern, sind **komplementär**, d. h. sie ergänzen sich. Ihre **Komplementarität** besteht in der paarweisen Anordnung von Nucleotiden: Jedem Desoxyadenylat in einem Polymer steht ein Desoxythymidylat des Partnerpolymers gegenüber und jedem Desoxyguanylat ein Desoxycytidylat. Diese Anordnungen sind nicht zufällig. Die Basen der Nucleotidpaare assoziieren über Wasserstoffbindungen. Eine Wasserstoffbindung entsteht, wenn ein Wasserstoffatom, das an ein elektronegatives Atom gebunden ist, gleichzeitig von einem anderen elektronegativen Atom angezogen wird. In DNA-Doppelsträngen sind die Basen A eines Stranges und die auf gleicher Höhe angeordneten Basen T des Partnerstranges mit zwei Wasserstoffbindungen verbunden. Die Basen G und C werden durch drei Wasserstoffbindungen zusammengehalten. Die komplementäre Anordnung von Nucleotidpaaren erlaubt bei Kenntnis der Sequenz eines Stranges, die Sequenz des Partnerstranges vorherzusagen. Es ist auch offensichtlich, dass in DNA-Doppelsträngen die Summe der Nucleotide Desoxyadenylat plus Desoxycytidylat gleich der Summe der Nucleotide Desoxythymidylat plus Desoxyguanylat ist.

Jede DNA-Doppelhelix kann verschiedene räumliche Strukturen, man sagt auch **Konformationen**, einnehmen. Unter physiologischen Bedingungen dominiert die **B-Form** mit 10,5 Nucleotidpaaren je Helixwindung.

Assoziationen komplementärer DNA-Einzelstränge zu DNA-Doppelsträngen sind reversibel. Die Einzelstränge können wieder voneinander getrennt werden. Im Reagenzglas reicht eine Erwärmung oder die Zugabe von Reagenzien, die Wasserstoffbindungen lösen, aus. In Zellen werden DNA-Doppelstränge durch spezifische Enzyme, sogenannte **Helicasen**, in Einzelstränge aufgewunden. Die Einzelstränge lagern sich, wenn sie nicht durch DNA-bindende Proteine stabilisiert werden, spontan wieder zu Doppelsträngen zusammen.

Die doppelsträngige Struktur der DNA ist sowohl für die Vervielfältigung als auch für die Reparatur der Moleküle ideal. Vor jeder Zellteilung werden DNA-Doppelstränge in Einzelstränge getrennt, und zu jedem Einzelstrang wird ein komplementärer Strang synthetisiert. Dabei entstehen zwei identische DNA-Doppelhelix-Moleküle, die bei anschließender Zellteilung auf die Tochterzellen aufgeteilt werden. Wenn ein DNA-Strang defekt oder unvollständig ist, kann dieser ausgehend von dem komplementären Partnerstrang neu synthetisiert werden. Reparaturprozesse der DNA sind für den Erhalt von Zellfunktionen und eine lange Lebensdauer von Zellen außerordentlich wichtig. Sie sind in dieser Form bei Molekülen einzigartig.

DNA-Polymere sind relativ stabil. Fragmente der DNA des Neandertalers können noch heute aus Knochenresten isoliert werden, die über 40.000 Jahre in der Erde lagerten. Die Moleküle beeindrucken auch durch ihre schiere Größe. DNA-Moleküle des Menschen bestehen aus ca. 50 bis 250 Mio. Nucleotidpaaren und sind in ausgestreckter Form einige Zentimeter lang. Die Moleküle sind mit Proteinen und RNA-Molekülen in **Chromosomen** verpackt. Ein einfacher (haploider) Chromosomensatz besteht aus 23 Chromosomen, jedes mit einem anderen DNA-Molekül. Die Gesamtzahl der Nucleotidpaare des mensch-

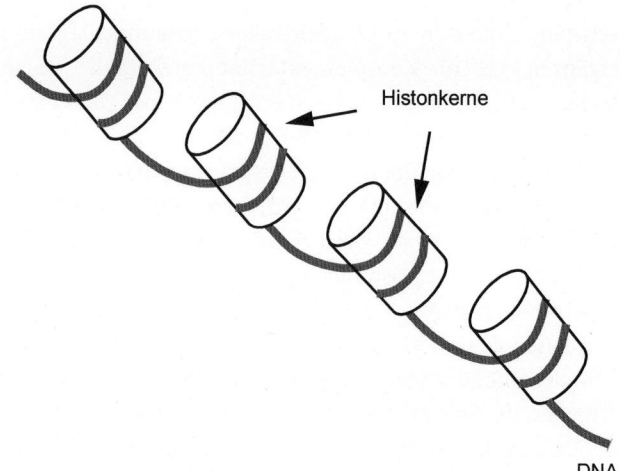

Abb. 2.4 Die DNA ist in der Nucleosomenkette um Komplexe aus Histonproteinen gewunden

lichen Genoms summiert sich auf über 3 Mrd. und die Länge aller 23 DNA-Moleküle auf insgesamt ca. 1 m. Da menschliche Körperzellen über einen doppelten (diploiden) Chromosomensatz verfügen, befinden sich in jeder Körperzelle ca. 2 m DNA.

Was bedeuten 3 Mrd. Nucleotide und 2 m DNA in jeder Zelle? Drei Milliarden Buchstaben sind 1000 Bücher mit je 1000 Seiten und 3000 Buchstaben auf jeder Seite. Eine ganze Bibliothek! Zwei Meter DNA in jeder Zelle sind über 20 Mrd. km DNA in den insgesamt ca. 10^{13} bis 10^{14} Zellen eines erwachsenen Menschen. Zum Vergleich: Der Umfang der Erde am Äquator beträgt ca. 40.000 km und die Entfernungen Erde-Mond und Erde-Sonne betragen ca. 384.400 km beziehungsweise ca. 150 Mio km. Noch erstaunlicher ist die Tatsache, dass die DNA mit ihren über 3 Mrd. Bausteinen vor jeder Zellteilung richtig kopiert wird und das sehr viele Male in der Entwicklung von Geweben und Organen.

Die langen linearen DNA-Moleküle sind in Chromosomen so mit Proteinen und Ribonucleinsäuren verpackt, dass sie in Zellkernen von nur 4–5 μm Durchmesser Platz finden. Das komplexe Material wird **Chromatin** genannt und ist hierarchisch strukturiert. Die Grundstruktur ist eine Kette von **Nucleosomen**. Jedes Nucleosom ist ein Komplex aus Histonproteinen, um den 1,7 Windungen DNA gelegt sind (Abb. 2.4). Die Nucleosomen sind durch kurze DNA-Abschnitte verbunden, an die weitere Histonproteine binden. Nucleosomenketten sind in Filamenten von ca. 30 nm Durchmesser angeordnet, die ihrerseits in Schleifen und Windungen gelegt sind. Kompakte Chromosomen werden nur in einer bestimmten Phase der Zellteilung im Mikroskop sichtbar. In den übrigen Zellzyklusphasen sind die Chromosomen im Zellkern verteilt und nicht unmittelbar kenntlich. Im Chromatin lassen sich dann dichtere und weniger dichte Bereiche unterscheiden, die man als **Heterochromatin** und **Euchromatin** bezeichnet. Die DNA ist nur in dem weniger kondensierten Euchromatin zugänglich. Hier findet an einzelnen DNA-Abschnitten die Synthese von Ribonucleinsäuren statt.

2.2 Die Replikation von DNA

Vor jeder Zellteilung wird die DNA kopiert. Aus einem DNA-Molekül entstehen zwei Moleküle, die an die Tochterzellen weitergegeben werden. Das Kopieren erfolgt **semikonservativ**, d. h. beide DNA-Doppelstränge, die beim Kopieren entstehen, enthalten je einen Einzelstrang der „alten" DNA und einen neusynthetisierten Strang. Zellteilungen und Replikationen werden durch das Zellzyklus-Kontrollsystem gesteuert, das in Abschn. 4.2 beschrieben wird. In diesem Abschnitt werden nur die unmittelbaren Vorgänge der DNA-Replikation vorgestellt.

Zelluläre DNA wird durch **DNA-Polymerasen** kopiert. Die Enzyme synthetisieren zu DNA-Einzelsträngen Nucleotid für Nucleotid komplementäre Stränge. Sie wirken effektiv und mit hoher Prozessivität, d. h. ein gegebenes Polymerasemolekül katalysiert viele Zyklen der Anfügung von Nucleotiden. Neben DNA-Polymerasen ist eine Reihe weiterer Enzyme und Proteine an der Replikation von DNA beteiligt:

- **Helicasen** für die Trennung und Aufwindung von DNA-Doppelsträngen in Einzelstränge,
- **Topoisomerasen** für die Beseitigung topologischer Spannungen, die durch die Aufwindung von DNA-Doppelsträngen entstehen,
- **DNA-Bindungsproteine** für die Stabilisierung von DNA-Einzelsträngen,
- **Primase-Enzym** für die Synthese kurzer Starterfragmente,
- **DNA-Ligasen** für die Verknüpfung von DNA-Fragmenten,
- **Replikationsfaktoren**, welche die Anlagerung von DNA-Polymerasen, Helicasen und weiteren Proteinen an DNA unterstützen und ihre Funktionen regulieren.

Die Replikation beginnt an spezifischen DNA-Sequenzen, den **Replikationsursprüngen** (*origins of replication*). Hier lagern **Ursprung-Erkennungskomplexe** (*origin recognition complexes, ORC*) an (Abb. 2.5). Dann binden die Proteine Cdc6 und Cdt1 und laden eine Helicase aus sechs Untereinheiten, Mcm2-7, auf die DNA. Komplexe aus ORC, Cdc6, Cdt1 und Mcm2-7 sind **Präreplikationskomplexe** (*prereplicative complexes, pre-RC*). Sie werden schon am Anfang der ersten Phase des Zellzyklus an Replikationsursprüngen gebildet und sind Voraussetzung für eine DNA-Replikation. Wenn der eigentliche Start eines Zellzyklus gegeben wird, dissoziieren Cdc6 und Cdt1 von den Komplexen, und andere Proteine, darunter Cdc45, Mcm10 und GINS assoziieren unter Bildung von **Präinitiationskomplexen**. Gleichzeitig finden Modifizierungen einzelner Proteine und eine Aktivierung der Helicase Mcm2-7 statt. Mcm2-7 windet an Replikationsursprüngen doppelsträngige DNA in Einzelstränge auf, die durch Anlagerung von **Replikationsprotein A** stabilisiert werden. An den Übergängen von doppelsträngiger zu einzelsträngiger DNA entstehen **Replikationsgabeln**. In dem Maße, wie die Helicase an der DNA vorwärts schreitet und die Doppelhelix aufwindet, werden DNA-Stränge vor der Replikationsgabel verdreht. Die Torsionsspannung wird durch Topoisomerasen, die DNA-Stränge trennen und wieder zusammenfügen, aufgehoben. Schließlich assoziiert **DNA-Polymerase α**. Damit sind die

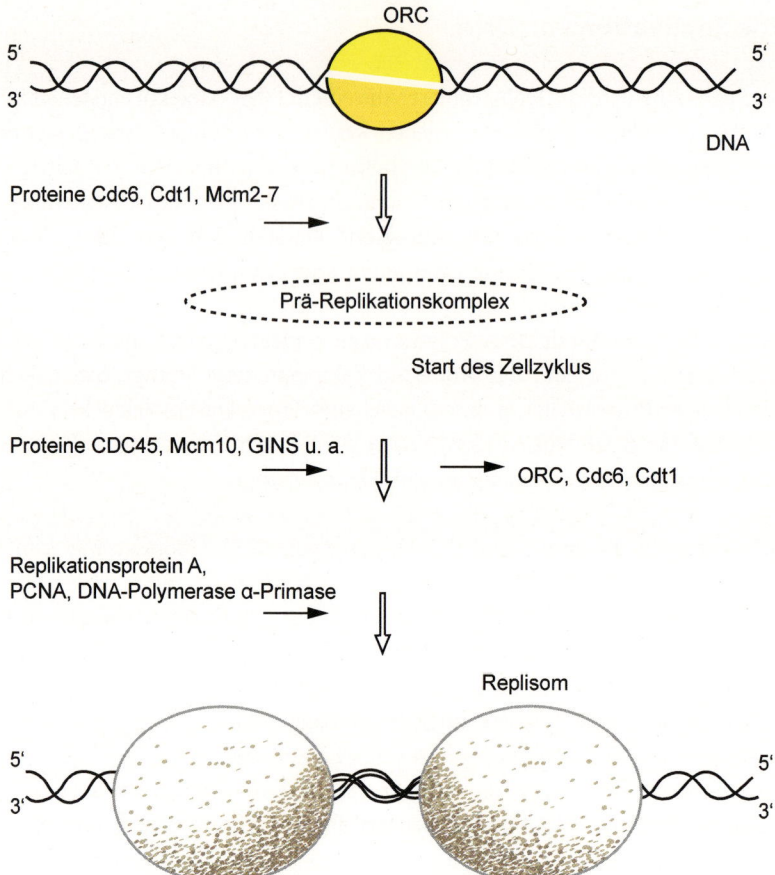

Abb. 2.5 Erste Schritte der DNA-Replikation: Nach Bindung eines Ursprung-Erkennungskomplexes (ORC) an einen Replikationsursprung assoziieren weitere Proteine. Einige dissoziieren in der Folge wieder, andere kommen hinzu, bis vollständige Initiationskomplexe der Replikation mit DNA-Helicase und DNA-Polymerase entstanden sind

Initiationskomplexe der Replikation komplett, und die DNA-Synthese beginnt. Ein vollständiger Komplex von Enzymen und Proteinen der DNA-Replikation wird **DNA-Replikationssystem** oder **Replisom** genannt.

DNA-Polymerasen benötigen als Vorlage nicht nur einen DNA-Einzelstrang, sondern auch einen **Primer**. Primer sind kürzere oder längere Sequenzen aus Desoxyribonucleotiden oder Ribonucleotiden, die an komplementäre DNA-Sequenzen binden und von DNA-Polymerasen in 5'→3'-Richtung verlängert werden. Die Polymerasen katalysieren die Verbindung der 3'-OH-Gruppe am 3'-Ende von Primern mit α-Phosphorylgruppen von Nucleotiden, die angefügt werden sollen. Eine Untereinheit von DNA-Polymerase α hat **Primaseaktivität**. Sie synthetisiert an DNA-Einzelsträngen Primer aus fünf bis zehn Ribonucleotiden, und die Polymeraseeinheit fügt an die Primer Desoxyribonucleotide an. Ribonucleotide ähneln Desoxyribonucleotiden und Ribonucleotidpolymere bilden mit Desoxyribonucleotidpolymeren hybride Doppelstränge (siehe Abschn. 2.3). DNA-Poly-

2.2 Die Replikation von DNA

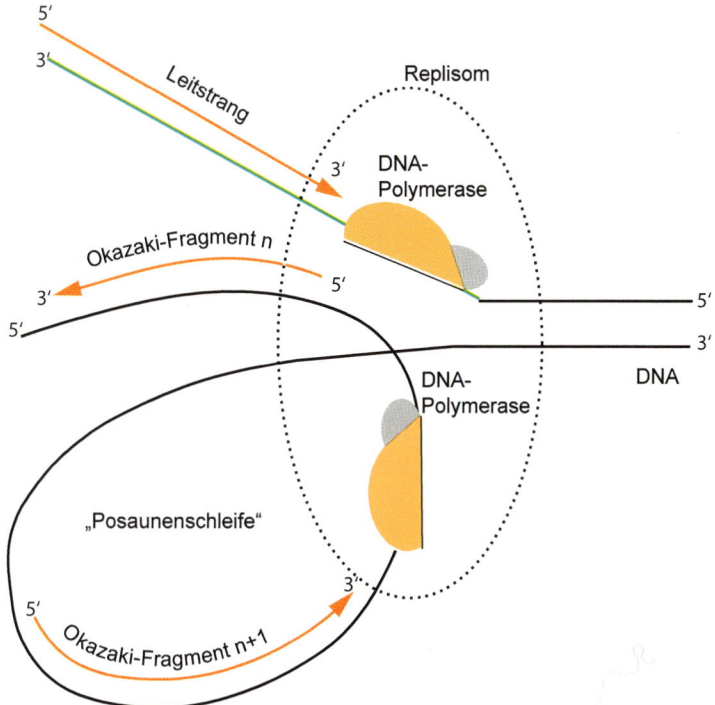

Abb. 2.6 Parallele Synthese von Leitstrang und Okazaki-Fragmenten des Folgestranges bei der Replikation von DNA

merase α synthetisiert ausgehend von den Primern nur kurze DNA-Fragmente. Dann findet ein **Polymerasewechsel** statt. Die weitere Synthese wird von DNA-Polymerase δ ausgeführt, die eine viel höhere Prozessivität als DNA-Polymerase α aufweist. Sie wird durch das **Kernantigen proliferierender Zellen** (*proliferating cell nuclear antigen, PCNA*) an der DNA gehalten und ist dadurch in der Lage, lange DNA-Polymere zu synthetisieren.

PCNA besteht aus drei identischen Monomeren, die jeweils „Kopf an Schwanz" zu einem Ring zusammengefügt sind. Der Ring kann geöffnet und wieder geschlossen werden. Das **Replikationsprotein C** lädt PCNA auf DNA-Einzelstränge, sodass der PCNA-Ring sie wie eine Klammer umschließt. Der Ring hat eine innere Öffnung von ca. 3,5 nm, durch die DNA-Einzelstränge mit einem Durchmesser von ca. 2,4 nm hindurchgleiten können. DNA-Polymerase δ und auch weitere DNA-Polymerasen binden an PCNA und werden durch die **gleitende Klammer** an der DNA gehalten.

Das menschliche Genom enthält insgesamt ca. 30.000 Replikationsursprünge. Jedes Chromosom weist einige Hundert in Abständen von ca. 100 kb auf. Von einem gegebenen Ursprung wird DNA jeweils in beide Richtungen kopiert, und beide Stränge werden gleichzeitig in komplementäre DNA umgeschrieben. Die Synthese der zwei Stränge erfolgt aber unterschiedlich, weil die Stränge entgegengesetzte Orientierungen aufweisen und DNA-Polymerasen neue DNA immer nur in 5'→3'-Richtung synthetisieren (Abb. 2.6). An dem in 3'→5'-Richtung orientierten Vorlagestrang folgt die Polymerase – erst DNA-Polymerase α, dann DNA-Polymerase δ – kontinuierlich der Replikationsgabel. Den neusynthetisierten Strang bezeichnet man als **Leitstrang**. Die Synthese an dem komplementären 5'→3'-Vorlagestrang erfolgt nicht kontinuierlich. DNA-Polymerasen erstellen an diesem Strang immer nur kurze Fragmente, sogenannte **Okazaki-Fragmente**, die anschließend zu einem vollständigen Strang, dem **Folgestrang**, zusammengefügt werden. Der 5'→3'-Strang bildet eine Schleife, auch „Posaunenschleife" genannt, die gewährleistet, dass sich die Polymeraseeinheit an diesem Strang räumlich in die gleiche Richtung bewegt wie die Polymeraseeinheit an dem 3'→5'-Strang. Nach Verknüpfung von etwa 1000 Nucleotiden zu einem Okazaki-Fragment werden PCNA und Polymerase δ am 5'→3'-Strang freigesetzt und weiter „stromaufwärts", näher zum 3'-Ende, wieder auf die Matrize geladen. Auf diese Weise wird ein Fragment nach dem anderen synthetisiert. Alle enthalten neben der DNA-Sequenz noch ihren RNA-Primer. Die Primer und auch ein Teil der DNA werden durch **DNA-Endonucleasen** entfernt und die Leerstellen anschließend durch DNA-Polymerase wieder aufgefüllt. **DNA-Ligasen** fügen die Fragmente dann zu vollständigen DNA-Strängen zusammen. Sie katalysieren die Bildung von Phosphodiesterbindungen zwischen der 3'-OH-Gruppe am Ende einer DNA-Kette und der 5'-Phosphorylgruppe am Ende einer anderen Kette.

In kernhaltigen Zellen verlaufen DNA-Replikationen mit einer Geschwindigkeit von ca. 50 Nucleotiden pro Sekunde. Das ist im Vergleich zu Geschwindigkeiten von ca. 1000 Nucleotiden pro Sekunde in Bakterien eher langsam. Die geringere Geschwindigkeit wird durch die große Zahl von Replikationsursprüngen in eukaryotischer DNA wettgemacht.

Von größter Bedeutung für die Weitergabe und die Stabilität der Erbinformationen ist die Präzision der Replikation. Fehler müssen möglichst vermieden werden. Eine hohe Kopiergenauigkeit wird durch die Spezifität replikativer Polymerasen gewährleistet, die für jedes Nukleotid eines Matrizenstranges nur das jeweils komplementäre Nucleotid an den neusynthetisierten Strang anfügen. Dabei spielen nicht nur die Wasserstoffbrücken zwischen den Basenpaaren A/T und C/G eine Rolle, sondern auch die räumliche Struktur der Basen. DNA-Polymerase δ und andere DNA-Polymerasen verfügen zudem neben ihrer Polymeraseaktivität, mit der sie DNA-Stränge in 5'→3'-Richtung verlängern, auch über eine entgegengesetzte, d. h. in 3'→5'-Richtung wirkende; **Exonucleaseaktivität**, mit der sie „falsche" Nucleotide wieder entfernen. Diese „Korrekturlesefunktion" gewährleistet, dass Fehlpaarungen von Nukleotiden (*mismatches*) nahezu vermieden werden. Es tritt nur ein Fehler bei 10^6 bis 10^7 angefügten Nucleotiden auf. Auch diese hohe Präzision ist für identische Umschreibungen des humanen Genoms mit seinen ca. 3 Mrd. Nucleotiden nicht ausreichend. **DNA-Reparatursysteme** korrigieren auftretende Fehlpaarungen und auch andere Fehler und Beschädigungen der DNA. Ein Reparatursystem beseitigt Nucleotide, die nicht den komplementären Anordnungen A/T und C/G entsprechen („Mismatch-Reparatur"). Andere Systeme schneiden fehlerhafte oder beschädigte Nucleotide und Basen aus neusynthetisierten DNA-Strängen aus und ersetzen sie durch vorgesehene („Nucleotidexzisionsreparatur", „Basenexzisionsreparatur"). Fehlerhafte DNA-Abschnitte können auch durch **Rekombination** gegen homologe, d. h. ähnliche, DNA-Sequenzen ausgetauscht werden. Bei DNA-Rekombinationen werden DNA-Moleküle aufgebrochen und in neuen Kombinationen zusammengefügt. Beschädigte DNA-Abschnitte werden durch verwandte Sequenzen aus dem gleichen oder anderen DNA-Molekülen ersetzt.

Wenn während der Synthese Modifizierungen an Nucleotiden von Vorlagesträngen auftreten, die DNA-Polymerase δ in ihrer Funktion beeinträchtigen und den Replikationsvorgang unterbrechen, übernehmen Polymerasen mit geringerer Substratspezifität, sogenannte Transläsion-DNA-Polymerasen, die Katalyse der Strangverlängerung über Schadstellen hinweg. Transläsion-DNA-Polymerasen binden wie DNA-Polymerase δ an PCNA. Eine stärkere Bindung der Enzyme erfolgt aber erst nach einer Modifizierung von PCNA (Anfügen eines Ubiquitinmoleküls), die durch den Halt von DNA-Polymerase δ ausgelöst wird. Transläsion-DNA-Polymerasen verfügen nicht über Korrekturleseaktivität, daher müssen Sequenzfehler, die sie hinterlassen, anschließend durch DNA-Reparatursysteme ausgebessert werden.

2.3 Wie werden die Informationen der DNA gelesen?

Ausgehend von DNA werden alle Komponenten von Zellen und Geweben synthetisiert und zusammengeführt. Die DNA codiert die verschiedenen Ribonucleinsäuren und Proteine, die in den Prozessen der Transkription und Translation gebildet werden. Ribonucleinsäuren und Proteine gewährleisten ihrerseits vielfältige chemische Reaktionen, in denen nicht nur wieder DNA, RNA und Proteine, sondern auch Polysaccharide, Lipide und andere Verbindungen entstehen. Weitere Substanzen und Ionen werden durch Vermittlung von Proteinen aus dem extrazellulären Milieu aufgenommen. Durch Transkription, Translation und diverse Prozesse unter Beteiligung von RNA und Proteinen werden somit alle Bestandteile von Zellen, in einzelnen Zellen bis zu 100.000 verschiedene molekulare Komponenten, verfügbar.

Ein wesentliches Prinzip der Ausbildung von Zellstrukturen ist die **Selbstorganisation** biologischer Makromoleküle. RNA und Proteine falten spontan in dreidimensionale Strukturen, die durch die Sequenzen ihrer monomeren Bausteine vorgegeben sind. Auch die Assoziation von Makromolekülen und die Bildung supramolekularer Strukturen erfolgen nach den Prinzipien der Selbstorganisation. Zueinander finden die Moleküle aufgrund von Kräften, die zwischen ihnen wirken und die sich aus ihrer chemischen Struktur ergeben.

Alle Vorgänge in Zellen und Geweben können nur nebeneinander existieren und zusammen weit mehr als die bloße Summe der Vorgänge ergeben, wenn sie aufeinander abgestimmt sind. Es ist deshalb nicht verwunderlich, dass ein großer Teil der DNA für RNA und Proteine mit regulierenden Funktionen codiert.

Transkription: Die Synthese von RNA

Das Ablesen der genetischen Information beginnt mit der Transkription von DNA-Sequenzen in RNA-Moleküle. Ribonucleinsäuren bestehen aus vier Ribonucleotiden, die in

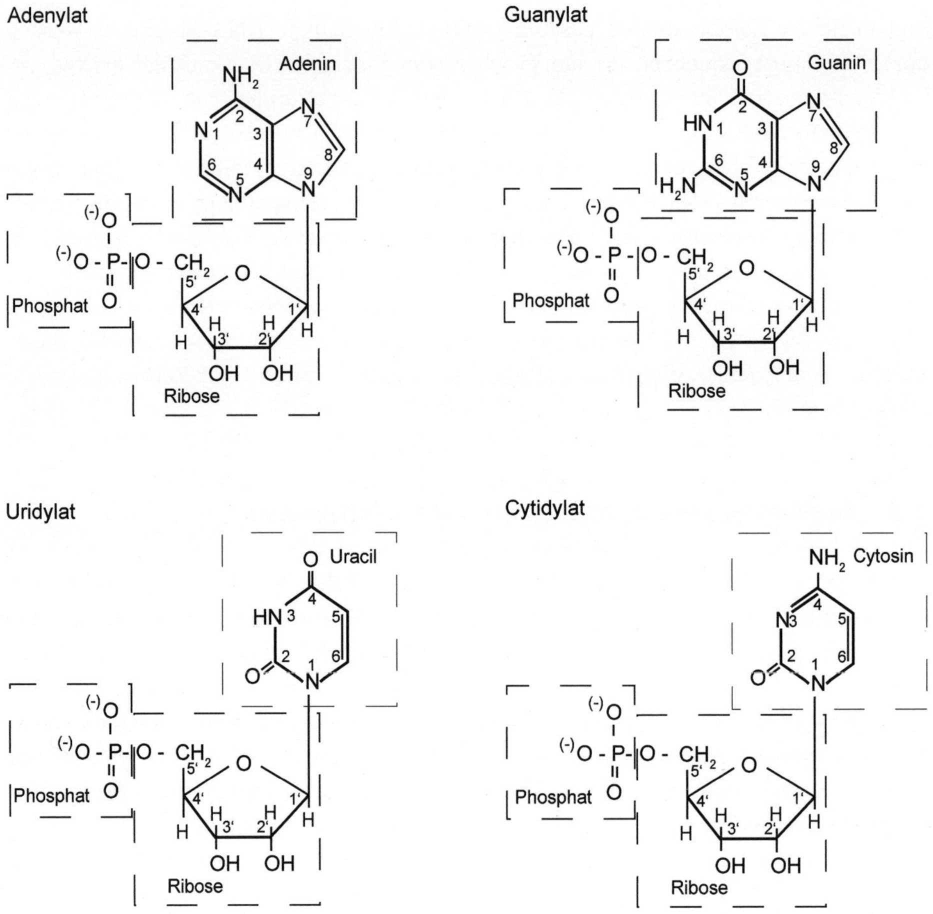

Abb. 2.7 RNA-Moleküle sind Polymere aus vier Ribonucleotiden: Adenylat, Guanylat, Uridylat und Cytidylat

einer linearen Kette aneinandergereiht sind. Die Nucleotide der RNA sind: Adenylat, Guanylat, Uridylat und Cytidylat (Abb. 2.7). Adenylat, Guanylat und Cytidylat unterscheiden sich von den entsprechenden Desoxyribonucleotiden der DNA, Desoxyadenylat, Desoxyguanylat und Desoxycytidylat nur durch eine zusätzliche OH-Gruppe in der 2'-Position des Zuckerrestes (vgl. Abb. 2.2). Das vierte RNA-Nucleotid, Uridylat, entspricht Thymidylat in DNA. Im Vergleich zu Thymidylat fehlt in Uridylat eine Methylgruppe in der Pyrimidinbase. Uridylat weist außerdem wie die anderen Ribonucleotide eine OH-Gruppe in der 2'-Position des Zuckerrestes auf.

Ribonucleotide bilden untereinander und mit Desoxyribonucleotiden komplementäre Basenpaare. In RNA-Molekülen kann Adenylat an Uridylat und Guanylat an Cytidylat binden. Bei Hybridisierungen von DNA und RNA können folgende Paare zusammenfinden: Adenylat/Desoxythymidylat, Guanylat/Desoxycytidylat, Cytidylat/Desoxyguanylat und Uridylat/Desoxyadenylat.

2.3 Wie werden die Informationen der DNA gelesen?

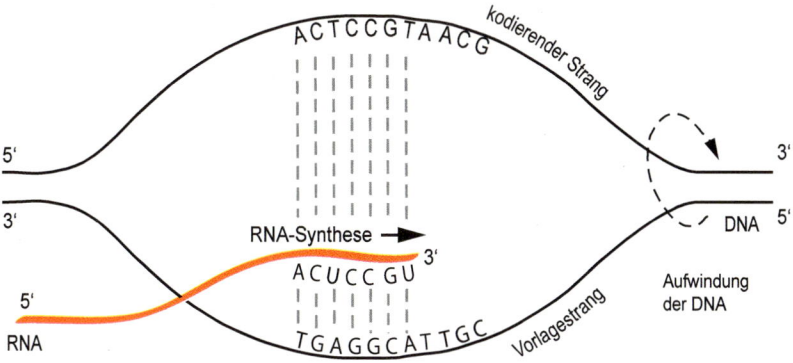

Abb. 2.8 Synthese von RNA durch DNA-abhängige RNA-Polymerase

RNA-Polymere werden durch **DNA-abhängige RNA-Polymerasen** synthetisiert. Die Enzyme benötigen wie DNA-Polymerasen zusätzliche Proteine für ihre Funktion, aber keine Primer. Sie nutzen DNA-Einzelstränge als Vorlage und schreiben sie im Verhältnis 1:1 in komplementäre RNA um. Für jedes Desoxyadenylat in einem DNA-Einzelstrang fügen sie ein Uridylat in eine wachsende RNA-Kette ein, für jedes Desoxythymidylat ein Adenylat, für jedes Desoxyguanylat ein Cytidylat und für jedes Desoxycytidylat ein Guanylat. Polymere Ribonucleinsäuren bestehen somit aus der gleichen Zahl von Nucleotiden wie die DNA-Sequenzen, die als Vorlage für ihre Synthese dienen. Der Unterschied besteht in der Art der Nucleotide. In der DNA sind es Desoxyribonucleotide, in der RNA Ribonucleotide.

Von den zwei komplementären Strängen einer DNA-Doppelhelix wird jeweils nur einer, der „Vorlage"- oder „Minus"-Strang, von RNA-Polymerasen als Matrize für die Synthese von RNA-Polymeren verwendet (Abb. 2.8). Der zweite Strang wird als „codierender" Strang bezeichnet, weil seine Sequenz der Nucleotidfolge in der synthetisierten RNA entspricht. Andere Bezeichnungen dieses Stranges sind „Sinn"- oder „Plus"-Strang. Der DNA-Vorlagestrang wird in Richtung vom 3'- zum 5'-Ende abgelesen, und RNA-Polymere werden in 5'→3' Richtung synthetisiert. Es werden immer nur begrenzte DNA-Abschnitte, deren Anfang und Ende durch spezifische Sequenzmotive der DNA festgelegt sind, in RNA umgeschrieben.

RNA-Moleküle unterscheiden sich von DNA-Molekülen nicht nur durch andere Bausteine und geringere Sequenzlänge. Sie haben weit vielfältigere räumliche Strukturen. Die meisten RNAs liegen als Einzelstränge vor, deren Faltungsstruktur durch Basenpaarungen zwischen einzelnen oder wenigen Nucleotiden stabilisiert wird. Komplementäre RNA-Stränge können sich auch zu Doppelsträngen zusammenlagern, und komplementäre RNA- und DNA-Polymere bilden hybride Doppelstränge.

Drei Klassen von RNA sind unmittelbar an der Synthese von Proteinen beteiligt:

1. **Boten-RNA** (messenger-RNA, mRNA) übernimmt von der DNA die Information für die Sequenz von Aminosäuren in Proteinen. Sie dient als Vorlage für die Synthese von Proteinen an Ribosomen.

2. **Ribosomale RNA** (*ribosomal RNA*, rRNA) ist ein essenzieller Bestandteil von Ribosomen.
3. **Transfer-RNA** (*transfer RNA*, tRNA) reagiert in Gegenwart spezifischer Enzyme mit aktivierten Aminosäuren und überträgt Aminosäuren im Prozess der Translation auf eine wachsende Polypeptidkette.

Neben diesen drei RNA-Klassen gibt es weitere mit überwiegend regulierenden Funktionen, die in den folgenden Abschnitten aufgeführt werden. Die Transkription der DNA erfolgt in vielen einzelnen Reaktionen, in denen jeweils begrenzte DNA-Abschnitte durch RNA-Polymerasen in verschiedene Typen von RNA umgeschrieben werden. Die Reaktionen sind streng kontrolliert. Sie sind abhängig von der Zugänglichkeit der betreffenden DNA-Sequenzen sowie von Modifizierungen der DNA und DNA-assoziierter Proteine. Diese Regulationen werden in Abschn. 2.5 beschrieben. Weiterhin sind die Reaktionen abhängig von **Transkriptionsfaktoren** (*transcription factors*), die an regulierende DNA-Sequenzen binden und mit RNA-Polymerasen direkt oder indirekt in Wechselwirkung treten und deren Funktionen steuern. Die Faktoren und ihre Rolle bei der Transkription von Genen werden in Abschn. 2.6 vorgestellt. Schließlich erfahren RNA-Moleküle noch im Prozess ihrer Synthese und z. T. auch anschließend Modifizierungen, durch die aus Vorläufer-RNAs erst „reife" RNAs werden. Im Folgenden wird der Reifungsprozess nur eines Typs von RNA, der mRNA, aufgezeigt.

Bereits nach der Synthese eines Segmentes von nur etwa 25 Nucleotiden wird das 5'-Ende von Vorläufer-mRNA modifiziert. Es erhält eine „Kappe" (**5'-cap**) aus 7-Methylguanosin. An die Kappe bindet ein Proteinkomplex, der die mRNA stabilisiert und ihren späteren Transport aus dem Zellkern fördert. Die Kappe ist auch für das anschließende **Spleißen** (*splicing*) und die Translation von mRNA wichtig. Beim Spleißen werden aus Vorläufer-mRNA Fragmente ausgeschnitten, die nicht für Proteinsequenzen codieren. Die Notwendigkeit dieses Vorgangs ergibt sich aus der Tatsache, dass Gene höherer Organismen mosaikartig aus codierenden und nichtcodierenden Sequenzen zusammengesetzt sind. Erstere werden **Exons** und Letztere **Introns** genannt. Intronsequenzen sind im Allgemeinen bedeutend umfangreicher als Exonsequenzen. So enthält z. B. das Gen für Plasminogen, eine im Blut zirkulierende Vorstufe eines Enzyms für die Auflösung von Fibringerinnseln, über 55.000 Nucleotide in Introns und nur 2430 Nucleotide in Exons. Bei der Transkription werden proteincodierende Gene zunächst vollständig in Vorläufer-mRNA umgeschrieben. Anschließend werden nichtcodierende Intronsequenzen eine nach der anderen entfernt und die jeweils benachbarten Exonsequenzen zusammengefügt. Auf diese Weise entstehen durchgehend proteincodierende Nucleotidfolgen. Der Spleißprozess wird durch **Spliceosomen (Spleißosomen)**, Komplexen aus kleiner nucleärer RNA und Proteinen, katalysiert. Eine weitere Modifizierung erfahren mRNAs an ihren 3'-Enden. Die Enden enthalten mehrere Nucleotidmotive. Auf die Sequenz AAAUAAA folgen in einem Abstand von zehn bis 30 Nucleotiden die Nucleotide CA und nach weiteren ca. 20 bis 30 Nucleotiden eine GU- oder U-reiche Sequenz. Mehrere Proteine binden an diese

2.3 Wie werden die Informationen der DNA gelesen?

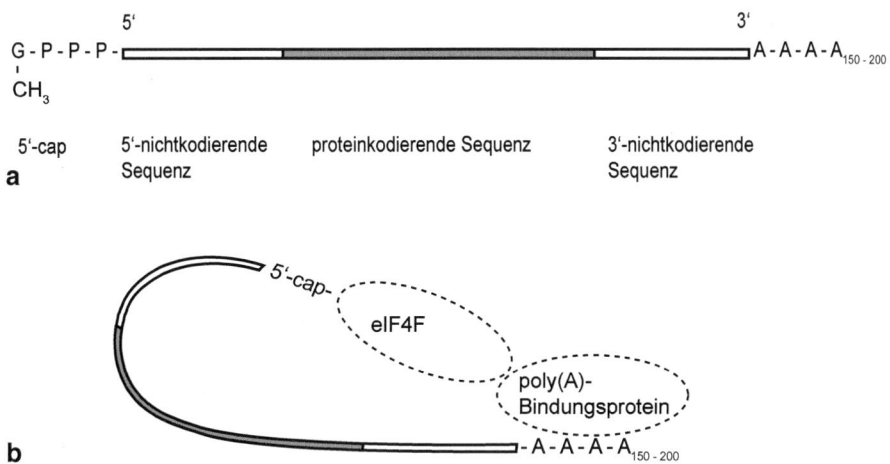

Abb. 2.9 Messenger-RNA kernhaltiger Zellen: Sequenzabschnitte (**a**) und Ringstruktur mit assoziierten Proteinen (**b**)

Region und entfernen alle Nucleotide nach dem Dinucleotid CA. Anschließend fügt eine **poly(A)-Polymerase** eine kontinuierliche Folge von 150 bis 250 Adenylatresten an das neue Ende an. Die poly(A)-Sequenz assoziiert **poly(A)-Bindungsproteine**.

Abbildung 2.9 zeigt die Struktur reifer mRNA-Moleküle mit 7-Methylguanosin-Kappe und poly(A)-Sequenz. Die Moleküle enthalten neben ihrer kontinuierlichen proteincodierenden Sequenz eine 5'-nichtcodierende (*5'-untranslated region, 5'-UTR*) und eine 3'-nichtcodierende Region (*3'-untranslated region, 3'-UTR*). Die nichtcodierenden und nichttranslatierten Regionen haben regulierende Funktionen.

Translation: Die Synthese von Proteinen

Proteine sind Polymere aus 20 verschiedenen Aminosäuren, die durch **Peptidbindungen** miteinander verknüpft sind (siehe Abschn. 3.1). Während die Umschreibung von DNA in RNA im Verhältnis 1:1 erfolgt – ein Desoxyribonucleotid der DNA bestimmt ein Ribonucleotid einer RNA – erfordert die Codierung der 20 verschiedenen Aminosäuren in Proteinen einen anderen Schlüssel. Nach dem **genetischen Code**, der für alle Lebewesen gilt, bestimmen jeweils drei aufeinanderfolgende Nucleotide einer mRNA einen Aminosäurerest in einem Protein. Aus den vier Ribonucleotiden Adenylat, Guanylat, Uridylat und Cytidylat können insgesamt 64 verschiedene Dreiergruppen, sogenannte **Tripletts** oder **Codons** gebildet werden. Alle 64 Kombinationen und die codierten Aminosäuren sind in Tab. 2.1 aufgeführt. Nur zwei Aminosäuren, Methionin und Tryptophan, sind eindeutig jeweils durch ein Codon bestimmt. Die übrigen Aminosäuren werden von zwei, drei, vier oder sechs verschiedenen Tripletts codiert, weil es mehr Tripletts als Aminosäuren gibt und ein kontinuierliches Ablesen von mRNA-Sequenzen die Übersetzung aller

Tab. 2.1 Der genetische Code: 64 Nucleotidtripletts codieren 20 Aminosäurereste in Proteinen und drei Stoppsignale der Proteinsynthese

UUU Phenylalanin	UCU Serin	UAU Tyrosin	UGU Cystein
UUC Phenylalanin	UCC Serin	UAC Tyrosin	UGC Cystein
UUA Leucin	UCA Serin	UAA Stoppcodon	UGA Stoppcodon
UUG Leucin	UCG Serin	UAG Stoppcodon	UGG Tryptophan
CUU Leucin	CCU Prolin	CAU Histidin	CGU Arginin
CUC Leucin	CCC Prolin	CAC Histidin	CGC Arginin
CUA Leucin	CCA Prolin	CAA Glutamin	CGA Arginin
CUG Leucin	CCG Prolin	CAG Glutamin	CGG Arginin
AUU Isoleucin	ACU Threonin	AAU Asparagin	AGU Serin
AUC Isoleucin	ACC Threonin	AAC Asparagin	AGC Serin
AUA Isoleucin	ACA Threonin	AAA Lysin	AGA Arginin
AUG Methionin	ACG Threonin	AAG Lysin	AGG Arginin
GUU Valin	GCU Alanin	GAU Asparaginsäure	GGU Glycin
GUC Valin	GCC Alanin	GAC Asparaginsäure	GGC Glycin
GUA Valin	GCA Alanin	GAA Glutaminsäure	GGA Glycin
GUG Valin	GCG Alanin	GAG Glutaminsäure	GGG Glycin

Tripletts in Aminosäuren erfordert. Man spricht in diesem Zusammenhang von einem „degenerierten" Code. Drei Tripletts dienen als Stoppcodon. Sie markieren die Enden proteincodierender Sequenzen.

Die Translation von mRNA findet an Ribosomen statt. An dem Prozess sind neben mRNA, tRNA und ribosomaler RNA viele Proteine beteiligt. Für eine übersichtliche Beschreibung werden hier nur drei Hauptkomponenten – mRNA, tRNA und Ribosomen – betrachtet.

Die codierende Sequenz von mRNA beginnt stets mit dem **Startcodon** AUG für die Aminosäure **Methionin**. Entsprechend weisen alle neusynthetisierten Proteine an ihrem N-terminalen Ende einen Methioninrest auf. Dieser Rest wird in vielen Proteinen später wieder abgetrennt. Nach dem Startcodon folgen in der mRNA alle übrigen Codons für das jeweilige Protein und am Schluss ein **Stopp**- oder **Terminationscodon**.

Transfer-RNA bringen Aminosäuren aus dem Cytosol zu Nucleotidtripletts von mRNA. Die Moleküle bestehen aus nur 73 bis 92 Nucleotiden und weisen eine starre Struktur mit doppelsträngigen Abschnitten und dazwischen liegenden Nucleotidschleifen auf. Eine Schleife, die „Anticodonschleife", enthält jeweils ein zu einem mRNA-Codon komplementäres Nucleotidtriplett. Das **Anticodon** zu dem Methionin-Codon 5'-AUG ist z. B. 3'-UAC und das Anticodon zu dem Valin-Codon 5'-GUU ist 3'-CTT. Transfer-RNAs binden mit ihrem Anticodon an komplementäre Codons ribosomengebundener mRNA. Für eine effektive Bindung müssen die tRNA-Moleküle mit einem Aminosäurerest beladen sein. Die Aminosäurereste werden durch Enzyme an die 3'-Enden von tRNA, die alle die gleiche Nucleotidsequenz CCA-3' aufweisen, gekoppelt. Jede Aminosäure wird durch ein spezifisches Kopplungsenzym an eine „passende" tRNA mit Anticodon für das der Aminosäure entsprechende Codon fixiert. So wird die Aminosäure Alanin durch das Enzym Alanin-tRNA-Synthase an tRNA mit Anticodon für ein Alanin-Triplett angefügt und die Aminosäure Valin durch Valin-tRNA-Synthase an tRNA mit Anticodon für ein Valin-Triplett. Die allgemeine Bezeichnung für tRNA mit einem gekoppelten Aminosäurerest ist **Aminoacyl-tRNA**.

Ribosomen sind große RNA-Protein-Komplexe aus zwei Untereinheiten. Die größere Untereinheit enthält drei verschiedene rRNA-Moleküle und ca. 49 verschiedene Proteine, die kleinere Untereinheit ein rRNA-Molekül und ca. 33 Proteine. Die Untereinheiten werden in einer besonderen Region des Zellkerns, dem Nucleolus, aus neusynthetisierten rRNAs und Proteinen zusammengefügt und anschließend in das Cytoplasma transferiert. Sie bleiben hier getrennt und finden erst bei der Synthese von Proteinen an mRNA-Molekülen zusammen. Ribosomen haben eine Bindungsregion für mRNA und drei Bindungsorte für tRNA, die man als **Aminoacyl-tRNA-** (A), **Peptidyl-tRNA-** (P) und **Abgangsort** (*exit*, E) bezeichnet. Anteile der Bindungsorte sind auf beide ribosomale Untereinheiten verteilt.

Die **Initiation** der Proteinsynthese wird durch **Initiationsfaktoren** (*eukaryotic initiation factors, eIFs*) kontrolliert. In einem ersten Schritt bindet **Methionin-Initiator-tRNA (Met-tRNA$_i$)** mit Unterstützung des Faktors eIF2 an die kleine Ribosomenuntereinheit und versetzt sie in die Lage, mRNA zu assoziieren. Die Initiator-tRNA unterscheidet sich von anderen tRNAs. Sie bindet als einzige tRNA den Faktor eIF2, der ihre Haftung im P-Ort der kleinen Untereinheit gewährleistet. Die Assoziation von mRNA erfordert weitere eIFs. Gebunden werden nur mRNAs, deren Kappe am 5'-Ende durch eIFs mit der poly(A)-Sequenz am 3'-Ende zusammengeführt ist. Die Verbindung zwischen den beiden Enden wird durch eIF4F mit den Untereinheiten eIF4E, eIF4G und eIF4A und poly(A)-Bindungsprotein hergestellt (Abb. 2.9). Nur vollständige mRNA-Moleküle mit Kappe und poly(A)-Sequenz können zu einem Ring geschlossen und an Ribosomen translatiert werden.

Messenger-RNAs assoziieren mit ihrem 5'-Ende an die kleine Ribosomenuntereinheit. Sie werden anschließend an der Untereinheit verschoben, bis das Initiationscodon AUG ihrer kodierenden Sequenz an das Anticodon von Met-tRNA$_i$ im P-Ort bindet. Nach Dissoziation der Initiationsfaktoren, die die Anlagerung von Met-tRNA$_i$ und mRNA unterstützt haben, assoziiert die große Ribosomenuntereinheit an den Komplex aus kleiner Untereinheit und mRNA. Die Bindungsorte A, P und E mit Anteilen in beiden Untereinheiten sind damit vollständig (Abb. 2.10). Im P-Ort befindet sich Met-tRNA$_i$, und der A-Ort ist frei für die Aufnahme einer nächsten Aminoacyl-tRNA mit Anticodon für das auf das Initiationscodon folgende Nucleotidtriplett. Sobald die nächste Aminoacyl-tRNA im A-Ort gebunden ist, werden die Aminosäurereste der zwei benachbarten tRNAs aneinandergekoppelt. Methionin wird von der Initiator-tRNA getrennt und mit einer Peptidbindung an den Aminosäurerest der tRNA im A-Ort angefügt. Im P-Ort bleibt nur die Initiator-tRNA ohne Aminosäure zurück. Die Bildung der Peptidbindung zwischen den zwei Aminosäuren wird durch rRNA der großen Ribosomenuntereinheit katalysiert. Im nächsten Schritt verlagert sich die große Untereinheit relativ zur kleinen Untereinheit, und

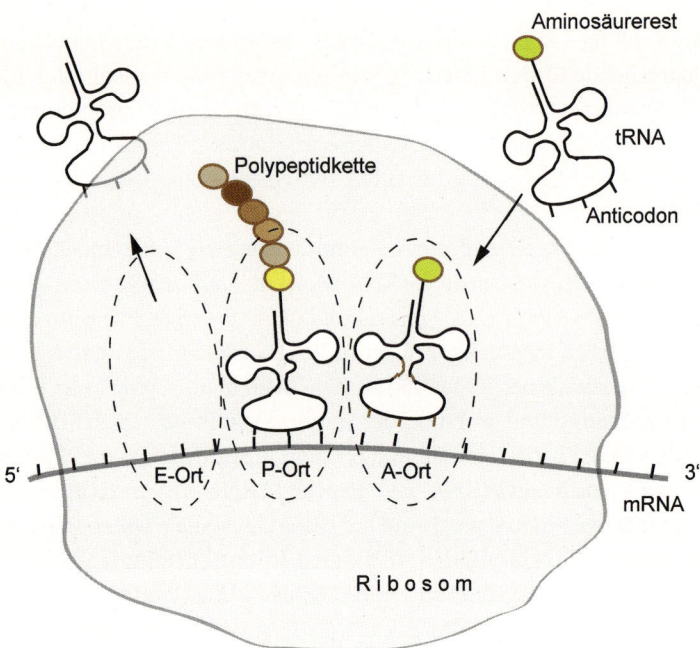

Abb. 2.10 Translation von mRNA an einem Ribosom

die tRNA-Bindungsorte verändern sich. Die Anticodonschleifen der zwei tRNAs verbleiben im P- bzw. A-Ort der kleinen Untereinheit, während die entgegengesetzten Enden der tRNA in die E- und P-Orte der großen Untereinheit gelangen. Eine anschließende Translokation der kleinen Untereinheit vereinigt die Anteile der A-, P- und E-Bindungsorte in den zwei Untereinheiten wieder und verlagert die mRNA am Ribosom um ein Codon. Die Initiator-tRNA befindet sich nach der Translokation im Abgangsort E und kann das Ribosom verlassen. Die zweite tRNA mit dem gekoppelten Dipeptid befindet sich im P-Ort, und der Ort A ist frei für die Anlagerung der nächsten Aminoacyl-tRNA. Alle folgenden Aminoacyl-tRNAs binden zuerst im A-Ort. Sie gelangen von hier in den P-Ort und anschließend in den E-Ort.

Die **Elongation**, d. h. die weitere Verlängerung der Aminosäurekette, verläuft in Zyklen von jeweils vier Schritten: 1) Bindung einer Aminoacyl-tRNA an das nächste mRNA-Codon im A-Ort, 2) Übertragung der Aminosäurekette von der tRNA im P-Ort an die Aminosäure der neuen tRNA im A-Ort, 3) Translokation der großen Untereinheit und 4) Translokation der kleinen Untereinheit.

Jeder Zyklus wird durch zwei Elongationsfaktoren EF1 und EF2 unterstützt. Beide Faktoren binden und hydrolysieren das Nucleotid GTP. EF1-GTP assoziiert an Aminoacyl-tRNA und fördert die Bindung der tRNA im A-Ort. Wenn das Anticodon der tRNA an ein passendes Codon einer mRNA bindet, wird GTP zu GDP hydrolysiert, und EF1-GDP verlässt das Ribosom wieder. EF2 katalysiert die Translokation von Ribosomenuntereinheiten an der mRNA.

2.3 Wie werden die Informationen der DNA gelesen?

Die Enden proteincodierender mRNA-Sequenzen werden durch ein Stoppcodon angezeigt. Die Stoppcodons UAA, UAG und UGA binden keine Aminoacyl-tRNA. Wenn sie im A-Ort eines Ribosoms erscheinen, assoziieren **Freisetzungsfaktoren** (*release factors*) an das Ribosom und leiten die hydrolytische Trennung der synthetisierten Aminosäurekette von der tRNA im P-Ort ein. Die Reaktion wird wieder durch rRNA der großen Untereinheit katalysiert. Das synthetisierte Protein und die mRNA dissoziieren anschließend vom Ribosom, und die ribosomalen Untereinheiten können an nächste mRNA-Moleküle assoziieren und Proteine synthetisieren.

Messenger-RNA-Moleküle werden in der Regel von mehreren Ribosomen gleichzeitig abgelesen. Die Komplexe nennt man Polyribosomen oder Polysomen.

Die Vielfalt von RNA und Proteinen

Eine aktuelle Analyse des menschlichen Genoms listet 20.687 mRNA- und proteincodierende Gene auf (Harrow et al. 2012). Die Anzahl von Genen, die für andere Typen von RNA codieren, ist weit größer (siehe Abschn. 2.4). Auch die Zahl verschiedener mRNAs und Proteine ist größer als 20.687. Die Ursachen dieser Vielfalt sind folgende:

1. Viele Gene weisen zwei oder mehrere Startorte der Transkription auf. Die codierten mRNAs haben unterschiedliche 5'-Enden und sind entsprechen kürzer oder länger.
2. Die 3'-Enden von mRNAs variieren ebenfalls.
3. Die meisten mRNA-Varianten entstehen durch unterschiedliches Spleißen von Vorläufer-mRNAs. Intronsequenzen werden aus Vorläufer-mRNAs nicht immer präzise an den gleichen Stellen ausgeschnitten, und manchmal werden auch Exons entfernt. Auf diese Weise entstehen von den meisten Vorläufer-mRNAs Isoformen, von manchen nur zwei, von anderen einige Hundert verschiedene „reife" mRNAs.
4. Sequenzen von mRNA können durch „Editierung" (*RNA editing*) verändert werden. Einzelne Adenin- und Cytosinbasen werden desaminiert, d. h. von ihnen wird jeweils eine Aminogruppe (-NH_2) entfernt. Dadurch entstehen andere Nucleotide. Aus Adenylat wird Inosinat und aus Cytidylat wird Uridylat. Die abgewandelten Nucleotide bevorzugen bei Hybridisierungen auch andere komplementäre Basen. Inosinat bindet an Guanylat und nicht wie Adenylat an Thymidylat und das komplementäre Nucleotid für Uridylat ist Adenylat und nicht Guanylat. Die mRNA-Modifizierungen können Änderungen des Transports und der Translation von mRNAs zur Folge haben.
5. Bei Proteinen kommen weitere Abwandlungen durch Übertragung chemischer Gruppen hinzu. Die Modifizierungen verändern die Struktur, die Stabilität, den Transport, die Lokalisation und die Funktion von Proteinen.

Welche mRNA- und Protein-Isoformen gebildet werden, hängt vom jeweiligen Zelltyp und dem Entwicklungszustand der Zellen ab. Auch extrazelluläre Signale beeinflussen mRNA-Editierungen, Spleißvorgänge und Proteinmodifizierungen.

2.4 Alle meine DNA

Ein Überblick über verschiedene Typen von DNA-Sequenzen im menschlichen Genom

Jedes Individuum erbt je einen haploiden Chromosomensatz von der Mutter und einen vom Vater und zusätzlich die mitochondriale DNA der Mutter. Die haploiden Chromosomensätze bestehen jeweils aus 22 Autosomen und einem Geschlechtschromosom. Einander entsprechende Autosomen von Eizelle und Spermium sind ähnlich, aber nicht identisch. Aufgrund der Homologie ihrer DNA bezeichnet man sie auch als **Homologe**. Was die Geschlechtschromosomen betrifft, so haben Eizellen immer das Geschlechtschromosom X, während Spermien entweder ein X- oder ein Y-Chromosom aufweisen. In einer befruchteten Eizelle vereinigen sich zwei haploide Sätze von Chromosomen zu einem diploiden Chromosomensatz mit 22 Autosomenpaaren und zwei Geschlechtschromosomen, entweder zwei homologen X-Chromosomen (weibliches Individuum) oder einem X- und einem Y-Chromosom (männliches Individuum).

Die DNA-Sequenzen von 22 Autosomen, einem X- und einem Y-Chromosomen enthalten, wie bereits in Abschn. 2.1 erwähnt, über 3 Mrd. Nucleotide. Eine grobe Beschreibung der Sequenzen unterscheidet zwischen singulären DNA-Abschnitten und verschiedenen Arten von Sequenzwiederholungen, darunter einfachen Sequenzwiederholungen, Segmentverdopplungen und mobilen Elementen, sogenannten **Transposons**.

Einfache Sequenzwiederholungen sind aneinandergereihte gleiche Nucleotidfolgen, wie z. B. die Folge ACTTG. Besonders viele Wiederholungen finden sich in **Centromeren** und **Telomeren** von DNA-Molekülen. Centromere gewährleisten nach der Replikation von DNA den Zusammenhalt von Schwesterchromatiden. In der Mitosephase des Zellteilungszyklus sind sie als verengte und aneinander fixierte Regionen von Chromatidpaaren zu erkennen. Telomere befinden sich an den zwei Enden jedes DNA-Moleküls. Sie bestehen aus über tausend Wiederholungen der Folge TTAGGG, die durch das Enzym **Telomerase** ergänzt werden können. Das Enzym enthält eine RNA, die als Matrize für die Sequenz TTAGGG dient. Telomere gewährleisten eine weitgehend vollständige Replikation von DNA-Enden. Sie schützen die Enden vor Abbau und fehlgeleiteten Reparaturprozessen. Wenn Telomere verloren gehen, treten Schäden an DNA-Molekülen und Verluste der DNA auf, und die betroffenen Zellen sterben.

DNA-Abschnitte, in denen ein und dieselbe Nucleotidsequenz vielmals aneinandergefügt ist, nennt man auch **Satelliten-DNA**. Bei Wiederholungen aus zwei bis sieben Nucleotiden spricht man von **Mikrosatelliten**, bei Wiederholungen aus 20 bis 70 Nucleotiden von **Minisatelliten**. Die Anzahl der Wiederholungen in Mikro- und Minisatelliten einzelner DNA-Regionen unterscheidet sich von Individuum zu Individuum. Satelliten-DNA wird deshalb als „DNA-Fingerabdruck" für die Identifizierung von Personen genutzt.

Segmentverdopplungen sind längere Folgen von Nucleotiden, in Einzelfällen einigen Millionen Nucleotiden, die in zwei oder mehreren Kopien auftreten. Die Kopien, die oft auch proteincodierende Gene enthalten, können sich in bis zu 10 % ihrer Nucleotide voneinander unterscheiden.

Transposons haben die Fähigkeit, von einem Genort zu einem anderen zu wechseln. Katalysiert werden die Positionswechsel durch Enzyme, die in der Regel in den Transposonsequenzen codiert sind. **DNA-Transposons** „springen" direkt von einem Ort zu einem anderen. Sie codieren das Enzym **Transposase**, das die Transposonsequenz ausschneidet und an anderer Stelle des Genoms wieder einfügt. **RNA-Transposons** werden erst in RNA umgeschrieben. Von der RNA wird ein neuer DNA-Einzelstrang synthetisiert, der anschließend zu einem DNA-Doppelstrang ergänzt wird. Beide Reaktionen werden durch das Enzym **Reverse Transkriptase** katalysiert. Die Integration doppelsträngiger DNA-Fragmente in chromosomale DNA wird bei einer Gruppe von RNA-Transposons durch das Enzym **Integrase**, bei einer zweiten Gruppe durch eine **Endonuclease** vermittelt. DNA-Verlagerungen unter Beteiligung einer Endonuclease verlaufen z. B. folgendermaßen: Zunächst wird die Transposonsequenz durch RNA-Polymerase II in RNA transkribiert. Die RNA wird aus dem Zellkern in das Cytosol transportiert und an Ribosomen abgelesen. Von der RNA werden eine Reverse Transkriptase und eine Endonuclease synthetisiert. Die Proteine binden an RNA, und die RNA-Protein-Komplexe werden zurück in den Zellkern transportiert. Im Zellkern schneidet die Endonuklease DNA-Moleküle an einer oder an mehreren Stellen. Die Reverse Transkriptase nutzt dann an der jeweiligen Schnittstelle ein Ende eines DNA-Stranges als Primer und schreibt die Transposon-RNA in ein DNA-Fragment um, das in die chromosomale DNA integriert wird.

RNA-Transposons werden in Abhängigkeit von ihrer Größe auch „kurze verstreute Elemente" (*short interspersed elements,* **SINE**) und „lange verstreute Elemente" (*long interspersed elements,* **LINE**) genannt. Die Ersteren enthalten ca. 70 bis 500, die Letzteren viele Tausend Nucleotide. Im menschlichen Genom sind aufgrund wiederholter Integrationen mehr oder weniger ähnliche SINE und LINE oft an mehreren Stellen vorhanden. SINE-Sequenzen belegen insgesamt ca. 13 % des Genoms, LINE-Sequenzen ca. 20,4 %.

Transposonelemente haben in der Vergangenheit das menschliche Genom ständig verändert, und wenn sie in Gene eingefügt wurden, auch deren Funktion beeinflusst und in manchen Fällen beeinträchtigt. So geht z. B. eine in Japan verbreitete Muskeldystrophie auf die Einfügung eines RNA-Transposons in ein Gen zurück, das für das Protein **Fukutin** codiert. Das Protein trägt üblicherweise zur Modifizierung des Membranproteins **α-Dystroglykan** mit Kohlenhydraten bei. Alpha-Dystroglykan kann ohne adäquate Modifizierung seine Funktion als Bindeglied zwischen intrazellulärem Cytoskelett und extrazellulärer Matrix in Muskelzellen nicht ausüben, und Individuen, bei denen beide Fukutingene betroffen sind, leiden an progressiver Muskeldystrophie (Taniguchi-Ikeda et al. 2011).

Viele Transposons des menschlichen Genoms sind nicht mehr aktiv, weil sie Sequenzen für Enzyme ihrer Mobilität verloren haben oder die Sequenzen durch Mutationen so abgewandelt wurden, dass keine aktiven Enzyme mehr gebildet werden. Kopierungen und Neuinsertionen von Transposonsequenzen finden jedoch weiterhin statt.

Die verschiedenen Typen von DNA-Sequenzen tragen wahrscheinlich alle in der einen oder anderen Weise zur dynamischen Struktur und Funktion des Genoms bei. Außer Zweifel steht die herausragende Rolle proteincodierender Gene. Der überwiegende Teil proteincodierender Gene des Menschen ist auch bei anderen Säugetieren und mit größeren

Abwandlungen im übrigen Tierreich vertreten. In höheren Organismen sind im Vergleich zu niederen Organismen neue Gene dazugekommen, insbesondere Gene für Proteine der Differenzierung und der Regulation von Zellen sowie gehirnspezifische Gene. Erstaunlicherweise beanspruchen proteincodierende Gene aber nur einen geringen Teil der 3 Mrd. Nucleotide des menschlischen Genoms. Die Exonabschnitte der Gene belegen gerade 2,9 % der Gesamt-DNA. Wenn nur unmittelbar in Proteinsequenzen übersetzte Abschnitte der DNA berücksichtigt werden, sind es sogar nur 1,2 %. Detaillierte Untersuchungen der Aktivität des menschlichen Genoms in verschiedenen Zelltypen belegen jedoch, dass über drei Viertel der DNA-Sequenzen in RNA transkribiert werden (Encyclopedia of DNA Elements, ENCODE). Ein gegebener DNA-Abschnitt wird auch nicht nur in einer Richtung und immer von dem gleichen Ausgangspunkt abgelesen. Von dem komplementären Strang können ebenfalls RNA-Transkripte gebildet werden, und RNA-Transkripte können an unterschiedlichen Stellen der DNA starten und sich gegenseitig überlappen.

Welche RNA-Transkripte werden zusätzlich zu proteincodierenden mRNAs synthetisiert? Zunächst sei daran erinnert, dass proteincodierende Gene nicht nur Exonsequenzen, sondern auch weit umfangreichere Intronsequenzen enthalten, die zusammen in Vorläufer-mRNAs umgeschrieben werden. Die transkribierten Intronsequenzen werden anschließend durch Spleißen entfernt. In Abschn. 2.3 wurde auch bereits darauf hingewiesen, dass es nicht nur RNAs gibt, die unmittelbar an der Proteinsynthese beteiligt sind. In Tab. 2.2 sind neben mRNA, rRNA und tRNA weitere RNA-Klassen aufgeführt, von denen hier nur zwei kurz kommentiert werden. Die Klasse der **langen nichtcodierenden RNA** (lncRNA) umfasst mehrere Unterklassen, die sich in ihrer Größe, Herkunft und Funktion unterscheiden. Die RNAs können viele Tausende Nucleotide lang sein. Sie stammen von intergenen Regionen, genregulierenden DNA-Abschnitten und werden auch von proteincodierenden Genen als überlappende Transkripte und in sense- und antisense-Richtung abgelesen. LncRNA fungieren als Gerüstmoleküle. Sie vermitteln Bindungen Chromatin-modifizierender Komplexe an Chromatin. Andere lncRNA binden und inaktivieren im Bereich ihrer codierenden DNA-Sequenz DNA-Methyltransferase 1 und verhindern dadurch die Methylierung des Bereichs (siehe Abschn. 2.5). LncRNA sind auch an der Reifung von Vorläufer-RNA beteiligt und spezifische lncRNA stabilisieren ausgewählte mRNA im Cytoplasma. **Mikro-RNA** (miRNA) binden und inaktivieren im Zusammenwirken mit Proteinkomplexen mRNA-Moleküle. Ihr Entstehen und ihre Funktion werden in Abschn. 2.6 beschrieben.

Neben DNA-Sequenzen, die in RNA transkribiert werden, gibt es solche, die nicht transkribiert werden, sondern regulierende Proteine und RNA-Moleküle binden. Eine Vorstellung über ihren Anteil am Genom vermittelt folgende aus Bindungsexperimenten abgeleitete Angabe: Wenn um jeden Proteinbindungsort der DNA ein Bereich von 8000 Basenpaaren markiert wird, befinden sich über 95 % des Genoms in solchen Bereichen, d. h. nahezu die gesamte DNA.

Vergleiche von Genomen niederer und höher entwickelter Organismen belegen, dass die Zahl der Bindungsorte für Proteine und regulierende RNA an der DNA im Laufe der Evolution stark zugenommen hat. Auch die Variation regulierender Proteine und RNAs

Tab. 2.2 RNA-Klassen

RNA	Eigenschaften und Funktionen
Messenger-RNA, mRNA	RNA mit 5'-Cap, proteincodierender Sequenz und 3'-poly(A)-Sequenz für die Synthese von Proteinen
Ribosomale RNA, rRNA	RNA in Ribosomen. Die Moleküle bilden die Kernstruktur der Organellen und das katalytische Zentrum der Polypeptidsynthese
Transfer-RNA, tRNA	RNA aus ca. 80 Nucleotiden mit kompakter Struktur, die bei der Proteinsynthese als Adapter zwischen mRNA und Aminosäuren dienen
Kleine nucleäre RNA (*small nuclear RNA*), snRNA	RNA in Spliceosomen und anderen RNA-Proteinkomplexen im Zellkern
Kleine Nucleolus-RNA (*small nucleolar RNA*), snoRNA	RNA im Nucleolus, die Umwandlungen ribosomaler Vorläufer-RNA in reife rRNA kontrollieren
Lange nichtcodierende RNA (*long noncoding RNA*), lncRNA	RNA mit mehr als 200 Nucleotiden, die sowohl im Zellkern als auch im Cytoplasma auftreten. LncRNA haben unterschiedliche Funktionen. Sie bewirken Änderungen von Chromatinstrukturen und kontrollieren Vorgänge der Transkription und Translation
Mikro-RNA (*micro RNA*), miRNA	RNA aus 20–24 Nucleotiden, die mit mRNA hybridisieren und Proteinkomplexe mit Argonautenprotein assoziieren. Die Komplexe unterdrücken die Translation von mRNA und leiten ihren Abbau ein
Endogene kleine interferierende RNA (*endogenous small interfering RNA*), endo-siRNA	RNA aus 20–26 Nucleotiden, die in Komplexen mit Argonautenprotein mRNA oder Transposon-RNA ausschalten. Endo-siRNA stammen von doppelsträngiger RNA und binden Ziel-RNA mit perfekter Basenpaarung
PIWI-Protein-bindende RNA (*piwi-interacting RNA*), piRNA	RNA aus 26–31 Nucleotiden, die mit PIWI-Protein aus der Argonautenfamilie Komplexe bilden und Transposons in Keimzellen inaktiv halten
Zirkuläre RNA (*circular RNA*), circRNA	Ringförmige RNA mit vielzähligen komplementären Sequenzen für eine miRNA. Die Ringbildung der Moleküle erfolgt beim Spleißen von Vorläufer-RNA. CircRNA können eine größere Zahl von miRNA eines Typs assoziieren und deren Interaktion mit mRNA verhindern
RNA in Proteinkomplexen mit spezifischen Funktionen	Zwei Beispiele sind Telomerase-RNA und RNA in Signalsequenz-Erkennungspartikeln (siehe Abschn. 4.1)

hat zugenommen. Die Anzahl proteincodierender Gene hat sich dagegen keinfalls proportional zur Komplexität der Organismen vergrößert.

Neben der chromosomalen DNA des Zellkerns enthalten Zellen eine geringe Menge DNA in cytoplasmatischen Organellen, den **Mitochondrien**. Nach gegenwärtigen Vorstellungen waren die Organellen ursprünglich eigenständige kernlose Zellen, die in einem frühen Stadium der Evolution in kernhaltige Zellen aufgenommen wurden. Jedes Mitochondrium enthält mehrere Kopien eines DNA-Moleküls von 16.569 Nucleotidpaaren. Das sind weniger als 0,001 % der Kern-DNA. Die mitochondriale DNA codiert gerade für zwei rRNAs, 22 tRNAs und 13 Proteine der Atmungskette, die auch an Mitochondrien-Ribosomen synthetisiert werden. Der übrige Teil mitochondrialer Proteine wird von der Kern-DNA codiert. Die Proteine werden an Ribosomen im Cytoplasma synthetisiert und anschließend in Mitochondrien importiert. Die entsprechenden Gene wurden wahrscheinlich aus der DNA der Mitochondrien im Laufe der Evolution in die DNA des Zellkerns transferiert.

Ein Vergleich von Kern-DNA und Mitochondrien-DNA weist folgende Besonderheiten auf: 1) Die DNA der Mitochondrien enthält keine längeren regulierende DNA-Abschnitte, sondern nahezu ausschließlich codierende Sequenzen. 2) In dem genetischen Code der Mitochondrien ist das Triplett UAG kein Stoppcodon, sondern ein Codon für Tryptophan. Das Triplett AUA codiert nicht für Isoleucin, sondern für Methionin, und die Tripletts AGA und AGG codieren nicht für Arginin, sondern dienen als Stoppcodons. 3) Die Mitochondrien-DNA ist nicht in gleichem Maße wie Kern-DNA mit Proteinen verpackt, und die DNA-Reparaturkapazität der Organellen ist gering. In der DNA treten deshalb weit häufiger Mutationen auf, etwa zehnmal häufiger als in der Kern-DNA.

Mitochondrien vermehren sich durch Teilung, und sie werden bei Zellteilungen mit ihrer DNA auf die Tochterzellen aufgeteilt. Nach der Befruchtung von Eizellen bleiben fast ausschließlich nur die Mitochondrien der Eizellen übrig. Spermien enthalten wenige Mitochondrien, und diese werden in Eizellen schnell eliminiert. Die mitochondriale DNA wird somit nur von der Mutter auf die Nachkommen vererbt.

Mütterliche und väterliche DNA

Die DNA aller Eizellen und Spermien ist verschieden, und Genpaare, die ein Individuum von seinen Eltern erbt, sind homolog, aber nicht identisch. Unterschiede sind bereits in den Genomen der Elterngeneration vorhanden. Weitere Unterschiede kommen durch Umlagerungen bei der Bildung von Keimzellen hinzu. Eizellen und Spermien entstehen im Prozess der **Meiose**, einer besonderen Form der Zellteilung, bei der auf eine DNA-Replikation zwei Kernteilungen folgen. Dabei werden aus diploiden Zellen mit doppelten Chromosomensätzen haploide Zellen mit nur einem Chromosomensatz.

Bereits in frühen Stadien der Embryogenese werden einzelne diploide Zellen als Vorläuferzellen für zukünftige Keimzellen ausgewählt. Die Zellen wandern in spezifische Regionen des Embryos, wo sie sich zunächst noch weiter teilen und später in die Meiose eintre-

2.4 Alle meine DNA

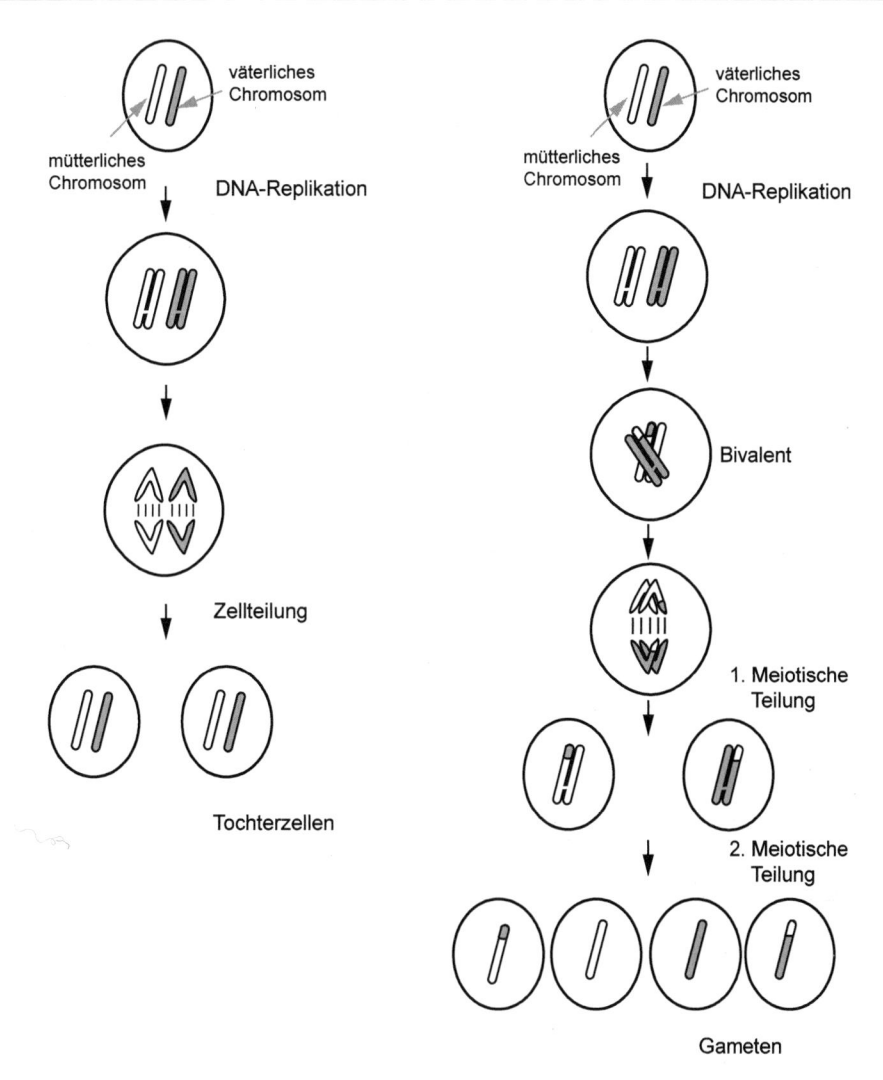

Abb. 2.11 Verdopplung eines Paares homologer Chromosomen und anschließende Trennung von Schwesterchromatiden bei der Zellteilung (*links*) und der Meiose (*rechts*)

ten. Der Vorgang beginnt wie die einfache Zellteilung mit einer Replikation der DNA und einer Verdopplung der Chromosomen. Im Weiteren unterscheiden sich Zellteilung und Meiose (Abb. 2.11). Bei der Zellteilung werden die verdoppelten Chromosomen einzeln in der Äquatorebene der mitotischen Spindel aufgereiht und anschließend in zwei Sätze von Schwesterchromatiden getrennt und auf die Tochterzellen verteilt. Bei der Meiose bleiben die verdoppelten Chromosomen zunächst erhalten, und jedes Doppelchromosom lagert sich mit seinem homologen Partner-Doppelchromosom zu einem **Bivalent** zusammen. In dem Bivalent finden **genetische Rekombinationen** statt. Dabei werden Fragmente mütterlicher und väterlicher Chromatiden gegeneinander ausgetauscht. Einzelne Abschnitte der mütterlichen Chromosomen werden durch Abschnitte väterlicher Chromosomen ersetzt und umgekehrt. Der Austausch von genetischem Material zwischen Chromosomen ist eine Besonderheit der Meiose.

Bei der ersten meiotischen Zellteilung reihen sich die Bivalente am Spindeläquator auf. Anschließend wird jedes Bivalent in zwei duplizierte Homologe getrennt, die in entgegengesetzte Richtungen zu den Zellpolen hin bewegt und in der Folge auf die Tochterzellen verteilt werden. Die Tochterzellen erhalten bei der ersten Teilung je ein dupliziertes Homolog, entweder das mütterliche oder das väterliche. Die Schwesterchromatiden der duplizierten Homologe sind nicht mehr identisch, weil Abschnitte im Bivalent ausgetauscht wurden. Sie bleiben nach der ersten Zellteilung assoziiert. Erst in der folgenden zweiten meiotischen Teilung werden sie aufgeteilt. Im Ergebnis entstehen **Gameten**, Eizellen oder Spermien, mit nur einem haploiden Chromosomensatz. Aus jeder diploiden Keimzelle entstehen vier Gameten.

Die Unterschiede in Chromosomen von Gameten resultieren sowohl aus dem Austausch von DNA-Segmenten zwischen homologen Chromosomenabschnitten im Bivalent als auch aus der zufälligen Verteilung mütterlicher und väterliche Homologe auf die Tochterzellen. Allein durch die zufällige Verteilung der Elternhomologe auf Tochterzellen können $2^{23} = 8{,}4 \times 10^6$ genetisch verschiedene Varianten entstehen. Die Unterschiede in den Genomen aller Keimzellen sind der Grund dafür, dass mit Ausnahme eineiiger Zwillinge, die sich aus *einer* befruchteten Eizelle entwickeln, alle Individuen unterschiedliche Genome haben.

In diploiden Körperzellen ist typischerweise jedes Gen einmal auf einem mütterlichen und einmal auf dem entsprechenden väterlichen Chromosom in analoger Position vertreten. Solche ähnlichen, aber nicht identischen Genformen, nennt man **Allele**. Von den meisten Genen werden beide Allele exprimiert, sodass eine Inaktivierung oder ein Verlust eines Allels durch das andere ausgeglichen werden kann. Nicht alle Gene werden jedoch sowohl vom mütterlichen als auch vom väterlichen Chromosom abgelesen. Von einigen Genen (< 1 % aller Gene) wird nur ein Allel exprimiert, entweder das mütterliche oder das väterliche. Das jeweilige andere Allel bleibt stumm. Die Festlegung aktiver und inaktiver Allele bezeichnet man als **genomische Prägung** (*genomic imprinting*). Sie erfolgt durch unterschiedliche Modifizierung, genauer Methylierung, von DNA-Sequenzen in Eizellen und Spermien während ihrer Reifung. DNA-Methylierungen werden im nächsten Abschnitt beschrieben. Hier wird nur angemerkt, dass viele Gene durch Methylierung ihrer Kontrollsequenzen inaktiviert werden. Wenn die Kontrollsequenz eines Allels methyliert wird und die Kontrollsequenz des Allels auf dem homologen Chromosom nicht, wird nur das Letztere exprimiert. In anderen Fällen, wie z. B. dem Gen für Insulin-ähnlichen Wachstumsfaktor 2 (IGF-2), gewährleistet die Methylierung einer **Isolatorsequenz** das Ablesen des Gens. Die Methylierung der Isolatorsequenz auf dem väterlichen Chromosom verhindert die Bindung eines Proteins, das die Transkription des IGF-2-Gens stört. Das IGF-2-Gen des väterlichen Chromosoms wird exprimiert. Die Isolatorsequenz des mütterlichen Chromosoms wird nicht methyliert, und das IGF-2-Gen dieses Chromosoms bleibt deshalb inaktiv. In Gehirnzellen wird eine größere Zahl von Genen, mehr als 1300 Gene, nur von einem Allel abgelesen.

Ein besonderer Fall der Stilllegung von Genen ist die Inaktivierung eines ganzen Chromosoms, die **X-Inaktivierung** in Zellen weiblicher Individuen. Weibliche Zellen enthalten zwei X-Chromosomen, von denen eines bereits in frühen Embryonalstadien inaktiviert wird. Durch die Ausschaltung des Chromosoms wird die **Gendosis** zwischen weiblichen und männlichen Zellen, die nur ein X-Chromosom aufweisen, ausgeglichen. Andernfalls würden in weiblichen Zellen weit mehr RNA und Proteine von X-Chromosomen gebildet werden, als in männlichen Zellen. Die Auswahl des X-Chromosoms, das inaktiviert wird, ist zufällig. Eine einmal getroffene Wahl zwischen den zwei X-Chromosomen wird jedoch bei allen folgenden Zellteilungen aufrechterhalten. Zwei gegenläufige zueinander komplementäre RNA-Moleküle, *Xist* und *Tsix*, die von spezifischen Sequenzen der X-DNA transkribiert werden und sich zu Doppelsträngen zusammenlagern können, steuern die Inaktivierung. In der befruchteten Eizelle überwiegt zunächst *Tsix*. Mit einsetzender X-Inaktivierung wird an dem von der Inaktivierung betroffenem X-Chromosom, X_i, verstärkt *Xist*-RNA gebildet und die Synthese von *Tsix*-RNA unterdrückt. An dem aktiv bleibenden X-Chromosom, X_a, wird dagegen die Synthese von *Tsix*-RNA aufrechterhalten und die Synthese von *Xist*-RNA behindert. *Xist*-RNA bindet an Chromosom X_i und bedeckt es nach und nach nahezu vollständig. Ausgenommen sind der *Xist*-codierende Bereich und Abschnitte an den Enden des X-Chromosoms, die homolog zu Abschnitten des Y-Chromosoms in Zellen männlicher Individuen sind. Die gebundene *Xist*-RNA leitet Strukturänderungen am X_i-Chromosom ein, die die Transkription von Genen dieses Chromosoms unterdrücken. Das aktive X-Chromosom weiblicher Zellen wird dagegen durch *Tsix*-RNA stabilisiert und vor den Wirkungen von *Xist*-RNA geschützt.

2.5 Die Zugänglichkeit von DNA: epigenetische Regulationen

Die Aktivität von Genen wird durch viele Faktoren reguliert (siehe Abschn. 2.6). Ob die Faktoren aber überhaupt an DNA binden können und welche Bedingungen für ihre Wirkungen vorliegen, hängt vom Zustand des Chromatins ab.

Mit Ausnahme der Mitosephase des Zellteilungszyklus ist das Chromatin teils in lockeren und teils in kompakteren Strukturen angeordnet. In der Mitosephase wird das Chromatin verdichtet. Die Schwesterchromatiden, die bei der Replikation von DNA entstehen, lagern sich mit assoziierten Proteinen in kompakter Stäbchenform aneinander, bevor sie durch die mitotische Spindel getrennt werden (siehe Abschn. 4.2). In den Tochterzellen wird das Chromatin dann wieder in Bereiche mit lockerer und kompakterer Struktur ausgebreitet. Es bilden sich topologische Domänen, in denen verschiedene Chromosomensegmente zusammengeführt werden. Interaktionen erfolgen nicht nur innerhalb und zwischen Chromosomen. Auch Wechselwirkungen zwischen Chromosomen, inneren Kernmembranen und Kernlamina, einem Geflecht aus Laminproteinen, spielen eine Rolle. Der Zustand des Chromatins und einzelner Chromosomenabschnitte unterliegt weiterhin vielfachen Einflüssen und Regulationen. Die wichtigsten sind: 1) Methylierungen der DNA, 2) Modifizierungen DNA-assoziierter Proteine, vorrangig Histone in Nucleosomen,

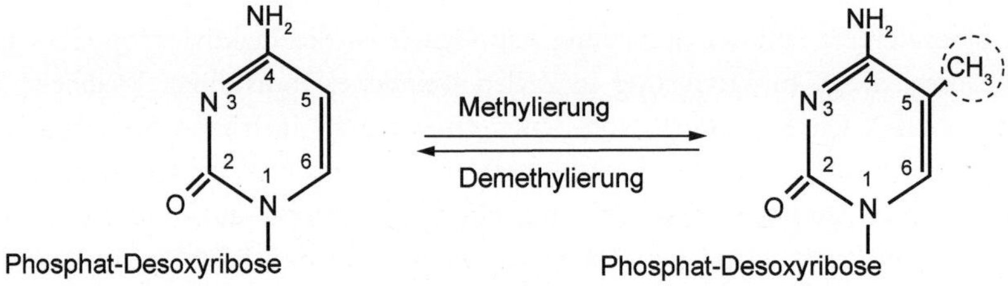

Abb. 2.12 Methylierung von Desoxycytidylat in Dinucleotiden CpG der DNA

3) Austausche von Standardhistonen in Nucleosomen gegen Histonvarianten, 4) energieabhängige Umlagerungen von Chromatin durch Chromatin-modellierende Komplexe und 5) Assoziation von Proteinkomplexen, die Genaktivitäten unterdrücken oder fördern.

Regulationen der DNA- und des Chromatins, die die Expression von Genen nachhaltig verändern, ohne die *Reihenfolge* der Nucleotide in DNA-Molekülen abzuwandeln, bezeichnet man als **epigenetische** (*epi*, griechisch, bedeutet „über", „obenauf") **Regulationen** und die Gesamtheit aller epigenetischen Regulationen von Zellen als ihr **Epigenom**.

Die Methylierung von DNA

DNA-Methyltransferasen übertragen eine Methylgruppe auf Desoxycytidylat in Dinucleotidfolgen **Desoxycytidylat-Desoxyguanylat (CpG)** der DNA. Die Methylgruppe wird an die Position „5" des Cytosinringes von Desoxycytidylat angefügt (Abb. 2.12). Cytosinreste in CpG-Dinucleotiden des komplementären DNA-Stranges werden ebenfalls methyliert. Die Methylierungen haben keinen Einfluss auf die Basenpaarung von Desoxycytidylat mit Desoxyguanylat. Sie verändern jedoch die Zugänglichkeit der betreffenden DNA-Abschnitte. Die Modifizierungen ermöglichen die Bindung von Proteinen mit Affinität für Methylgruppen und behindern u. U. die Bindung anderer Proteine an die DNA.

Der überwiegende Teil, ca. 70–80 %, der Cytosinreste in Dinucleotiden CpG der menschlichen DNA ist methyliert. Die Methylierungen stabilisieren das Genom, und sie beeinflussen, wenn sie in codierenden Sequenzen auftreten, im Allgemeinen nicht das Ablesen von Genen. Ausgenommen von der Methylierung ist ein großer Teil sogenannter **CpG-Inseln** (*CpG islands*). Die Inseln – es handelt sich um DNA-Sequenzen von mindestens 200 Nucleotiden Länge mit überdurchschnittlich vielen CpG-Dinucleotiden – sind meist weniger methyliert. Das bimodale Muster der Methylierung, das bei weitgehender Modifizierung von CpG-Dinucleotiden der DNA einen großen Teil der CpG-Inseln ausspart, wird in der Embryogenese angelegt. Bereits in der Zygote und in den folgenden Teilungen werden Methylgruppen von CpG-Dinucleotiden der DNA entfernt. Die **Demethylierung** betrifft vor allem die DNA des Spermiums, weniger die DNA der Eizelle. Sie erfolgt wahrscheinlich über die Oxidation der Methylgruppen durch Dioxygenase-Enzyme (*ten-eleven translocation enzymes*, TET). Nicht alle Methylierungen werden von der DNA entfernt. Die Methylierungen geprägter Gene sind z. B. ausgenommen. Im Blastocystenstadium wird die geringste DNA-Methylierung erreicht. Anschließend werden CpG-Dinucleotide durch *de-novo*-DNA-Methyltransferasen wieder methyliert. In der weiteren Entwicklung ändert sich das Methylierungsmuster noch. Es werden auch CpG-Inseln in regulierenden Regionen methyliert, wobei in unterschiedlichen Zelltypen unterschiedliche Regionen betroffen sind. Etwa 20 % der DNA-Methylierungen variieren in Abhängigkeit vom Zelltyp. Bei den ungleich methylierten Regionen (*differentially methylated regions*, DMR) handelt es sich überwiegend um regulierende DNA-Sequenzen, darunter viele mit CpG-Inseln.

Methylierungen von CpG-Dinucleotiden in regulierenden DNA-Sequenzen unterdrücken in der Regel die Expression benachbarter Gene. DNA-Methylierungen tragen auch zur genomischen Prägung von Genen, zur Stilllegung von Transposonsequenzen und zur X-Inaktivierung bei. Nicht jede Methylierung wirkt sich jedoch inaktivierend auf benachbarte Gene aus. Offensichtlich dominieren in solchen Fällen andere Faktoren.

Die Unterschiede in den DNA-Methylierungsmustern verschiedener Zelltypen werden bei der Teilung von Zellen aufrechterhalten. Wenn nach DNA-Replikation „alte" methylierte und neusynthetisierte, nichtmethylierte DNA-Einzelstränge zu Doppelsträngen assoziieren, fügen spezifische DNA-Methyltransferasen, die sich von *de-novo*-DNA-Methyltransferasen unterscheiden, an CpG-Dinucleotide neusynthetisierter DNA-Stränge, die mit methylierten CpG-Dinucleotiden „alter" Stränge paaren, eine Methylgruppe an und reproduzieren auf diese Weise die Methylierung der DNA vor der Replikation. Die Aufrechterhaltung von DNA-Methylierungen bei Zellteilungen ist jedoch ein zufallsabhängiger Prozess mit begrenzter Präzision, und im Laufe vieler Teilungen können durch intrinsische Faktoren und Umwelteinflüsse Veränderungen in der Methylierung der DNA auftreten.

Histonproteine, Modifizierungen von Histonen und Histonvarianten

Doppelsträngige DNA ist in Zellkernen in Nucleosomenketten angeordnet (siehe Abb. 2.4). Die Proteinkerne von Nucleosomen bestehen aus je zwei Histonen **H2A, H2B, H3** und **H4**. Histone H2A und H2B bilden Dimere und Histone H3 und H4 bilden ebenfalls Dimere. An der DNA lagern sich zwei Dimere H3-H4 zu einem Tetramer zusammen, an das zwei Dimere H2A-H2B assoziieren. Die oktameren Histonkomplexe sind in Nucleosomen von 1,7 Windungen DNA umlegt. Das entspricht einer Sequenz von 147 Nucleotiden. Weitere bis zu 80 Nucleotide verbinden Nucleosomen miteinander. An die DNA zwischen Nucleosomen assoziieren Histone **H1** und **H5**.

Histone sind relativ kleine Proteine mit vielen positiv geladenen Aminosäureresten, die an negativ geladene Phosphatreste der DNA binden. Die reversiblen Wechselwirkungen werden durch chemische Modifikationen der Histone und durch Austausch von Standardhistonen gegen Histonvarianten verändert. Modifizierungen von Histonen erfolgen vorzugsweise an den N-terminalen Enden der Proteine, die aus den Nucleosomenkernen herausragen. Als chemische Gruppen werden **Acetat-**, **Methyl-** und **Phosphatgruppen** sowie das Polypeptid **Ubiquitin** angefügt. Die Modifizierungen werden durch spezifische Enzyme wie **Histon-Acetylasen, -Methylasen** und **-Kinasen** katalysiert. Durch entgegengesetzt wirkende **Histon-Deacetylasen, -Demethylasen** und **-Phosphatasen** werden sie wieder entfernt. Manche Modifizierungen sind nur vorübergehend, andere bleiben über längere Zeit erhalten und werden auch an die folgenden Zellgenerationen weitergegeben.

Tab. 2.3 Ausgewählte Modifizierungen von Histon H3 in Nucleosomen funktioneller DNA-Sequenzen

Modifizierung	Lokalisation
H3K4me1	In DNA-Enhancerregionen
H3K4me2	In DNA-Enhancer- und -Promotorregionen
H3K4me3	In Promotorregionen
H3K9ac	In aktivierten genregulierenden Regionen, insbesondere Promotoren
H3K9me3	In Regionen inaktivierter Gene und in Heterochromatin
H3K27ac	In aktivierten genregulierenden Regionen
H3K27me3	In Regionen, die durch Polycombproteine stillgelegt sind
H3K36me3	In aktiv transkribierten Genabschnitten

Die Abkürzungen in der linken Spalte weisen die Positionen modifizierter Lysinreste (K) in Histon H3 (K4, K9, K27 und K36) und die Anzahl übertragener Methyl- (me) oder Acetylgruppen (ac) aus. Enhancer und Promotor sind regulierende DNA-Sequenzen, deren Funktion in Abschn. 2.6 erläutert wird

Allein für Histon H3 sind 17 verschiedene Modifizierungen bekannt, von denen einige in Tab. 2.3 aufgeführt sind.

Methylierungen von H3 an Lysinrest 4 und Acetylierungen der Lysinreste 9 und 27 lockern Nucleosomenstrukturen und begünstigen die Expression von Genen. Methylierungen von Lysinrest 27 und Deacetylierungen von acetylierten Lysinresten 9 und 27 festigen dagegen Nucleosomen und behindern die Expression von Genen.

Histonmodifizierungen und DNA-Methylierungen erfolgen z. T. gleichzeitig und koordiniert. Eine Histon-Methyltransferase, die Lysinrest 9 von H3 methyliert, assoziiert z. B. auch eine *de-novo*-DNA-Methyltransferase, die CpG-Dinucleotide der DNA methyliert, und spezifische Proteine, die an methylierte CpG-Dinucleotide binden, assoziieren Deacetylasen, die Acetylgruppen von Histonen entfernen. Die Methylierung von CpG-Inseln und die Deacetylierung von Histon H3 wirken in die gleiche Richtung. Beide Reaktionen inaktivieren Gene.

Modifizierungen von Histonen verändern nicht nur lokale Ladungen und Strukturen der Proteine. Die markierten Aminosäurereste dienen in der Regel auch als Bindungsorte für Proteine, die ebenfalls die Struktur von Nucleosomen beeinflussen. So bindet z. B. **Heterochromatinprotein 1** an die Modifizierung H3K9me und hält durch Bildung von Oligomeren benachbarte Nucleosomen zusammen. Über die Assoziation von Proteinen und Enzymen werden einmal gesetzte Markierungen auch auf angrenzende Nucleosomen übertragen. „**Histon-Lesekomplexe**" binden an modifizierte Histonproteine. Sie assoziieren in der Folge „**Histon-Schreibkomplexe**", die nichtmodifizierte Histone mit den gleichen chemischen Gruppen versehen. Diese binden dann wieder Lese- und Schreibkomplexe und so fort. Auf die gleiche Weise werden auch Histonmodifizierungen nach der Replikation von DNA wiederhergestellt. Beide DNA-Kopien binden sowohl Histone, die bereits vor der Replikation an DNA gebunden waren, als auch neusynthetisierte Histone. Die modifizierten „alten" Histone geben ein Muster vor, das durch Lese- und Schreibkomplexe auf neusynthetisierte Histone übertragen wird. Spezifische **Barrieresequenzen** begrenzen die Aktivität der Komplexe.

Histonvarianten, die anstelle von Standardhistonen in Nucleosomen inkorporiert werden, können ebenfalls die Zugänglichkeit der DNA verändern. Die Varianten werden von anderen Genen codiert als Standardhistone, und sie unterscheiden sich in ihren Sequenzen und Eigenschaften. Zwei Varianten von Histon H3 sind **Histon 3.3** und **CENP-A**. Die erste Variante tritt vorzugsweise in Nucleosomen aktiver Gene auf, während die zweite Variante charakteristisch für kompakte Centromerenbereiche von Chromosomen ist.

Nicht nur Histon H3, auch andere Histone werden modifiziert und als Varianten exprimiert. Die verschiedenen Kombinationen modifizierter Histone und von Histonvarianten ergeben zusammen eine Art Code für Nucleosomenstrukturen, den „Histon-Code".

Chromatin-modellierende Komplexe, Polycomb- und Trithoraxproteine

Interaktionen zwischen DNA und Histonen sind reversibel. Die DNA löst sich von Histonkernen und bindet wieder. In den Intervallen der Ablösung können andere Proteine an die DNA anlagern. Viele Vorgänge im Chromatin erfordern jedoch nicht zufällige, sondern regulierte Wechselwirkungen und energieaufwendige Umlagerungen. **Chromatin-modellierende Komplexe** (*chromatin remodelling complexes*) begleiten die Anordnung von Histonen an DNA-Molekülen. Sie verschieben Nucleosomen, sodass zusätzliche Nucleosomen an der DNA Platz finden oder Nichthistonproteine an DNA binden können. Sie unterstützen auch den Austausch von Histondimeren gegen Dimere varianter Histone, z. B. H2A-H2B gegen H2A.Z-H2B, oder verdrängen Histonkerne gänzlich von der DNA. Die Chromatin-modellierenden Komplexe bestehen aus mehreren Untereinheiten, darunter Untereinheiten für die Bindung an DNA und Histone, Untereinheiten mit Helicaseaktivität und ATP-spaltende Untereinheiten. Bindungsdomänen der Komplexe fixieren die jeweilige ATP-spaltende Untereinheit an Histone von Nucleosomen und gewährleisten weitere Haltepunkte an der DNA. Die ATP-spaltende Untereinheit wirkt in der Folge wie ein Motor, der Kontakte zwischen DNA und Histonen löst und die DNA in Form einer Schleife über Histonkerne verlagert.

Vier Familien von Chromatin-modellierenden Komplexen üben unterschiedliche Funktionen aus. Komplexe der **ISWI-Familie** optimieren den Abstand von Nucleosomen bei der Bildung von Nucleosomenketten. Sie verschieben Nucleosomen und unterstützen auch die Anlagerung von RNA-Polymerase II an DNA und ihre Vorwärtsbewegung. **SWI/SNF-Komplexe** verändern ebenfalls die Lage von Nucleosomen, und sie verdrängen Histone von der DNA. Die freigesetzten Histone werden von **Histon-Chaperonen** gebunden und für einen erneuten Einbau in Nucleosomen bereitgehalten. **CHD-Komplexe** verschieben und verdrängen Nucleosomen bei Transkriptionsvorgängen. Einzelne Vertreter der CDH-Familie enthalten Untereinheiten mit Deacetylaseaktivität, die Acetylgruppen von Histonen entfernen und dadurch regulierende DNA-Regionen inaktivieren. Komplexe der **INO80-Familie** unterstützen die Reparatur von DNA-Schäden. Sie verlagern Nucleosomen eines DNA-Abschnitts von endständigen Bereichen in den zentralen Bereich. Die Komplexe spielen auch eine Rolle bei der Transkription von Genen.

Eine weitere Gruppe Chromatin-regulierender Komplexe sind **Komplexe von Proteinen der Polycombgruppe** (*polycomb group* (PcG) *proteins*). Die Komplexe (*polycomb repressive complexes*, PRC) binden an Nucleosomen und verhindern die Expression von Genen der betreffenden DNA-Bereiche langfristig und auch über Zellteilungen hinweg. In embryonalen Stammzellen fixieren Polycombproteine ein Muster der Genexpression, bei dem Schlüsselgene der Differenzierung von Zellen nicht abgelesen werden, und sie unterdrücken in differenzierten Zellen die Expression von Genen, die in dem jeweiligen Zelltyp nicht benötigt werden.

Eine Hauptrolle bei der Stilllegung von Genen spielen die Polycombkomplexe **PRC1** und **PRC2**. Histonmodifizierungen, die durch die Komplexe gesetzt werden, unterbinden die Transkription von Genen unmittelbar oder dienen als Anlagerungsorte für Gen-inaktivierende Faktoren. PCR1 und PCR2 bestehen jeweils aus mehreren Untereinheiten, und sie ergänzen sich in ihren Wirkungen. PRC1 katalysiert die Kopplung des Polypeptids Ubiquitin an Lysinrest 119 von Histon H2A (H2AK119Ub). Die Reaktion hemmt Genexpressionen. PRC1 bewirkt auch unabhängig von der Ubiquitinmodifizierung eine Verdichtung von Chromatinabschnitten. Der Komplex unterdrückt außerdem die Bindung des Coaktivatorkomplexes Mediator an Transkriptionskomplexe (siehe Abschn. 2.6). PRC2 katalysiert eine weitere Genexpression-hemmende Histonmodifizierung, die Methylierung des Lysinrestes 27 in Histon H3 (H3K27me3). Komplex PRC2 bindet gleichzeitig an H3K27me3 und setzt somit eine Markierung, an die wieder PRC2-Komplexe anlagern. Auch PRC1 assoziiert an H2K27me3 und PRC1 und PRC2 können in einer Folge wirken: Erst methyliert PRC2 Lysin 27 in Histon H3. Dann lagert PRC1 an und katalysiert die Modifizierung H2AK119Ub.

Proteine der **Trithoraxgruppe** (*trithorax group*, TrxG) aktivieren Gene und wirken Polycombproteinen entgegen. Trithoraxkomplexe enthalten als Untereinheit u. a. die Histon-Methyltransferase MLL, die eine Methylgruppe auf Lysinrest 4 in Histon H3 überträgt. Die Modifizierung H3K4me aktiviert Genombereiche. Trithoraxproteine fördern darüber hinaus die Acetylierung von H3K27 durch CREB-Bindungsprotein (CBP). Die Acetylgruppe neutralisiert die positive Ladung des Lysinrestes und verhindert die alternative Methylierung von H3K27 durch PRC2.

Modifizierungen von Histonen und andere Veränderungen des Chromatins, die durch Polycomb und Trithoraxproteine eingeleitet und aufrechterhalten werden, fixieren stabile Zustände der Aktivität von Genombereichen. Die Zustände können durch geeignete Signale und die antagonistischen Wirkungen der zwei Familien von Proteinkomplexen verändert werden. Aktive Genombereiche können durch Polycombproteine stillgelegt und stillgelegte Genombereiche können durch Trithoraxproteine aktiviert werden.

Epigenetische Regulationen werden durch äußere Einflüsse verändert

Änderungen der Chromatinstruktur werden nicht nur durch zellinterne, sondern auch durch äußere Faktoren gesteuert. Ein Beispiel ist die unterschiedliche Entwicklung von Bienenkönigin und Bienenarbeiterinnen.

Die Königin ist das einzige geschlechtsreife weibliche Tier in Bienenvölkern mit einem deutlich längeren Hinterleib als Arbeiterinnen, und sie legt als einzige Eier. Die Königin lebt auch mehrere Jahre im Unterschied zu Arbeiterinnen, die nur Monate leben. Dabei haben Königin und Arbeiterinnen das gleiche Genom. Sie werden nur anders aufgezogen. Die Königin erhält über das gesamte Larvenstadium einen von Ammenbienen in speziellen Drüsen erzeugten Futtersaft, das Gelée Royale, und sie wird in speziellen, senkrecht (statt waagerecht) ausgerichteten Weiselzellen gehalten. Arbeiterinnen werden nur kurze Zeit mit Gelée Royale gefüttert. Die unterschiedlichen Bedingungen wirken sich auf epigenetische Regulationen aus. Über 550 essenzielle Gene sind in der DNA des Gehirns der Königin anders methyliert als in der DNA von Arbeiterinnen. Die unterschiedlichen Methylierungen sind Teil der unterschiedlichen Aktivitäten des Genoms bei Königin und Arbeiterinnen (Lyko et al. 2010).

Änderungen epigenetischer Regulationen können sich auch über Generationen auswirken. Eine fettreiche Ernährung männlicher Mäuse führt nicht nur bei diesen zu übermäßigem Körperfett und Diabetes, sondern löst auch in weiblichen Nachkommen, die in frühen Entwicklungsstadien weder dick noch fett sind, Diabetes-ähnliche Erkrankungen aus. In Körper- und Keimzellen von Fliegen werden durch Hitzestress lokale Heterochromatinbereiche gelockert. Die Änderungen bleiben in der zweiten Generation erhalten und verschwinden erst in den folgenden Generationen.

Es gibt Hinweise dafür, dass auch beim Menschen Lebensbedingungen und Verhaltensweisen epigenetische Regulationen beeinflussen.

2.6 Die Regulation der Transkription: wie Gene angeschaltet werden

Alle Körperzellen enthalten in ihren Zellkernen die gleiche DNA, sie machen von ihr aber unterschiedlichen Gebrauch. Gene für grundlegende Stoffwechselprozesse werden mehr oder weniger in allen Zellen exprimiert. Andere Gene werden nur in wenigen Zelltypen abgelesen, und wieder andere werden bei Bedarf aktiviert, und wenn kein Bedarf besteht, abgeschaltet. Zwei sehr unterschiedliche Zelltypen sind z. B. Leberzellen und Zellen der Augenlinse. In Leberzellen werden mehr als 8000 Proteine synthetisiert, in Zellen der Augenlinse zu einem bestimmten Zeitpunkt ihrer Entwicklung nahezu ausschließlich nur Kristallinproteine des Lichtbrechungskörpers.

Die Aktivität von Genen wird auf vielfache Weise reguliert. Eine Ebene der Regulation, die Zugänglichkeit der DNA, wurde in Abschn. 2.5 beschrieben. Eine zweite Ebene, die regulierenden Ereignisse am Beginn der Transkription von DNA-Sequenzen in RNA, wird im Folgenden ausführlicher für die Transkription proteincodierender Gene durch DNA-abhängige RNA-Polymerase II vorgestellt. RNA-Polymerase II katalysiert die Synthese von mRNA, lncRNA, miRNA und snRNA. Neben RNA-Polymerase II sind in eukaryotischen Zellen zwei weitere RNA-Polymerasen aktiv. **RNA-Polymerase I** synthetisiert rRNA und **RNA-Polymerase III** synthetisiert tRNA, eine rRNA und weitere kleine RNA.

Promotorsequenzen und allgemeine Transkriptionsfaktoren

Wenn Gene für Transkriptionen zugänglich sind, können von ihnen RNA-Moleküle synthetisiert werden. Die Synthese beginnt an **Promotorsequenzen** und endet an **Terminationssequenzen**. Promotoren können abhängig vom Zelltyp, dem Entwicklungszustand von Zellen und intra- und extrazellulären Signalen aktiv oder inaktiv sein. Aktive Promotoren sind mehr oder weniger zugänglich, d. h. die DNA ist hier nicht durchgängig in einer kontinuierlichen Nucleosomenkette angeordnet. Nucleosomen können ganz fehlen, oder sie können aufgrund von Histonmodifizierungen, z. B. H3K4me3, oder des Austauschs von Standardhistonen gegen Histonvarianten eine lockere Struktur aufweisen. Die Promotoren enthalten Bindungsorte für **Transkriptionsfaktoren** (*transcription factors*), Initiationssequenzen „Inr" und Startorte der Transkription (*transcription start sites*, TSS). Inr haben die Nucleotidfolge Y-Y-N-T/A-Y-Y, wobei „Y" für Desoxyadenylat oder Desoxyguanylat steht und „N" für ein beliebiges Nucleotid mit einer der vier Basen A, T, C oder G.

Drei Typen von Promotoren kontrollieren unterschiedliche Gene. Gene, die in differenzierten Zellen aktiv sind, werden meist durch Typ-I-Promotoren reguliert. Die Promotoren enthalten eine **TATA-Box** mit der Sequenz T-A-T-A-A/T-A-A/T-A/G, einen Transkriptionsstartort und eher selten CpG-Inseln. Die Modifizierung H3K4me3 tritt bei ihnen vorzugsweise nur in Richtung der codierenden Sequenz auf. Ubiquitär exprimierte Gene werden durch Typ-II-Promotoren mit meist mehreren Transkriptionsstartorten und kurzen CpG-Inseln kontrolliert. Anstelle der TATA-Box enthalten die Promotoren ein leicht verändertes Sequenzmotiv, und H3-Histone sind im gesamten Promotorbereich an Lysinrest 4 methyliert (H3K4me3). Gene der Entwicklung und Differenzierung von Zellen stehen unter Kontrolle von Typ-III-Promotoren, die in der Regel nur einem Transkriptionsstartort und mehrere ausgedehnte CpG-Inseln aufweisen. Typ-III-Promotoren werden durch Histonmodifizierungen und Polycombproteine in drei verschiedenen Zuständen gehalten: 1) aktiv, 2) inaktiv oder 3) „in der Schwebe". Von letzterem Zustand wechseln sie bei Differenzierungsvorgängen entweder in den aktiven oder den inaktiven Zustand.

DNA-abhängige RNA-Polymerase II ist ungeachtet ihrer beachtlichen Größe allein nicht in der Lage, Gensequenzen in RNA umzuschreiben. Der Molekülkomplex hat nur geringe Affinität für Promotoren und verfügt über keine Helicaseaktivität für die Aufwindung doppelsträngiger DNA. Möglich wird die Bindung von RNA-Polymerase II an DNA erst durch zusätzliche Proteine, die mit der Polymerase an Promotorsequenzen Komplexe bilden. Die Bindungsproteine bezeichnet man als **„basale"** oder **„allgemeine" Transkriptionsfaktoren**. Sie assoziieren an Promotoren und Promotor-benachbarte Sequenzen und treten miteinander und mit RNA-Polymerase II in Wechselwirkung. An der Bildung von **Präinitiationskomplexen** der Transkription ist eine größere Zahl basaler Transkriptionsfaktoren beteiligt, wobei dem **TATA-Box-Bindungsprotein (TBP)** und den Faktoren **TFIIA, TFIIB, TFIIE, TFIIF** und **TFIIH** besondere Bedeutung zukommt.

TBP bindet an die TATA-Box. In Promotoren mit TATA-ähnlicher Sequenz wird die TBP-Bindung durch weitere Proteine unterstützt. Die Proteine bilden mit TBP einen Komplex, der als TFIID bezeichnet wird. Die Verbindung von TBP mit der DNA wird durch die Faktoren TFIIA und TFIIB zusätzlich gefestigt, wobei Faktor TFIIB nicht nur an TBP und DNA bindet, sondern gleichzeitig auch RNA-Polymerase II assoziiert. Die Wechselwirkungen von TFIIB mit der Polymerase werden durch TFIIF unterstützt. Als nächste Faktoren assoziieren TFIIE und TFIIH. TFIIH enthält zwei Enzymeinheiten, eine ATP-abhängige Helicase und eine Proteinkinase. Die Helicase windet nach Bildung eines vollständigen Komplexes aus basalen Transkriptionsfaktoren und RNA-Polymerase II die DNA am Startort der Transkription auf, und die Proteinkinase phosphoryliert die C-terminale Domäne der größten Untereinheit von Polymerase II. Die Polymerasedomäne enthält 52 Kopien der Aminosäuresequenz Tyr-*Ser(2)*-Pro-Thr-*Ser(5)*-Pro-*Ser(7)*, deren Serinreste phosphoryliert werden können. Durch Phosphorylierung und Dephosphorylierung der Reste werden Interaktionen der Polymerase II mit Transkriptionsfaktoren und mRNA-modifizierenden Enzymen gesteuert. Phosphoryliert werden zunächst die mittleren Serinreste „5". Die Phosphorylierungen führen zu einer stärkeren Bindung von Polymerase II an die DNA. Das Enzym löst sich in der Folge von allgemeinen Transkriptionsfaktoren und synthetisiert eine kurze RNA-Sequenz von 20 bis 50 Nucleotiden. Andere assoziierte Faktoren, darunter ein „negativ wirkender Elongationsfaktor" (NELF) können die Polymerase anhalten. Die Unterbrechung der RNA-Synthese wird durch den „positiven Transkriptions-Elongationsfaktor b" (pTEFb) wieder aufgehoben. Der Faktor phosphoryliert NELF und weitere Proteine, darunter auch RNA-Polymerase II an Serinresten „2". Phosphoryliertes NELF-Protein verlässt den Komplex, und die Polymerase setzt die RNA-Synthese fort, bis das betreffende Gen vollständig abgelesen ist. In dem Maße, wie die Polymerase zusammen mit assoziierten Proteinen an der DNA voranschreitet, werden Nucleosomen vor dem Komplex aufgelöst und hinter dem Komplex wieder neu formiert. Wenn die Polymerase an Terminationssequenzen angelangt ist, fällt die fertige mRNA aus dem Synthesekomplex. Das Polymerasemolekül verbleibt noch an der DNA und synthetisiert kurze RNA-Fragmente, bevor es schließlich auch von dem Matrizenstrang dissoziiert.

DNA-Verstärker- und Silencersequenzen. Gen-Aktivator- und Gen-Repressorproteine

Allgemeine Transkriptionsfaktoren und RNA-Polymerase II binden an Tausende Promotoren im Genom und bewirken schwache Expressionen von Genen. Effektive Transkriptionen erfordern weitere Faktoren, die zusammen mit basalen Transkriptionsfaktoren und Polymerase II größere **Initiationskomplexe** der Transkription bilden (Abb. 2.13). **Gen-Aktivatorproteine** assoziieren sowohl an Promotor-nahe DNA-Sequenzen als auch an weiter entfernt liegende **Verstärkersequenzen** (**Enhancer**). Letztere können sich vor oder hinter einem Startort der Transkription befinden. Sie gelangen erst durch Umlagerungen der DNA in die Nähe von Startorten, wo die gebundenen Gen-Aktivatorproteine mit basalen Transkriptionsfaktoren und Polymerase II in Kontakt treten. Die DNA bildet im Zuge der Umlagerungen Schleifen, die durch das Ringprotein **Cohesin** in Position gehalten werden.

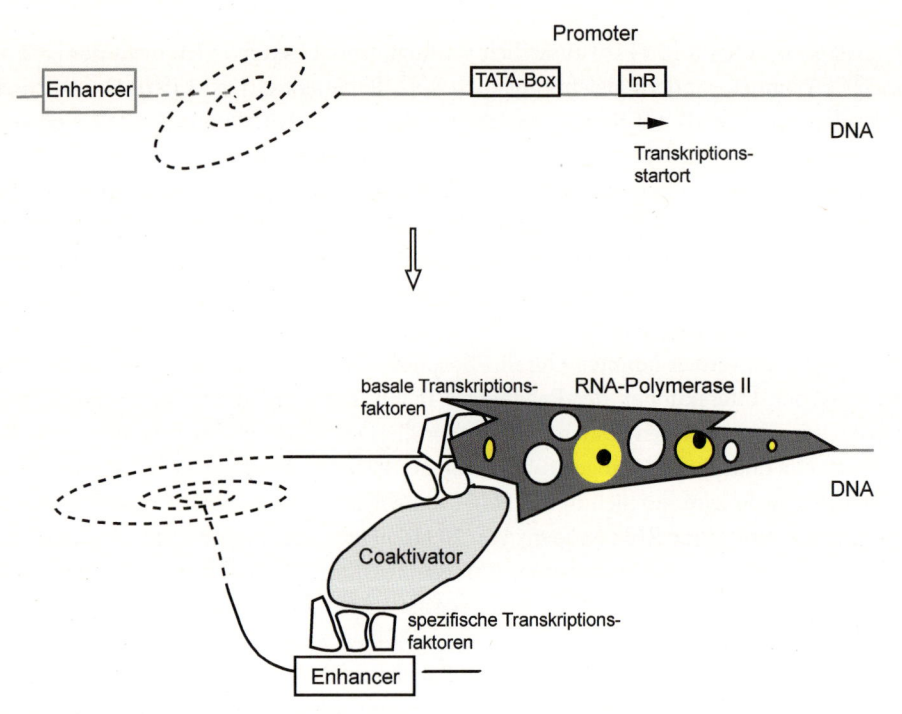

Abb. 2.13 Basale und spezifische Transkriptionsfaktoren positionieren RNA-Polymerase II an Startorten der Transkription

Enhancer haben besondere Bedeutung für die Expression von Genen, weil in der Regel erst die Bindung von Faktoren an diese Sequenzen eine adäquate Transkription einleitet. Im humanen Genom finden sich sehr viele Enhancer, von denen in verschiedenen Zelltypen aber immer nur ein Teil zugänglich und aktiv ist. Aktive Enhancer sind frei von Nucleosomen, oder sie enthalten Nucleosomen, in denen Histon H3 an Lysinrest 4 methyliert (H3K4me) und an Lysinrest 27 acetyliert (H3K27ac) ist. CpG-Dinucleotide aktiver Enhancer sind zudem nicht oder nur zu einem geringen Teil methyliert.

Enhancer-bindende Proteine treten ebenfalls zellspezifisch auf. Von insgesamt ca. 1400 verschiedenen Transkriptionsfaktoren werden in einzelnen Zelltypen immer nur ausgewählte synthetisiert. Einige Faktoren sind in vielen, andere nur in wenigen Zelltypen vertreten. Je nachdem, welche Enhancer zugänglich und welche Transkriptionsfaktoren in ausreichenden Konzentrationen vorhanden sind, ergibt sich für jeden Zelltyp ein charakteristisches Muster der Genexpression. Oft liegen mehrere DNA-Enhancermodule nebeneinander oder überlappen sich, und mehrere Aktivatorproteine binden gleichzeitig an den DNA-Bereich. Eine Enhancerregion für das Gen Interferon-β kann z. B. bis zu acht verschiedene Transkriptionsfaktoren assoziieren. Die Faktoren vereinigen sich an der DNA zu Komplexen, die direkt oder über **Coaktivatoren** an Proteine am Transkriptionsstartort ankoppeln.

Gegenspieler von Gen-Aktivatorproteinen sind **Gen-Repressorproteine**. Die Proteine binden an **Silencer** der DNA und unterdrücken direkt oder mit Unterstützung von **Corepressoren** die Transkription von Genen. Repressorproteine können Chromatinstrukturen verändern und Wechselwirkungen von Aktivatorproteinen mit RNA-Polymerase II und allgemeinen Transkriptionsfaktoren stören. Sie können Gen-Aktivatorproteine von der DNA verdrängen.

Die verschiedenen Transkriptionsfaktoren haben unterschiedliche Eigenschaften und Funktionen:

- Die meisten Faktoren binden an eine spezifische, nur für den jeweiligen Faktor charakteristische DNA-Sequenz, die sich sowohl in Promotor-nahen als auch in Promotor-fernen DNA-Abschnitten befinden kann. Ihre Bindung ist oft abhängig von der gleichzeitigen Bindung anderer Faktoren. Einige Faktoren binden eher an DNA-assoziierte Proteine als direkt an DNA.
- Üblicherweise bestimmen mehrere Faktoren unabhängig voneinander oder in Kombination die Expression von Genen. Ein gegebener Faktor kann ein Gen allein ohne Unterstützung anderer Faktoren aktivieren und andere Gene nur zusammen mit weiteren Faktoren anschalten. Gen-Repressorproteine können auch Teil Gen-aktivierender Komplexe sein.
- Ein und dieselbe DNA-Region kann unterschiedliche Faktoren binden. So aktivieren in Nervenzellen zwei Transkriptionsfaktoren ein Gen für einen Nervenwachstumsfaktor. Das Gen wird in anderen Zellen durch die Bindung eines repressiven Transkriptionsfaktors an die gleiche DNA-Sequenz inaktiv gehalten.
- Übergeordnete Transkriptionsfaktoren kontrollieren viele Gene. So binden z. B. die drei Faktoren Oct4, Sox2 und Nanog in pluripotenten Stammzellen an Kontrollregionen mehrerer Hundert Gene. Die meisten Faktoren haben spezifischere Funktionen und kontrollieren die Transkription nur einzelner oder weniger Gene.
- Die Synthese von Transkriptionsfaktoren wird ebenfalls durch Transkriptionsfaktoren gesteuert, und ein gegebener Transkriptionsfaktor kann die eigene Synthese aktivieren oder hemmen. Zwei Transkriptionsfaktoren können gegenseitig die Transkription ihrer Gene beeinflussen und bei der Transkription anderer Gene zusammenwirken. Ein Aktivatorprotein kann z. B. die Synthese eines zweiten Aktivatorproteins einleiten, und die beiden Proteine können, nachdem ihre Konzentrationen einen Schwellenwert überschritten haben, gemeinsam dritte und vierte Gene aktivieren. Die Proteine wirken dann wie ein Schalter, der das Zellgeschehen in eine neue Richtung lenkt.
- Transkriptionsfaktoren können DNA- und Histon-modifizierende Enzyme assoziieren, die die Chromatinstruktur und die Transkription benachbarter DNA-Abschnitte verändern.
- Methylierungen von Bindungsorten für Transkriptionsfaktoren beeinträchtigen die Assoziation der Faktoren, und gebundene Transkriptionsfaktoren behindern Methylierungen von DNA-Bindungsregionen.

- Intra- und extrazelluläre Signale verändern die Synthese von Transkriptionsfaktoren, ihre Freisetzung aus Proteinkomplexen und ihren Transport in Zellen. Liganden, die an Transkriptionsfaktoren binden, und chemische Modifizierungen aktivieren oder inaktivieren die Faktoren.

Die Anzahl von Coaktivatoren und Corepressoren der Transkription ist bei weitem nicht so groß wie die der eigentlichen Transkriptionsfaktoren. Die Coproteine haben als Verbindungsglieder zwischen Transkriptionsfaktoren und RNA-Polymerase am Promotor und Transkriptionsfaktoren an Enhancern nichtsdestoweniger wichtige Funktionen. Der Coaktivatorkomplex **Mediator**, der aus ca. 30 Proteinuntereinheiten besteht, bindet z. B. die Transkriptionsfaktoren β-Catenin, Nanog, TGFβ sowie Estrogen- (Östrogen-) und Glucocorticoidrezeptoren und kann gleichzeitig an Komplexe aus basalen Transkriptionsfaktoren und RNA-Polymerase II assoziieren. Mediator ist dadurch in der Lage, distal lokalisierte Transkriptionsfaktoren mit der Polymerase am Transkriptionsstart zusammenzuführen. Mehr noch: Der Komplex integriert Signale unterschiedlicher Faktoren und überträgt ein summarisches Signal an das Polymeraseenzym. Nach Start der RNA-Synthese und Entfernen der Polymerase vom Startort verbleibt Mediator als Bindungsgerüst in der Nähe des Transkriptionsstartortes und erleichtert die Assoziation weiterer Polymerasemoleküle.

Eine mRNA wird synthetisiert

Die Transkription von Genen ist nicht nur schlechthin eine Umschreibung von DNA in RNA. Bereits in Abschn. 2.3 wurde darauf hingewiesen, dass mRNA-Moleküle noch im Prozess ihrer Synthese modifiziert werden. Die Synthese und die Modifizierungen von mRNA werden hier noch einmal zusammengefasst.

Die Aktivierung eines Gens beginnt in der Regel mit der Bindung eines Gen-Aktivatorproteins an eine Enhancersequenz des Gens. Die Zugänglichkeit von Enhancern wird durch lokale Chromatinstrukturen bestimmt, die vom Zelltyp und vom Zellzustand abhängig sind. Aktivatorproteine haben eine hohe Affinität für ihre Bindungsorte an der DNA. Meist binden mehrere Aktivatorproteine an eine Folge von Enhancermodulen, und der Komplex aktiviert über Coaktivatoren und basale Transkriptionsfaktoren RNA-Polymerase II am Startort des Gens.

Die nächsten Schritte werden von dem Faktor TFIIH eingeleitet. TFIIH windet die DNA am Startort der Transkription auf und aktiviert RNA-Polymerase II durch Phosphorylierung von Serinresten der C-terminalen Domäne ihrer größten Untereinheit. Die Polymerase löst sich von allgemeinen Transkriptionsfaktoren und beginnt mit der RNA-Synthese. In dem Maße, wie die Polymerase an der DNA voranschreitet, ändert sich durch Einwirkung phosphorylierender und dephosphorylierender Enzyme das Phosphorylierungsmuster ihrer C-terminalen Domäne, und das Enzym assoziiert Proteine, die Nucleosomenstrukturen abwandeln, und weitere Proteine, die das synthetisierte RNA-Molekül modifizieren. Chromatin-modellierende Komplexe und Histon-modifizierende „Lese-

und-Schreibkomplexe" unterstützen die Auflösung von Nucleosomen vor der Polymerase und ihre Neuformierung nach Durchgang der Polymerase.

Als erste Modifizierung erhält die Vorläufer-mRNA eine Kappe aus 7-Methylguanosin. Dann werden durch Spliceosomen transkribierte Intronsequenzen ausgeschnitten. An die Schnittstellen zwischen Introns und Exons assoziieren Exonverbindungskomplexe und koppeln benachbarte Exons aneinander. Schließlich wird das 3'-Ende der mRNA mit GU- oder U-reicher Sequenz entfernt, und an die Schnittstelle wird eine poly(A)-Sequenz angefügt.

Insgesamt ähnelt die Synthese von mRNA-Molekülen einem Fließbandprozess, in dem diverse Reaktionen parallel und in geordneter Folge ablaufen. Die verschiedenen Proteine, die während des Transkriptionsvorgangs an RNA-Polymerase II anlagern, unterstützen die Funktion der Polymerase und gewährleisten alle erforderlichen Modifizierungen der neusynthetisierten RNA. Reife mRNA-Moleküle sind frei von Introns. Sie sind am 5'-Ende mit einem 7-Methylguanosinrest und am 3'-Ende mit einer poly(A)-Sequenz stabilisiert. Nur mRNA mit diesen Modifizierungen wird aus Zellkernen in das Cytoplasma transportiert. Vermittelt wird der Export durch **Kerntransportrezeptoren**, die mRNA-Moleküle binden und mit ihnen die Porenkomplexe von Kernmembranen passieren.

Unvollständige mRNA wird durch RNA-hydrolysierende Enzyme, vorrangig **Exonucleasen**, die endständige Nucleotide abtrennen, abgebaut. Die Enzyme sind in größeren Enzymkomplexen, den **Exosomen**, enthalten, die ebenfalls an RNA-Polymerase II koppeln. Andere Enzyme der Exosomen gewährleisten den Abbau kurzer RNA-Fragmente, welche die Polymerase II noch synthetisiert, nachdem die Transkription der codierenden Gensequenz bereits abgeschlossen ist. Wie schon weiter oben beschrieben, bleibt die Polymerase nach Freisetzung von mRNA-Molekülen aktiv und synthetisiert noch RNA-Fragmente von einigen hundert Nucleotiden, bevor sie die DNA verlässt.

In Zellkernen werden immer viele Gene gleichzeitig abgelesen. Dabei treten fokale Zentren mit besonders hoher Transkriptionsaktivität auf, man spricht von „Transkriptionsfabriken" (*transcription factories*).

Kontrolle proteincodierender mRNA durch RNA-Interferenz

Messenger-RNA-Moleküle, die aus dem Zellkern in das Cytoplasma transportiert werden, binden nicht gleich an Ribosomen. Viele assoziieren an spezifische Proteine und verbleiben über längere Zeit in RNA-Protein-Komplexen. Andere werden erst an Filamenten des Cytoskeletts in vorbestimmte Zellregionen transportiert und dort an Ribosomen nur dieser Regionen abgelesen. Die Signale für das Verhalten von mRNA im Cytoplasma sind überwiegend in ihren nichtcodierenden 3'-Sequenzen zwischen Stoppcodon und poly(A)-Sequenz verschlüsselt. Lebensdauer und Funktion des größten Teils aller mRNA werden darüber hinaus durch **miRNA** kontrolliert. Die doppelsträngigen RNA-Moleküle von nur 20 bis 24 Nucleotiden Länge werden aus Vorläufermolekülen, **pri-miRNA**, die wie mRNA durch RNA-Polymerase II synthetisiert und an ihren Enden modifiziert werden, ausgeschnitten. Sie sind in Haarnadelschleifen der pri-miRNA von 65 bis70 Nucleotidpaaren enthalten. Die Schleifen werden noch im Zellkern durch einen Proteinkomplex mit dem RNase-Enzym **Drosha** abgetrennt und anschließend in das Cytoplasma transportiert. Im Cytoplasma verkürzt ein weiteres RNase-Enzym, **Dicer**, die Fragmente auf 20 bis 24 Nuleotidpaare. Ein Strang der miRNA, der Führungsstrang, bindet an ein Protein der **Argonautenfamilie** (*Argonaut family protein*, AGO) und bildet mit diesem den Kern eines **miRNA-induzierten Stilllegungskomplexes** (*miRNA-induced silencing complex*, miRISC). Der miRNA-Strang leitet den Komplex zu mRNA-Molekülen. Er bindet mit Nucleotiden 2 bis 7 seines 5'-Bereichs an komplementäre oder partiell komplementäre Sequenzen in 3'-nichtcodierenden Regionen von mRNA. Assoziierte miRISC unterdrücken die Translation von mRNA. Sie bewirken die Entfernung von 7-Methylguanosin am 5'-Ende und der poly(A)-Sequenz am 3'-Ende und leiten damit den Abbau von mRNA durch Exonucleasen ein.

Im menschlichen Genom codieren über 1000 Gene für pri-miRNA, und jede einzelne miRNA bindet an viele unterschiedliche mRNAs. Daraus ergibt sich, dass der größte Teil aller mRNAs, nach gegenwärtigen Schätzungen etwa 60 %, durch miRNA reguliert wird. Die Synthese von pri-miRNA, den Vorläufermolekülen von miRNA, wird wie die Synthese von mRNA über die Zugänglichkeit codierender DNA-Abschnitte und durch Transkriptionsfaktoren gesteuert. Begrenzt wird die Wirkung von miRNA durch **zirkuläre RNAs** (circRNAs), die viele miRNA-Moleküle eines Typs binden.

Funktionelle Elemente des menschlichen Genoms in Zahlen

Die wichtigsten „Stellschrauben" der Genexpression sind: 1) die zugänglichen DNA-Sequenzen, 2) die aktiven Enhancer, 3) die aktiven Promotoren, 4) die vorhandenen Transkriptionsfaktoren, Chromatin-modifizierenden und modellierenden Proteinkomplexe, 5) die vorhandenen regulierenden RNA.

In dem internationalen Projekt **ENCODE** (*Encyclopedia of DNA Elements*) wurden umfangreiche Daten über zugängliche und aktive DNA-Elemente in verschiedenen Zelllinien erhoben. Die Zugänglichkeit der DNA wurde in Experimenten mit dem DNA-spaltenden Enzym **DNase I** bestimmt. Wenn DNA-Sequenzen im Chromatin zugänglich sind, werden sie bei der Inkubation von Zellkernen mit supotimalen Konzentrationen von DNase I gespalten. Von der Hydrolyse sind alle regulierenden DNA-Elemente, die nicht in strenger Nucleosomenkette angeordnet sind, betroffen, darunter Enhancer-, Promotor-, Silencer- und Isolatorsequenzen. DNA-Abschnitte, die durch Proteine verdeckt sind, bleiben dagegen ungespalten. In 125 untersuchten menschlichen Zelltypen wurden insgesamt 2,89 Mio. potenziell zugänglicher Sequenzabschnitte ermittelt (Thurman et al. 2012). Wenn die umgebenden Nucleotide von Spaltstellen mit eingerechnet werden, ist ca. 1 % des Genoms potenziell zugänglich. Die Zahl und die Lage der zugänglichen Stellen variieren von Zelltyp zu Zelltyp. Im Durchschnitt sind es ca. 200.000 Stellen für einen Zelltyp.

In Bindungsexperimenten mit 119 DNA-bindenden Proteinen, vorrangig Transkriptionsfaktoren und Chromatin-modellierenden Komplexen, wurden in der DNA von fünf verschiedenen humanen Zelllinien ca. 636.000 Bindungsorte nachgewiesen. In jeder einzelnen Zelllinie war wieder nur ein Teil der Bindungsorte zugänglich.

Das ENCODE-Projekt registrierte weiterhin 70.292 Promotoren, 128.000 Startorte der Transkription und über 399.000 Enhancer (Dunham et al. 2012). Bei den Promotoren summieren sich die Promotoren proteincodierender Gene (20.687), die Promotoren von Genen für kleine und lange nichtcodierende RNA (8801 und 9640) und die Promotoren von Pseudogenen (11.224). Die Zahl der Transkriptionsstartorte ist größer als die der Promotoren, weil viele Gene zwei oder mehrere Startorte aufweisen. Die Zahl der Enhancer übertrifft die Zahl der Promotoren sogar um ein Mehrfaches. In unterschiedlichen Zelltypen sind jeweils andere Enhancer aktiv, und ein und derselbe Promotor kann durch verschiedene Enhancer aktiviert werden. Promotoren sind oft auch gleichzeitig von mehreren Enhancern abhängig.

Wie sich die verschiedenen Regulationen auf die Synthese einzelner RNA auswirken, zeigen folgende Ergebnisse des ENCODE-Projekts: Die Konzentrationen von mRNA-Spezies verschiedener Zelllinien unterscheiden sich bis zu 10^6-fach, die Konzentrationen nichtcodierender regulierender RNA bis zu 10^5-fach.

Die Angaben des ENCODE-Projekts sind als eine weitgehende Annäherung an die Verhältnisse im menschlichen Genom zu verstehen, nicht als endgültige Werte. Sie beziehen sich auf die analysierten Zellen und Faktoren.

2.7 Die Evolution von DNA

Die Ursprünge der DNA, wie des Lebens überhaupt, werden noch lange Gegenstand wissenschaftlicher Diskussion bleiben. Eine rationale Überlegung geht von Polymeren mit informativer Sequenz aus, die in spontanen chemischen Reaktionen entstanden sind. Im Laboratorium können tatsächlich aus Substanzen, die im frühen Erdzeitalter vorhanden waren, wie Formaldehyd, Ammonium, Cyaniden und Phosphaten, Ribonucleotide synthetisiert und zu RNA polymerisiert werden. Eine „frühe RNA-Welt" ist vorstellbar, weil RNA-Polymere sowohl Informationen speichern als auch chemische Reaktionen katalysieren können. Messenger-RNAs dienen nach wie vor als Matrizen für die Synthese von Proteinen, und die Verknüpfung von Aminosäureresten an Ribosomen wird durch rRNA katalysiert. Die ersten Polypeptide könnten ebenfalls durch RNA synthetisiert worden sein. In der weiteren Entwicklung haben dann Proteine mit ihrer größeren Vielfalt wichtige Funktionen in der Katalyse von Reaktionen und in Signalübertragungen übernommen. DNA-Polymere sind nach diesen Überlegungen erst später, nach der Evolution von Proteinen, dazugekommen. DNA-Moleküle sind als Informationsträger geeigneter als RNA-Polymere. Sie sind aufgrund der chemischen Natur ihrer Bausteine und ihrer Doppelhelixstruktur außerordentlich stabil. Aus Desoxyribonucleotiden können extrem lange Moleküle gebildet werden.

So viele Lebewesen es auf der Erde gibt, so viele Genome gibt es. Niedere Organismen haben ein kleines Genom. Eines der kleinsten ist das eines Mycoplasmas mit nur 580.000 Nucleotiden und 468 proteincodierenden Genen. Das Darmbakterium *E. coli* enthält ein zirkulär geschlossenes DNA-Molekül aus 4,6 Mio. Nucleotiden mit 4289 Genen. Das menschliche Genom ist auf 24 DNA-Moleküle verteilt. Die Zahl der bisher ermittelten proteincodierenden Gene beträgt 20.687.

Alle Lebewesen nutzen die gleichen Bausteine für die Synthese von DNA, RNA und Proteinen, und der genetische Code ist in fast allen Lebewesen ebenfalls gleich. DNA-Moleküle haben sich allerdings in der langen Zeit der Evolution ständig verändert, sodass eine nahezu unübersehbare Vielfalt von Varianten entstanden ist. Detaillierte Vergleiche der Nucleotidsequenzen niederer und höherer Organismen legen nahe, dass es sich um immer wieder neue Abwandlungen bereits vorhandener DNA handelt und dass möglicherweise alle Genome auf ein Genom oder wenige ursprüngliche Genome zurückgehen.

Die ersten einzelligen Lebewesen auf der Erde waren photosynthetische Schwefelbakterien, die ohne Sauerstoffatmosphäre leben konnten. Ihr Erscheinen wird vor ca. 3,5 Mrd. Jahren vermutet. Erst später haben sich sauerstoffproduzierende und sauerstoffverbrauchende Bakterien entwickelt. Eukaryotische Zellen, d. h. Zellen mit einem Zellkern, entstanden vor ca. 1,5 Mrd. Jahren. Sie enthielten neben einem Zellkern auch Mitochondrien für aeroben, d. h. sauerstoffverbrauchenden, Stoffwechsel und weitere intrazelluläre Organellen. Vor ca. 800 Mio. Jahren begann die Entwicklung vielzelliger Hefen, Pflanzen und Tiere. Ein gemeinsamer Vorfahr von Mensch und Menschenaffen hat nach heutiger Kenntnis vor ca. 10 Mio. Jahren existiert, und erste Frühformen des Menschen entstanden vor ca. 6 Mio. Jahren. In der Evolution von „Menschenartigen" (Hominiden) gab es dann mehrere Linien, darunter Neandertaler und Denisova-Menschen, die wieder ausgestorben sind. Der moderne Mensch (*Homo sapiens*) entwickelte sich vor ca. 160.000 Jahren in Ostafrika und breitete sich von hier vor ca. 50.000 bis 60.000 Jahren nach Europa und weiter nach Asien, Amerika, Australien und Ozeanien aus. Neandertaler und *Homo sapiens* lebten im europäischen Raum eine Zeit lang nebeneinander. Dabei kam es auch zu Vermischungen zwischen beiden Populationen.

Vergleiche von DNA-Sequenzen niederer und höherer Organismen.

Genome früherer Lebewesen stehen nur begrenzt zur Verfügung und Genome evolutionär ganz früher Lebewesen überhaupt nicht. Ihre DNA-Sequenzen können nur annäherungsweise aus Sequenzen heute lebender Spezies abgeleitet werden. Dabei ist zu berücksichtigen, dass in den zurzeit existierenden niederen Lebensformen zwar Schlüsselfunktionen der frühen Genome erhalten geblieben sind, die DNA aber verändert und nicht mehr identisch mit der DNA der Spezies zum Zeitpunkt ihres Entstehens ist.

Vergleiche der DNA niederer und höherer Lebewesen weisen viele ähnliche Sequenzen aus, in denen Nucleotide übereinstimmen oder sich nur in einer begrenzten Zahl voneinander unterscheiden. Die Ähnlichkeiten treten insbesondere in proteincodierenden Genen und in einzelnen Abschnitten der Gene hervor, die für wichtige Struktur- und Funktionselemente von Proteinen codieren. In Proteinsequenzen sind die Übereinstimmungen noch auffallender, weil sie nicht durch den degenerierten genetischen Code maskiert sind. Ein Beispiel ist das Protein **Cytochrom** *c*, das am Elektronentransport in Mitochondrien beteiligt ist. Sequenzen von Cytochrom *c* können über eine Entwicklungszeit von ca. 1–1,5 Mrd. Jahren, von Hefen bis zum Menschen, verglichen werden. Die Vergleiche zeigen, dass die Cytochrome *c* von Mensch und Hefen in mehr als der Hälfte der insgesamt 108 Aminosäurereste übereinstimmen. Cytochrome *c* von Mensch und Reptilien unterscheiden sich maximal in bis zu 14 Aminosäureresten und die Cytochrome *c* von Mensch und Rhesusaffen sind bis auf einen einzigen Rest identisch. Noch auffallender sind einzelne Aminosäurepositionen des Proteins, die von Hefen bis zum Menschen unverändert geblieben sind. Diese Aminosäuren sind für die Funktion des Proteins unerlässlich. Sie können nicht ohne Funktionsverlust abgewandelt oder ausgetauscht werden. Auch viele andere menschliche Gene und Proteine weisen Ähnlichkeiten zu „orthologen" Genen und Proteinen nicht nur in Säugetieren, sondern auch in Würmern, Fliegen, Hefen und sogar Bakterien auf. Nicht alle Gene des Menschen können jedoch Genen niederer Organismen zugeordnet werden. In der Evolution sind immer wieder auch neue Gene mit neuen Funktionen hinzugekommen. Diese Gene sind wahrscheinlich ebenfalls durch Abwandlung bereits vorhandener Sequenzen entstanden. Ihre Abwandlungen sind aber so stark, dass Ähnlichkeiten mit Vorläufersequenzen nicht mehr zu erkennen sind.

Unterschiedliche Elemente der DNA verändern sich im Laufe der Zeit mit unterschiedlicher Geschwindigkeit. So erfahren proteincodierende Exonsequenzen, die einer strengeren Selektion unterliegen, nicht so schnelle Abwandlungen wie Intronsequenzen oder intergene Sequenzen. In einem gegebenen DNA-Abschnitt bleibt die Häufigkeit von Nucleotidveränderungen in der Zeit aber mehr oder weniger gleich, und jedes DNA-Element ist für sich genommen eine **molekulare Uhr**, deren Gang durch die Änderungen ihrer Nucleotidsequenz angezeigt wird. Die „Uhren", d. h. die Veränderungen der Nucleotide von Genen mit der Zeit, können mit dem Alter von Spezies kalibriert werden, bei denen die Veränderungen zum ersten Mal aufgetreten sind. Das Alter der Spezies wird gemeinhin dem Alter von Erdschichten gleichgesetzt, in denen Fossilien der Spezies gefunden werden. Die ältesten bekannten Versteinerungen von Vielzellern wurden im Mackenzie-Gebirge in Kanada entdeckt. Sie sind ca. 780 Mio. Jahre alt.

Gene und Proteine, die aufgrund gemeinsamer evolutionärer Ursprünge ähnliche Sequenzen und Funktionen haben, nennt man **homologe Gene** bzw. **homologe Proteine**. Ihre Veränderungen von niederen zu höheren Organismen sind ein Maß dafür, wie weit sich die Organismen in der Entwicklung voneinander entfernt haben, vor wie langer Zeit ein gemeinsamer evolutionärer Vorfahr existiert hat, aus dem die späteren Organismen hervorgegangen sind. Dabei gilt: Je größer die Unterschiede in den Genen und Proteinen, je früher hat die divergente Entwicklung der Spezies begonnen. Ausgehend von homologen Genen verschiedener Spezies können Diagramme der Abstammung, sogenannte **phylogenetische Stammbäume**, erstellt werden, die die archaischen Beziehungen zwischen den Organismen aufzeigen. Solche Abstammungsdiagramme sind bereits früher durch

Vergleiche morphologischer, physiologischer und zellbiologischer Eigenschaften von Spezies erstellt worden. Heute kann man sie durch die Analyse Hunderter und Tausender Gene viel präziser ableiten.

Homologe DNA-Sequenzen erlauben auch ein tieferes Verständnis des allgemeinen Evolutionsprinzips der „Abstammung durch Abwandlung". Wenn z. B. Entwicklungen des Skeletts und der Organe von Tierspezies analysiert werden, bleibt oft unklar, welche Strukturen aus Vorläuferstrukturen hervorgegangen sind und welche neu entstanden sind. Die Analysen von DNA-Sequenzen, angefangen von Sequenzen niederer Vielzeller bis zu Sequenzen des Menschen, belegen, dass am Anfang der Entwicklung von Körperstrukturen einer bestimmten Art, gleiche genetische Regelkreise standen. So wird z. B. die Ausbildung verschiedener Typen von Augen, darunter Augen von Quallen, Tintenfischen und Wirbeltieren, durch eine Gruppe homologer Transkriptionsfaktoren gesteuert, und die Lichtrezeptorproteine in Augen verschiedener Spezies werden gleichfalls von homologen Genen codiert.

Bei einem Vergleich der DNA des Menschen und seines nächsten evolutionären Verwandten, des Schimpansen, ergeben sich Unterschiede in etwa 5 % der Sequenzen. Die meisten Veränderungen betreffen Wiederholungssequenzen. Die Differenzen in proteincodierenden Genabschnitten sind geringer. Sie betragen nur ca. 1,2 %.

Unterschiede des menschlichen Genoms und menschlicher Gene im Vergleich zu Genomen und Genen von Schimpansen und anderen Menschenaffen sind von besonderem Interesse, weil in ihnen einzigartige Eigenschaften des Menschen, seine spezifische Anatomie, Physiologie und Krankheitsanfälligkeit, seine Sprach-, Kommunikations- und Erkenntnisfähigkeiten vorgegeben sind. Auffallend sind einzelne DNA-Abschnitte, die sich in der Entwicklung des Menschen schneller verändert haben als das Gesamtgenom und unikale Sequenzunterschiede im Vergleich zur Schimpansen-DNA. So haben im menschlichen Genom Sequenzen von nur 100 bis 200 Nucleotiden, die in Genomen vieler Säugetiere nahezu identisch sind, größere Abwandlungen erfahren. In einigen Sequenzen dieser Art sind bis zu 15 % der Nucleotide ausgetauscht. Ein Abschnitt, har1, ist Teil eines Gens für eine nichtcodierende RNA, har1f, die in Nervenzellen mit besonderer Bedeutung für die frühe Gehirnentwicklung synthetisiert wird. Die Funktion der RNA ist bisher nicht bekannt. Ein anderer Abschnitt, har2, spielt eine Rolle bei der Ausbildung von Gliedmaßen. Viele weitere Gene des Menschen haben sich durch Insertionen, Sequenzverdopplungen und Verschiebungen von Splicestellen überdurchschnittlich verändert. Von den abgewandelten proteincodierenden Genen tragen mehrere zum Umfang des Gehirns bei, und ein Gen, *foxp2*, hat eine wichtige Funktion für die Erzeugung von Sprachlauten. Das menschliche Genom enthält weiterhin vier Kopien des Gens *srgap2*, während die Genome anderer Primaten und Säugetiere nur eine Kopie aufweisen (Dennis 2012). Das Gen codiert für ein GTPase-aktivierendes Protein, das die Migration und Differenzierung von Nervenzellen reguliert. Es handelt sich um ein konserviertes Protein. SRGAP2 von Mensch und Maus unterscheiden sich nur in einer Aminosäure. Die zusätzlichen Kopien im menschlichen Genom enthalten Promotor und Promotor-nahe Sequenzen von *srgap2*, aber nicht die vollständige codierende Sequenz. Zumindest eine verkürzte Kopie, die vor ca. 2,4 Mio. Jahren, etwa zum Zeitpunkt der Entwicklung des stammesgeschichtlich jüngsten Teils der

Großhirnrinde des Menschen entstanden ist, scheint eine wichtige Rolle zu spielen. Sie ist in allen untersuchten menschlichen Genomen sowohl als mütterliches als auch väterliches Allel vorhanden, und das codierte Proteinfragment wird synthetisiert. Es könnte mit vollständigem SRGAP2-Protein Komplexe bilden – SRGAP2 wirkt als dimerer Komplex – und dessen Aktivität unterdrücken.

Die DNA des Menschen weist auch drei völlig neue proteincodierende Gene auf, die in Genomen von Schimpansen und anderen nichthumanen Primaten nicht vorkommen (Knowles, McLysaght 2009). Die relativ kleinen Gene sind wahrscheinlich nicht wie üblich durch Duplikation, Rekombination oder Abwandlung vorhandener proteincodierender Gene, sondern durch Mutation von nichtcodierenden DNA-Sequenzen entstanden. Sie werden in mehreren menschlichen Geweben exprimiert. Ihre Funktion ist noch nicht bekannt.

Spezialisierungen des menschlichen Genoms im Vergleich zu Genomen evolutionärer Verwandter beschränken sich jedoch keineswegs auf Gene für RNA und Proteine. Von gleicher oder sogar größerer Bedeutung sind Änderungen in regulierenden Sequenzen und in der Regulation von Genen. Bei der Bildung von Geweben und Organen sind in einzelnen Entwicklungsstufen verschiedener Spezies nicht die gleichen Gene aktiv. Neben Genen mit ähnlicher Aktivität gibt es Gene, die unterschiedlich reguliert werden. In einer Analyse des Zustands regulierender Elemente in Hand- und Fußplatten von Mensch, Rhesusaffen und Mäusen an vier Zeitpunkten der Embryonalentwicklung wurden z. B. in menschlichem Gewebe jeweils mehr aktive Promotoren und Enhancer identifiziert als in den Tiergeweben (Cotney et al. 2013). Die Unterschiede an den vier Zeitpunkten betrafen nicht immer die gleichen Promotoren und Enhancer, sondern neben gleichen auch verschiedene. Insgesamt waren in humanen Gliedmaßen der analysierten Entwicklungsstufen über 2000 Promotoren und eine noch größere Zahl von Enhancern aktiver als in Gliedmaßen von Rhesusaffen und Mäusen. Die aktiven Promotoren und Enhancer wurden über die Histonmarkierung H3K27Ac ermittelt (siehe Tab. 2.2) und für eine größere Zahl durch quantitative Bestimmung der Expression der regulierten Gene, darunter Gene für die Bildung von Sehnen, Knorpeln und Knochen, bestätigt. Die Besonderheiten der menschlichen Hand und des menschlichen Fußes im Vergleich zu den Gliedmaßen anderer Primaten – u. a. ein längerer Daumen, eine geringere Krümmung der Finger, ein rigiderer Fuß, der als Hebel für den aufrechten Gang eingesetzt werden kann – erscheinen somit weniger durch Sequenzunterschiede in einzelnen Genen bedingt, als vielmehr durch unterschiedliche Regulation einer großen Zahl von Genen zu verschiedenen Zeiten der Herausbildung der Gliedmaße. Es ist sehr wahrscheinlich, dass auch andere phänotypische Merkmale, die den Menschen von Menschenaffen unterscheiden, auf unterschiedliche Regulationen vieler Gene zurückzuführen sind.

Wie Gene abgewandelt werden und wie neue Gene entstehen

Chemische Reaktionen an Nucleotiden der DNA, fehlerhafte DNA-Replikationen, DNA-Rekombinationen und aktive Transposons verändern das Genom. Nucleotide werden mo-

Tab. 2.4 Abwandlungen von DNA-Sequenzen

Sequenzvariation	Beispiel
Nucleotidaustausch	GCA GCC GCG GCT TGC TGT GAC GAA CAC ATG GCA GCC GCG GCT CGC TGT GAC GAA CAC ATG
Einschub bzw. Deletion	GCA --- GCG GCT TGC TGT GAC GAA CAC ATG GCA GCG GCG GCT TGC TGT GAC CAA CAC ATG
Blocksubstitution	GCA GCC GCG GCT TGC TGT GAC GAA CAC ATG GCA GAA TGC CAG AGC TGT GAC GAA CAC ATG
Inversion	GCA GCC GCG GCT TGC TGT GAC GAA CAC ATG GCA GCC ACA GCA AGC CGC GAC GAA CAC ATG
Verdopplung	GCA GCC GCG GCT GCC GCG GCT GAC GAA CAC GCA GCC GCG GCT --- --- --- GAC GAA CAC

difiziert oder ausgetauscht. Sequenzen werden vervielfältigt, ausgeschnitten, in umgekehrter Richtung eingefügt oder innerhalb und zwischen DNA-Molekülen verlagert (Tab. 2.4). Transposons gelangen an neue Orte und unterbrechen vorher kontinuierliche Sequenzen. Solche Abwandlungen des Genoms entstehen zunächst in einem Organismus. Sie können zusammen mit dem Organismus wieder verschwinden oder als Mutationen an die nächsten Generationen vererbt werden. Nur Mutationen der DNA von Keimzellen werden weitergegeben, Mutationen, die in Körperzellen neu entstehen, nicht.

Zwei Gesetzmäßigkeiten, die **natürliche Selektion** und die **Gendrift** tragen wesentlich zur Verbreitung von Mutationen bei. Unter natürlicher Selektion versteht man die nicht zufällige Auswahl von Allelen, d. h. Genvarianten, die einen Vorteil für die Existenz und Reproduktion ihrer Träger bieten. Allele mit vorteilhaften Mutationen bleiben erhalten. Sie werden vererbt und breiten sich in den nachfolgenden Generationen aus. Ungünstige Allele verlieren sich dagegen in der Regel. Die betroffenen Individuen sind nur bedingt oder nicht lebensfähig, und sie haben keine oder wenige Nachkommen. Die meisten Mutationen sind neutral, d. h. sie bewirken weder Vor- noch Nachteile. Neutrale Mutationen breiten sich in einer Population langsamer aus als vorteilhafte Mutationen.

Die Gendrift beruht auf der zufälligen Auswahl von Allelen der Elterngeneration für die Nachkommen. Homologe mütterliche und väterliche Chromosomen werden bei der Meiose von Geschlechtszellen zufällig in Gameten verteilt. Im Laufe vieler Generationen verändern sich Allelfrequenzen. Sie nehmen zu oder ab, und einzelne Allele verschwinden ganz.

Die häufigsten Mutationen sind Austausche von Nucleotiden und Verdopplungen bzw. Vervielfältigungen längerer Sequenzen, darunter Sequenzen mit bis zu Hunderttausenden Nucleotiden. Letztere bezeichnet man als **Kopiezahlvarianten** (*copy number variants*, CNV). Sie entstehen u. a. bei der Reparatur von DNA-Doppelstrangbrüchen. Die Brüche werden üblicherweise durch Rekombination mit Allelsequenzen des homologen Chromosoms repariert. Wenn die betroffene Sequenz zwischen längeren Wiederholungssequenzen liegt, können auch diese in die Rekombination einbezogen werden und begünstigen wiederholte Integrationen der Allelsequenz.

Kopiezahlvarianten sind eine Quelle neuer Gene. Schon bei einer einfachen Sequenzverdopplung ist eine Sequenz zunächst nicht notwendig. Sie unterliegt keinem Selektionsdruck und kann ungehindert durch Mutationen verändert werden. Dabei kann die Funktion von Genen, die in der Sequenz enthalten sind, verloren gehen, sodass nur **Pseudogene** übrig bleiben. Alternativ kann eine Sequenz so weit mutieren, dass sie für eine RNA bzw. ein Protein mit modifizierter oder neuer Funktion codiert. Aus duplizierten Genen sind auf diese Weise im Laufe der Evolution wiederholt neue Gene entstanden. Ein Beispiel sind die Gene für das sauerstofftransportierende Protein Hämoglobin. Anfänglich gab es nur ein Hämoglobingen, das für eine kurze Polypeptidkette von nur 150 Aminosäureresten codierte und das noch heute in marinen Würmern und Insekten zu finden ist. Im menschlichen Genom gibt es dagegen jeweils mehrere Gene für α-Globine und β-Globine; je zwei α-Globin- und zwei β-Globinproteine lagern sich im humanen Hämoglobin zu einem Tetramer $\alpha_2 \beta_2$ zusammen. Daneben gibt es im menschlichen Genom weitere Globingene, die nur während der Embryonalentwicklung exprimiert werden.

Durch Vervielfältigung und nachfolgende Abwandlung von Genen sind **Familien homologer Gene** entstanden, die jeweils für Proteine mit ähnlicher Struktur und ähnlichen Eigenschaften codieren. Das Humangenom enthält z. B. über 500 Gene für **Proteinkinasen**. Die Enzyme übertragen eine Phosphatgruppe auf Proteine. Alle Kinaseenzyme verfügen über eine katalytische Domäne mit ähnlicher Struktur. Sie haben aber unterschiedliche Substratspezifität, d. h. jede Kinase überträgt Phosphatgruppen nur auf ausgewählte Aminosäurereste in ausgewählten Proteinen. Weitere Genfamilien sind Gene für Phosphoprotein-Phosphatasen, Gene für Immunoglobuline, Gene für DNA-Bindungsproteine und Gene für Guaninnucleotid-Austauschfaktoren. Höhere Organismen haben oft, aber nicht immer, umfangreichere Familien verwandter Gene als niedere Organismen.

Duplizierte Gensequenzen wurden in der Evolution auch zu einem Gen zusammengefügt. Dabei entstanden Gene, die für Proteine mit zwei identischen oder ähnlichen Domänen codieren. Durch wiederholte Duplikation sind auch Gene für Proteine mit multiplen Domänen entstanden. Die Gene für α-Polypeptidketten fibrillärer Kollagene bestehen z. B. aus über 50 Exons mit je 54 Nucleotiden oder einem Vielfachen von 54 Nucleotiden. Sie gehen wahrscheinlich auf ein ursprüngliches Gen aus nur 54 Nucleotiden zurück, das wiederholt dupliziert wurde. Häufig wurden auch verschiedene Gene zu einem Gen vereinigt, das für ein Protein mit zwei oder mehreren Domänen unterschiedlicher Struktur und Funktion codiert. Viele Proteasen weisen z. B. nicht nur eine katalytische Domäne für die Spaltung von Peptidbindungen, sondern auch Domänen für die Bindung von Aktivator- und Inhibitorproteinen und Domänen für die Assoziation mit Rezeptoren auf.

DNA-Evolution heute

In der Evolution zählen nicht Jahre, sondern Tausende und Millionen Jahre. Die langen Zeiträume schließen gegenwärtige evolutionäre Entwicklungen jedoch nicht aus. Im Gegenteil: In der relativ kurzen Zeit der Entwicklung des modernen Menschen haben diverse Genveränderungen stattgefunden, und die Gesetze der Evolution wirken auch weiterhin.

Der Stammbaum der heute lebenden Menschen reicht auf Vorfahren zurück, die vor ca. 160.000 Jahren in Ostafrika gelebt haben. Diese Erkenntnis wird durch mehrere Befunde gestützt, nicht zuletzt durch die Analyse von Unterschieden in der Mitochondrien-DNA von Menschen aller Kontinente. Die DNA der Mitochondrien ist für Stammbaumanalysen besser geeignet als Kern-DNA, weil jedes Individuum nur einen Typ von Mitochondrien-DNA erbt, den der Mutter, und keine Rekombinationen zwischen mütterlichen und väterlichen Homologen stattfinden wie bei der Kern-DNA. Mitochondrien-DNA besteht auch nur aus 16.569 Nucleotidpaaren, und sie verändert sich schneller als Kern-DNA. In einer Million Jahren mutieren in einer Abstammungslinie ca. 20 bis 40 Nucleotide von tausend Nucleotiden der Mitochondrien-DNA. Im gleichen Zeitraum wird in der Kern-DNA nur ein Nucleotid von tausend durch Mutation abgewandelt.

Die Stammbäume der Mitochondrien-DNA von Individuen aus Afrika, Europa, Asien, Amerika, Australien und Neuguinea weisen zwei Hauptzweige auf. Der erste Hauptzweig enthält nur die DNA von Individuen aus Ostafrika, während in dem zweiten Hauptzweig, der sich von dem ersten ableitet, die DNA von Individuen aller übrigen Kontinente und auch aller Regionen Afrikas, mit Ausnahme Ostafrikas, vereinigt sind. Die DNA-Varianten des ersten Hauptzweiges reichen am weitesten zurück. Die Sequenzen des zweiten Hauptzweiges sind stärker abgewandelt. Im Mittel sind 0,57 % ihrer Nucleotide ausgetauscht. Bezogen auf die oben genannte Mutationsrate von 20 bis 40 Nucleotiden pro tausend in einer Million Jahren ergibt sich ein Zeitraum von 140.000 bis 280.000 Jahren für die Ausbreitung des modernen Menschen aus Ostafrika.

In den letzten 50.000 Jahren haben unsere Vorfahren alle Kontinente erschlossen. Sie haben sich dabei an unterschiedliche Umweltbedingungen angepasst. Ihr äußeres Erscheinungsbild hat sich verändert, und die DNA wurde weiter abgewandelt, wie die folgenden Beispiele belegen:

- Mit der Übersiedlung von Menschen aus Afrika in nördlichere Regionen mit weniger Sonnenlicht hat sich die Pigmentierung der Haut verringert. Eine hellere Haut kann mehr UV-Licht aufnehmen. Das Licht fördert die Synthese von Vitamin D. Vorstufen des Vitamins werden in der Haut bei Einwirkung von UV-Strahlen gebildet. Die weitere Synthese findet in Leber- und Nierenzellen statt. Vitamin D ist lebensnotwendig. Es stimuliert u. a. die Expression eines Proteins für die Aufnahme von Calciumionen aus der Nahrung. Ein Mangel an Vitamin D führt bei Kindern zu Wachstumsstörungen und Knochendeformationen, bei Erwachsenen ebenfalls zu Störungen des Mineralstoffwechsels. Eine geringere Hautpigmentierung ermöglicht auch in nördlichen Breiten mit

wenig Sonnenlicht eine ausreichende Synthese von Vitamin D. Die Veränderungen in der Pigmentierung der Haut sind durch positive Selektion von Mutationen in Genen für die Entwicklung von Pigmentzellen und die Synthese von Pigmenten entstanden.
- Als Tiermilch für die menschliche Nahrung zugänglich wurde, haben sich Mutationen in der Kontrollregion des **Lactasegens**, die das Gen über die gesamte Lebensphase aktiv halten, positiv ausgewirkt. Lactase spaltet in der Milch enthaltene Laktose in Galactose und Glucose. Wenn Lactose nicht zerlegt wird, verdauen Darmbakterien das Kohlenhydrat, und es entstehen Produkte, die schmerzhafte Irritationen verursachen. Ursprünglich war das Lactasegen nur im Säuglingsalter aktiv, und Jugendliche und Erwachsene vieler Bevölkerungsgruppen verfügen auch heute nur über geringe Lactaseaktivität und vertragen keine Milch. Die meisten Europäer und auch Menschen anderer Regionen produzieren dagegen ausreichende Mengen Lactase in ihren Darmzellen. Die Kontrollregion ihres Lactasegens wurde durch Mutationen so abgewandelt, dass das Gen auch in späteren Lebensphasen exprimiert wird.
- Europäer und Amerikaner europäischer Abstammung, die traditionell viel Stärke mit ihrer Nahrung aufnehmen, haben in ihren Genomen im Durchschnitt mehr Kopien des Gens für Speichelamylase, ein Stärke-hydrolysierendes Enzym, als Angehörige von Jagd- und Fischfangvölkern, deren Nahrung wenig Stärke enthält (Perry et al. 2007). Erstere haben entsprechend auch höhere Konzentrationen des Amylaseenzyms in ihrem Speichel und können dadurch Stärke effektiver verdauen.
- Die Genome von Männern dreier afrikanischer Jäger-Sammler-Stämme enthalten eine große Zahl varianter Sequenzen im Vergleich zu anderen Bevölkerungsgruppen. Die Varianten weisen auf lokale Adaptionen von Genen der Immunität, des Stoffwechsels, des Geruch- und Geschmacksempfindens, der Reproduktion und der Wundheilung hin (Lachane et al. 2012).

2.8 Wie wir uns in unseren Genen unterscheiden; genetische Variation und Defekte des Genoms

Jeder Mensch ist einzigartig. Seine äußere Erscheinung, seine geistigen und körperlichen Veranlagungen, sein Verhalten und seine Anfälligkeit für Krankheiten sind **phänotypische Merkmale**, die zu einem großen Teil durch sein Genom, die **genotypischen Merkmale**, bestimmt sind. Neben den eigentlichen DNA-Sequenzen spielen epigenetische Markierungen, d. h. erebte und erworbene Prägungen des Genoms, und zusätzliche Einflüsse der Umwelt, der Erziehung und Ausbildung, der Erfahrungen und der Lebensumstände eine Rolle. Nur die Genome eineiiger Zwillinge sind bei der Geburt identisch. Alle anderen Genome unterscheiden sich, und jedes Individuum hat seine eigene Genomvariante, die erheblich von den Varianten anderer Individuen abweicht. Im Durchschnitt weisen individuelle Genome ca. 3–4 Mio. variante Nucleotidbereiche im Vergleich zu einem Referenzgenom auf.

Eine große Zahl von Sequenzvarianten des menschlichen Genoms ist erfasst und katalogisiert. Weitere Varianten kommen durch die vollständige Sequenzierung von Genomen vieler Einzelpersonen ständig hinzu. Die Sequenzvarianten helfen, phänotypische Merkmale, darunter auch Krankheiten und Anfälligkeiten für Krankheiten, zu analysieren und besser zu verstehen. Wenn spezifische Merkmale vorzugsweise bei Individuen mit gleichen Sequenzvarianten auftreten und nicht bei Trägern anderer Varianten, tragen die betreffenden Sequenzen wahrscheinlich unmittelbar zur Ausbildung der Merkmale bei, und man kann ihre Rolle kann im Detail untersuchen.

Alle variablen phänotypischen Merkmale wie Größe, Gewicht, Augen- und Haarfarbe, Musikalität und viele andere korrelieren in der einen oder anderen Weise mit varianten DNA-Sequenzen. Allerdings sind einfache Beziehungen zwischen phänotypischen und genotypischen Merkmalen selten. In der Regel sind viele Genombereiche beteiligt und die Regulationen von Transkription und Translation, von RNA und Proteinen, die zur Ausprägung phänotypischer Merkmale beitragen, sind außerordentlich komplex.

Variante DNA-Sequenzen

Variante DNA-Sequenzen unterscheidet man nach ihrer Häufigkeit und ihrer Art. Als häufige Varianten oder **Polymorphismen** gelten Varianten, die in wenigstens 1 % der Genome von Bevölkerungsgruppen auftreten. Varianten mit geringerer Frequenz zählen als seltene Varianten. Eine größere Verbreitung einer Sequenzvariation in einer Population weist im Allgemeinen darauf hin, dass die Mutation bereits vor langer Zeit, vor vielen Generationen entstanden ist. Einzelne verbreitete Varianten können auch jüngeren Datums sein, wenn sie aufgrund vorteilhafter Auswirkungen positiv selektioniert worden sind. Zwei Typen der Variation sind: 1) **Einzelnucleotid-Polymorphismen** (*single nucleotide polymorphisms*, SNPs) und 2) **Strukturvarianten** (*structural variants*). Einzelnucleotid-Polymorphismen sind Austausche einzelner Nucleotide im Vergleich zu einem Referenzgenom. Ihre Gesamtzahl beträgt über 13 Mio., wovon der größere Teil mit einer Häufigkeit von mehr als 5 %, der kleinere Teil mit einer Häufigkeit von 1–5 % vorkommt. Neben häufigen SNPs gibt es eine große Zahl seltener SNPs.

Benachbarte SNPs werden oft zusammen mit einem Chromosomenabschnitt vererbt, sodass sie miteinander korrelieren. Wenn ein oder zwei Marker-SNPs in dem betreffenden Abschnitt bekannt sind, lassen sich andere SNPs des Abschnitts vorhersagen. Die Korrelation benachbarter SNPs hängt mit der nicht zufälligen Assoziation von DNA-Sequenzen zusammen, die man auch **Kopplungsungleichgewicht** (*linkage disequilibrium*) nennt. Bei Rekombinationen während der Meiose werden nahe beieinander liegende Chromosomenbereiche in der Regel gemeinsam umgesetzt und selten getrennt. Die vererbten Sequenzbereiche bezeichnet man als **Haplotypblöcke** (*haplotype blocks*). Ihre Größe variiert von ca. 5.000 bis ca. 15.000 Nucleotiden. Einzelne Haplotypblöcke sind noch umfangreicher.

Die Genome von Europäern kann man in ca. 550.000 Haplotypblöcke aufteilen, die Genome von Afrikanern in ca. 1,1 Mio. Blöcke. In einem Block von fünf bis 15.000 Nucleotiden werden durchschnittlich vier bis zwölf häufige SNPs gefunden, die aber nicht in allen Genomen gleich sind. Ein gegebener Haplotypblock kann in mehreren, z. B. vier bis sechs, Varianten mit unterschiedlichen Sätzen von SNPs auftreten. Die begrenzte Zahl von vier bis sechs Varianten eines Haplotypblockes bedeutet, dass alle Menschen im Hinblick auf den betreffenden Chromosomenabschnitt nur vier bis sechs Vorfahren haben. Der nächste Block geht wieder auf eine begrenzte Zahl von Vorfahren zurück usw. Das Genom jedes Menschen erscheint somit als ein Mosaik von DNA-Abschnitten, die von unterschiedlichen Vorfahren stammen.

Nicht alle weit verbreiteten SNPs befinden sich in Haplotypblöcken. Etwa 20 % häufiger SNPs treten weitgehend unabhängig voneinander auf, daneben gibt es eine große Zahl seltener SNPs.

Strukturvarianten sind größere Veränderungen von Genomsequenzen einzelner Individuen im Vergleich zu Sequenzen anderer Individuen. Als Strukturvarianten zählen: 1) zusätzliche oder fehlende Nucleotidfolgen, 2) Austausche von Sequenzen durch andere Sequenzen, 3) Inversionsvarianten, bei denen die Reihenfolge der Nucleotide eines Sequenzabschnitts umgekehrt wurde und 4) Kopiezahlvarianten (*copy number variants*, CNV). Letztere sind Nucleotidfolgen, die sich wiederholen, wobei die Anzahl der Wiederholungen variiert. Sie wurden bereits weiter oben in Abschn. 2.6 vorgestellt. Einschübe, Eliminationen und Substitutionen von Sequenzen sind wie häufige SNPs meist schon vor langer Zeit entstanden und korrelieren oft mit benachbarten SNPs. Kopiezahlvarianten sind dagegen eher jüngeren Datums und in der Regel nicht mit häufigen SNPs assoziiert.

Nur etwa 20 % der Genomvarianten sind Strukturvarianten. Da sie allerdings meist längere DNA-Abschnitte umfassen, ist die Zahl der Nucleotide in Strukturvarianten größer als die Zahl varianter einzelner Nucleotide.

Neben SNPs und Strukturvarianten gibt es **variante Wiederholungen**, in denen gleiche Dinucleotide, Trinucleotide, Tetranucleotide usw. in unterschiedlicher Zahl aneinandergereiht sind. Sie wurden in Abschn. 2.4 bereits als Satelliten-DNA vorgestellt. Die Anzahl von Wiederholungen kurzer Sequenzen ändert sich bei DNA-Replikationen, wenn Matrizenstrang und neusynthetisierter DNA-Strang gegeneinander verschoben werden. Über viele Generationen sind unterschiedlich lange Folgen von Wiederholungen entstanden und jedes Individuum erbt eine Serie Wiederholungen von der Mutter und eine vom Vater. Die Sequenzen eignen sich, wie ebenfalls bereits erwähnt, für Vaterschaftsteste und forensische Untersuchungen.

Beziehungen zwischen varianten Genomsequenzen und phänotypischen Merkmalen

Beziehungen zwischen varianten DNA-Sequenzen und phänotypischen Merkmalen werden durch Vergleiche der Genome vieler Individuen mit unterschiedlichen Merkmalsausprägungen analysiert. So gelingt es z. B., Sequenzvarianten, die das Größenwachstum beeinflussen, durch Vergleiche von Genomen kleiner und großer Individuen aufzufinden, und Sequenzvarianten, die eine Anfälligkeit für eine Krankheit verursachen, durch Vergleiche der Genome erkrankter und gesunder Personen. In der Vergangenheit wurden Genvarianten, die Krankheiten verursachen, vorwiegend durch **Kopplungsanalysen** (*linkage analyses*) ermittelt. Die Analysen eignen sich für die Aufklärung monogener Krankheiten, bei denen Fehlregulationen durch Änderungen nur eines Gens verursacht werden. Durch Vergleiche der DNA von Gesunden und Kranken einer Familie sucht man zunächst nach varianten „Markern", die zusammen mit der Krankheit vererbt werden. Ein solcher Marker kann z. B. eine spezifische DNA-Sequenz sein, die durch ein Enzym gespalten wird und die nur in der DNA von Kranken auftritt, in der DNA von Gesunden nicht. Je öfter die Krankheit und ein Marker zusammen vererbt werden, umso wahrscheinlicher ist es, dass sich das mutierte Gen, das die Krankheit verursacht, in der Nähe des Markers befindet. Die varianten Markersequenzen sind in der Regel nicht die Ursache der Krankheit. Sie sind aber mit dem Krankheitsgen **gekoppelt** und dienen als Etikett für einen DNA-Bereich, in dem sich das Krankeitsgen wahrscheinlich befindet. Letzteres muss anschließend durch detaillierte Untersuchung der benachbarten DNA-Regionen identifiziert werden.

Weit verbreitete Krankheiten wie Bluthochdruck, Diabetes und Alzheimer sind keine monogenen Krankheiten. Sie werden durch viele Gene verursacht und beeinflusst. Auch andere phänotypische Merkmale wie Größe, Augenfarbe, Hauttyp usw. hängen von der Funktion vieler Gene ab. Ihre Identifizierung gelingt in **Assoziationsstudien** (*genome wide association studies*, GWAS), in denen möglichst viele polymorphe Marker gleichzeitig bei einer großen Zahl von Personen unabhängig von ihrer familiären Zugehörigkeit analysiert werden. Assoziationsstudien zur Analyse einer Krankheit vergleichen z. B. die Verteilung häufiger SNPs in größeren Gruppen erkrankter und nichterkrankter Personen. Die Studien werden dadurch vereinfacht, dass immer nur ein SNP je Haplotypblock bestimmt wird. Das sind immer noch ca. 0,5–1 Mio. SNPs für jedes Genom. Mit statistischen Methoden wird anschließend untersucht, welche SNPs vorzugsweise mit der Krankheit assoziiert sind. Die Assoziation einer Krankheit oder ganz allgemein eines Merkmals mit einem Haplotypblock weist darauf hin, dass in dem betreffenden Block Sequenzvarianten vorliegen, die die Krankheit bzw. das Merkmal beeinflussen. Wenn es gelingt, Beziehungen zwischen einem Haplotypblock und einer Krankheit aufzufinden, kann man im Weiteren die varianten Sequenzen in dem Block und ihren Einfluss auf die Krankheit analysieren.

Alle bisher untersuchten komplexen phänotypischen Merkmale, darunter viele weit verbreitete Krankheiten, sind jeweils mit einer größeren Zahl häufiger Genvarianten assoziiert. Die Körpergröße hängt z. B. von einigen Hundert Genen ab, darunter viele Gene mit Einfluss auf das Knochenwachstum. Auch Abweichungen üblicher Konzentrationen von Cholesterol, Lipoproteinen und Triglyceriden im Blutplasma korrelieren mit vielen DNA-Polymorphismen, darunter Polymorphismen in Genen des Lipidstoffwechsels und Sequenzen in der Nähe solcher Gene.

Erstaunlicherweise erklären die vielen häufigen Sequenzvarianten, die mit weit verbreiteten Krankheiten und anderen phänotypischen Merkmalen assoziiert sind, nur einen Teil der Vererbung der Merkmale. Anders ausgedrückt: Obwohl für einzelne phänotypische Merkmale schon sehr viele variante Gene ermittelt wurden, sind es bei weitem nicht alle.

Dabei ist zu berücksichtigen, dass neben den häufigen Varianten, die als SNPs von Haplotypblöcken erfasst werden, auch seltene Sequenzabwandlungen mit einer Frequenz von < 0,5 % zur Ausprägung von Merkmalen beitragen. Tatsächlich fand man bei der Sequenzierung proteincodierender Exons vieler Genome mehr seltene als häufige Einzelnucleotidvarianten.

Die Unterschiede der DNA verschiedener Genome sind keineswegs auf proteincodierende Gene beschränkt. Sie treten in gleicher Weise in regulierenden und intergenen Sequenzen auf. Meist sind mehrere Regelkreise betroffen. Bei einer Reihe weit verbreiteter Krankheiten spielt die Kombination der Sequenzvarianten eine Rolle. Einzelne Sequenzvarianten können unauffällig sein. Sie führen erst bei gleichzeitigem Auftreten weiterer Varianten zu einer Erkrankung. Jede Sequenzvariante bewirkt sozusagen einen zusätzlichen Effekt.

Genomdefekte

Abwandlungen von Chromsomen und veränderte DNA-Sequenzen können Genomfunktionen nachhaltig beeinträchtigen. Anomalien der üblichen Anzahl und Struktur von Chromosmen entstehen bei fehlerhaften Meiosen und gestörten Furchungsteilungen befruchteter Eizellen. Einzelne Chromosomen können verloren gehen oder zusätzlich auftreten. Chromosomen können auch in Bruchstücke zerfallen, die selbstständig bleiben oder in ungünstigen Kombinationen zusammengesetzt werden. Ein Beispiel für eine „Chromosomenkrankheit" ist das Down-Syndrom, das durch eine zusätzliche Kopie von Chromosom 21 gekennzeichnet ist. Auch andere Chromosomen und Teile von Chromosomen können dreifach auftreten.

Defekte Gene liefern keine adäquaten Transkripte. Von ihnen werden zu wenige oder zu viele RNA- und Proteinmoleküle gebildet. Die Aktivität der Moleküle kann auch zu gering oder zu hoch sein. Bei Proteinen kann die Spezifität verändert sein. Beispiele für defekte Gene sind:

- Mutationen des Gens für den Gerinnungsfaktor VIII, die zu **Hämophilie A**, einer Erkrankung mit beeinträchtigter Blutgerinnung, führen;
- Mutationen des Gens für einen Ionenkanal (Cystische-Fibrose-Transmembranleitfähigkeitsregulator), die **Mucoviscidose** mit zähflüssigen Sekreten in Lunge und endokrinen Drüsen auslösen;
- Mutationen des Gens für α-Dystroglykan, die degenerativen Muskelschwund, die **Duchenn'sche Muskeldystrophie**, zur Folge haben.

Nicht nur veränderte Gene, auch abgewandelte regulierende Sequenzen können Krankheiten verursachen.

Insgesamt sind viele Tausende Genkrankheiten bekannt. Es handelt sich meist um **monogene** Krankheiten, die durch ein einziges defektes Gen verursacht sind. Die Krankheiten werden nach den Mendel'schen Gesetzen **dominant** oder **rezessiv** vererbt. Ein Merkmal, z. B. eine Krankheit, wird dominant vererbt, wenn bereits ein verändertes Allel zweier homologer Chromosomen zur Ausprägung des Merkmals führt. Dominante Mutationen verstärken oder beeinträchtigen meist die Funktion von Genprodukten. Bei rezessivem Erbgang tritt die Krankheit dagegen nur auf, wenn die Allele beider homologer Chromosomen betroffen sind. Individuen mit einem defekten Allel erscheinen gesund. Sie sind aber **Träger** des Defekts. Wenn beide Eltern Krankheitsträger sind, erbt statistisch eines von vier Kindern zwei defekte Gene und erkrankt. Zwei weitere Kinder erben jeweils ein defektes Gen und bleiben gesund, und ein Kind erbt zwei intakte Gene und wird nicht einmal Träger der Krankheit. In manchen rezessiven Erbgängen ersetzt das normale Gen das geschädigte nur partiell. Es treten dann mildere Krankheitsformen auf, und man spricht von einem **intermediären** Erbgang.

Ein defektes Gen auf einem X-Chromosom wirkt sich bei männlichen Individuen aus, die nur ein X-Chromosom haben. Weibliche Personen sind im Allgemeinen nur Krankheitsträger. Sie geben das defekte Gen statistisch an jeden zweiten Sohn und jede zweite Tochter weiter.

Gendefekte werden nicht nur von den Eltern geerbt. Sie entstehen auch im Laufe des Lebens durch Neumutationen der DNA in Körperzellen. So gehen viele Tumorerkrankungen auf **somatische Mutationen** zurück. Tumore des Dickdarms werden z. B. durch Veränderungen der DNA von Epithelzellen der Dickdarmwand verursacht. Die Tumore entwickeln sich über einen längeren Zeitraum von zehn bis 35 Jahren. Es entstehen zunächst frühe, noch gutartige, dann mittlere und späte Adenome und schließlich Karzinome. Häufig auftretende Veränderungen der DNA sind Mutationen im *apc*-Gen und im Gen *K-ras* sowie Verluste der Gene *dcc* und *p53*. Ungünstige Mutationen des *apc*-Gens wirken sich auf die Verankerung der Epithelzellen in der Gewebewand aus. Aktivierende Mutationen von *K-ras* führen zu exzessiver Zellvermehrung, und der Verlust der **Tumorsuppressorproteine** DCC und P53 begünstigt Zellteilungen und weitere Mutationen. In manchen Dickdarmtumoren sind auch Gene für DNA-Reparaturenzyme betroffen, sodass auftretende DNA-Schäden nicht ausreichend repariert werden. In der Folge häufen sich weitere Mutationen. Wenn DNA-Mutationen in *apc*-, *K-ras*-, *dcc*- oder *p53*-Genen bereits in der Keimbahn vorliegen und von den Eltern geerbt werden, erhöht jede weitere Mutation das Risiko einer Tumorerkrankung.

Somatische Mutationen treten zunächst nur in einzelnen oder wenigen Zellen auf. Sie breiten sich durch Vermehrung der Zellen aus. Ihre Häufigkeit hängt nicht zuletzt von äußeren Bedingungen und Einwirkungen ab. Wer langjährig raucht und karzinogene Substanzen inhaliert, fördert chemische Veränderungen und Mutationen der DNA von Epithelzellen der Lunge, und wer sorglos übermäßige UV-Bestrahlung in Kauf nimmt, begünstigt Mutationen der DNA von Hautepithelzellen. Somatische Mutationen sind in diesem Sinne Spuren von Lebensumständen und Verhaltensweisen.

Literatur

Lehrbücher und ENCODE Projekt

Alberts B, Johnson A, Lewis J, Raff M, Roberts K, Walter P (2011) Molekularbiologie der Zelle, 5. Aufl. Wiley-VCH, Weinheim
Berg JM, Tymoczko JL, Stryer L (2013) Stryer Biochemie, 7. Aufl. Springer Spektrum, Heidelberg
Nelson D, Cox M (2011) Lehninger Biochemie, 4. Aufl. Springer, Berlin
The ENCODE Project Consortium, Bernstein BE et al (2012) An integrated encyclopedia of DNA elements in the human genome. Nature 489:57–74

DNA-Struktur und -Replikation

Alabert C, Groth A (2012) Chromatin replication and epigenome maintenance. Nat Rev Mol Cell Biol 13:153–167
Kumagai A et al (2010) Treslin collaborates with TopBP1 in triggering the initiation of DNA replication. Cell 140:349–359
Pandey M et al (2009) Coordinating DNA replication by means of priming loop and differential synthesis rate. Nature 462:940–943
Pollok S et al (2003) Regulation of eukaryotic DNA replication at the initiation step. Biochem Soc Trans 31(part 1):266–269

Transkription und Translation

Barash Y et al (2010) Deciphering the splicing code. Nature 465:53–59
Core LJ, Lis JT (2008) Transcriptional regulation through promoter-proximal pausing of RNA-Polymerase II. Science 319:1791–1792
Djebali S et al (2012) Landscape of transcription in human cells. Nature 489:101–108
Dunham I et al (2012) An integrated encyclopedia of DNA-elements in the human genome. Nature 489:57–72
Fuda NJ et al (2009) Defining mechanisms that regulate RNA polymerase II transcription in vivo. Nature 461:186–192
Gerstein MB et al (2012) Architecture of the human regulatory network derived from ENCODE data. Nature 489:91–100
Harrow J et al (2012) GENCODE: the reference human genome annotation for The ENCODE Project. Genom Res 22:1760–1774
Lenhard B et al (2012) Metazoan promoters: emerging characteristics and insights into transcriptional regulation. Nat Rev Genet 13:233–245
Licatalosi DD, Darnell RB (2010) RNA processing and its regulation: global insights into biological networks. Nat Rev Genet 11:75–87
Malik S, Roeder RG (2010) The metazoan mediator co-activator complex as an integrative hub for transcriptional regulation. Nat Rev Genet 11:761–772
Neph S et al (2012) An expansive human regulatory lexicon encoded in transcription factor footprints. Nature 489:83–90
Nilsen TW, Graveley BR (2010) Expansion of the eukaryotic proteome by alternative splicing. Nature 463:457–463

Rhee HS, Pugh F (2012) Genome-wide structure and organization of eukaryotic pre-initiation complexes. Nature 483:295–301
Sanyal A et al (2012) The long range interaction landscape of gene promoters. Nature 489:109–113
Schmeing TM, Ramakrishnan V (2009) What recent ribosome structures have revealed about the mechanism of translation. Nature 461:1234–1242
Seila AC et al (2008) Divergent transcription from active promoters. Science 322:1849–1851
Visel A et al (2009) Genomic views of distant-acting enhancers. Nature 461:199–205

Chromatinstruktur und epigenetische Regulationen

Badeaux AI, Shi Y (2013) Emerging roles for chromatin as a signal integration and storage platform. Nat Rev Mol Cell Biol 14:211–224
Beisel C, Paro R (2011) Silencing chromatin: comparing modes and mechanisms. Nat Rev Genet 12:123–135
Bell O et al (2011) Determinants and dynamics of genome accessibility. Nat Rev Genet 12:554–564
Conaway JW (2012) Introduction to theme "Chromatin, epigenetics, and transcription". Ann Rev Biochem 81:61–64
Hargreaves D, Crabtree G (2011) ATP-dependent chromatin remodeling: genetics, genomics and mechanisms. Cell Res 21:396–420
Jones PA (2012) Functions of DNA-methylation: islands, start sites, gene bodies and beyond. Nat Rev Genet 13:485–492
Lister R et al (2009) Human DNA methylomes at base resolution show widespread epigenomic differences. Nature 462:315–322
Lyko F et al (2010) The honey bee epigenomes: differential methylation of brain DNA in queens and workers. Plos Biol 8(11):1–12
Margueron R, Reinberg D (2010) The polycomb complex PRC2 and its mark in life. Nature 469:343–349
Schuettengruber B et al (2011) Trithorax group proteins: switching genes on and keeping them active. Nat Rev Mol Cell Biol 12:799–814
Smith Z, Meissner A (2013) DNA methylation: roles in mammalian development. Nat Rev Genet 14:204–220
Thurman RE et al (2012) The accessible chromatin landscape of the human genome. Nature 489:75–82

Regulierende RNA

Guttman M, Rinn JL (2012) Modular regulatory principles of large non-coding RNAs. Nature 482:339–346
Hansen TB et al (2013) Natural RNA circles function as efficient microRNA sponges. Nature 495:384–388
Huntzinger E, Izaurralde E (2011) Gene silencing by microRNAs: contribution of translational repression and mRNA decay. Nat Rev Genet 12:99–110
Memczak S et al (2013) Circular RNAs are a large class of animal RNAs with regulatory potential. Nature 495:333–338
Mercer TR et al (2009) Long non-coding RNAs: insights into function. Nat Rev Genet 10:155–159
Qureshi I, Mehler MF (2012) Emerging roles of non-coding RNAs in brain evolution, development, plasticity and disease. Nat Rev Neurosci 13:528–541
Yates LA et al (2013) The long and short of microRNA. Cell 153:516–519

Evolution der DNA und genetische Variation

Cann RL et al (1987) Mitochondrial DNA and human evolution. Nature 325:31–36
Cotney J et al (2013) The evolution of lineage-specific regulatory activities in the human embryonic limb. Cell 154:185–196
Dennis MY et al (2012) Evolution of human-specific neural srgap2 genes by incomplete segmental duplication. Cell 149:1–11
Frazer KA et al (2009) Human genetic variation and its contribution to complex traits. Nat Rev Genet 10:241–251
Knowles DG, McLysaght A (2009) Recent de novo origin of human protein-coding genes. Genom Res 19:1752–1759
Lachane J et al (2012) Evolutionary history and adaptation from high-coverage whole genome sequences of diverse african hunter-gatherers. Cell 150:457–469
Marian AJ (2012) Molecular genetic studies of complex phenotypes. Transl Res 159:64–79
Perry GH et al (2007) Diet and the evolution of human amylase gene copy number variation. Nat Genet 39:1256–1260
Shubin N et al (2009) Deep homology and the origins of evolutionary novelty. Nature 457:818–823
Taniguchi-Ikeda M et al (2011) Pathogenic exon-trapping by SVA retrotransposon and rescue in Fukuyama muscular dystrophy. Nature 478:127–131
The (1000) Genomes Project Consortium, Abecasis GR et al (2012) An integrated map of genetic variation from 1092 human genomes. Nature 491:56–62
The Wellcome Trust Case Control Consortium, Craddock N et al (2010) Genome-wide association study of CNVs in 16,000 cases of eight common human diseases and 3,000 shared controls. Nature 464:713–720
Veltman JA, Brunner HG (2012) De novo mutations in human genetic disease. Nat Rev Genet 13:565–575

Proteine   3

3.1 Proteine sind Polymere aus Aminosäuren

Proteine (von *proteios*, griech. „an erster Stelle stehend") sind an allen Vorgängen in Zellen beteiligt. Sie bilden stützende und kontraktile Filamente, elastische Fasern, Ionenkanäle, Zell-Zell- und Zell-Matrix-Verbindungen, und sie wirken als Katalysatoren, Rezeptoren, Signalmoleküle, Hormone, Antikörper, Transportmoleküle und antimikrobielle Agenzien. Die Vielfalt der Proteine beruht auf ihrer polymeren Struktur aus 20 verschiedenen **Aminosäuren**. Jede Aminosäure enthält ein zentrales Kohlenstoffatom C_α, an das eine Aminogruppe (-NH_2), eine Carboxylgruppe (-COOH) und eine Seitenkette gebunden sind (Abb. 3.1). Die Seitenketten sind von unterschiedlicher Größe und Ladung. Sie enthalten positiv oder negativ geladene sowie polare und nichtpolare Gruppen. Aminosäuren sind in Proteinen durch **Peptidbindungen** zu einer linearen Kette verknüpft. Die Bindungen werden jeweils zwischen der COOH-Gruppe einer Aminosäure und der NH_2-Gruppe der folgenden Aminosäure durch Wasserentzug gebildet (Abb. 3.2). Das Rückrat jedes Proteins ist somit eine alternierende Folge von Aminosäure-C_α-Atomen und Peptidbindungen. Genau genommen befinden sich zwischen den C_α-Atomen zweier aufeinanderfolgender Aminosäuren immer drei Bindungen: eine Bindung „C_α-C (Carbonyl)", die Peptidbindung „C(Carbonyl)-N" und eine Bindung „N-C_α". Wenn nur zwei oder wenige Aminosäuren miteinander verknüpft sind, spricht man von **Peptiden**, z. B. Dipeptid, Tripeptid, Tetrapeptid und ganz allgemein Oligopeptid. Aminosäuresequenzen ab ca. 50 Aminosäureresten zählen als **Polypeptide**. Proteine sind Polypeptide aus ca. 50 bis ca. 2000 Aminosäuren.

Die Aminogruppe der ersten Aminosäure von Proteinen ist nicht in eine Peptidbindung einbezogen und bildet das „N-terminale Ende". Auch die Carboxylgruppe der letzten Aminosäure bleibt frei. Sie ist das „C-terminale Ende". Die Reihenfolge der Aminosäuren eines Proteins vom N- zum C-Terminus nennt man **Primärstruktur**. Als **Sekundärstruktur** bezeichnet man stabile lokale Strukturen einer Polypeptidkette. Die dreidimensionale Anordnung aller Atome ist die **Tertiärstruktur** oder **Konformation** eines Proteins. Komplexe Proteine aus zwei oder mehreren Polypeptiden haben eine definierte **Quartärstruktur**, die allgemeine Formel für Aminosäuren: $NH_2 - C_\alpha H - COOH$ with R (Seitenkette)

Seitenketten der 20 natürlichen Aminosäuren:

Aminosäure	Abkürzung	Seitenkette	
Alanin	Ala, A	$-CH_3$	nichtpolar
Glycin	Gly, G	$-H$	"
Valin	Val, V	$-CH(CH_3)_2$	"
Leucin	Leu, L	$-CH_2-CH(CH_3)_2$	"
Isoleucin	Ile, I	$-CH(CH_3)-CH_2-CH_3$	"
Prolin	Pro, P	$-CH_2-CH_2-CH_2-$ Bindung an N-Atom	"
Phenylalanin	Phe, F	$-CH_2-C_6H_5$ 	"
Methionin	Met, M	$-CH_2-CH_2-S-CH_3$	"
Tryptophan	Trp, W	$-CH_2-$ 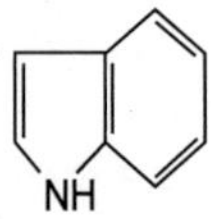 (Indol)	"
Cystein	Cys, C	$-CH_2-SH$	"
Asparagin	Asn, N	$-CH_2-C(=O)NH_2$	polar, keine Ladung
Glutamin	Gln, Q	$-CH_2-CH_2-C(=O)NH_2$	"
Serin	Ser, S	$-CH_2-OH$	"
Threonin	Thr, T	$-CH(CH_3)(OH)$	"
Tyrosin	Tyr, Y	$-CH_2-C_6H_4-OH$ 	"
Asparaginsäure	Asp, D	$-CH_2-COO^{(-)}$	negative Ladung
Glutaminsäure	Glu, E	$-CH_2-CH_2-COO^{(-)}$	"
Arginin	Arg, R	$-CH_2-CH_2-CH_2-NH-C(NH_2)=NH_2^+$	positive Ladung
Lysin	Lys, K	$-CH_2-CH_2-CH_2-CH_2-NH_3^+$	"
Histidin	His, H	$-CH_2-$ (Imidazol, $CH-NH^+$, $NH-CH$)	"

Abb. 3.1 Aminosäuren in Proteinen

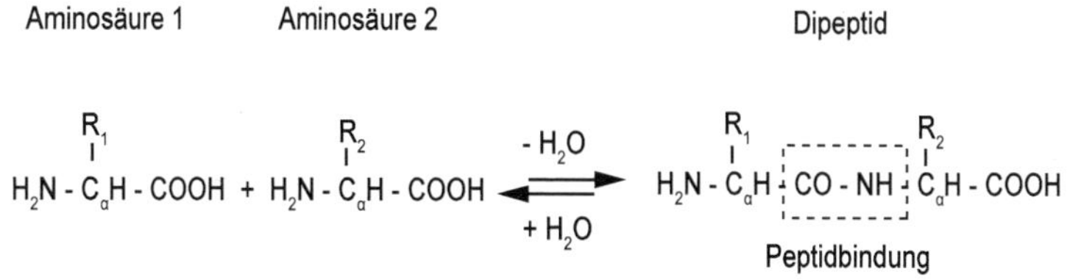

3.1 Proteine sind Polymere aus Aminosäuren

Aminosäure 1   Aminosäure 2   Dipeptid

$$\text{H}_2\text{N-C}_\alpha\text{H-COOH} + \text{H}_2\text{N-C}_\alpha\text{H-COOH} \underset{+\text{H}_2\text{O}}{\overset{-\text{H}_2\text{O}}{\rightleftharpoons}} \text{H}_2\text{N-C}_\alpha\text{H} | \text{CO-NH} | \text{C}_\alpha\text{H-COOH}$$

mit Resten R_1 und R_2; Peptidbindung

Abb. 3.2 Bildung und Hydrolyse einer Peptidbindung zwischen zwei Aminosäuren

durch die Stöchiometrie und die relative Lage der Polypeptide zueinander charakterisiert ist.

Aus 20 verschiedenen Aminosäuren können nahezu unendlich viele verschiedene Proteine gebildet werden. Schon für ein Tripeptid ergeben sich $20 \times 20 \times 20 = 8000$ Varianten. Die mögliche Anzahl von Proteinen aus 100 Aminosäuren beträgt 20^{100}, eine unvorstellbar große Zahl. Im menschlichen Körper gibt es ca. 100.000 verschiedene Proteine, die von ca. 20.687 Genen codiert werden. Die größere Zahl der Proteine im Verhältnis zu den proteincodierenden Genen entsteht zum großen Teil durch Spleißen von Vorläufer-mRNA in mehrere „reife" mRNAs. Von manchen Genen werden auch längere „Vorläuferproteine" synthetisiert, die anschließend in zwei oder mehrere separate Proteine zerlegt werden.

Die Faltung von Proteinen

In wässrigen Lösungen nehmen Proteine eine spezifische dreidimensionale Struktur, die **native Konformation**, ein. Die Struktur ist abhängig von der Sequenz der Aminosäuren sowie von den Wechselwirkungen der Aminosäurereste untereinander und mit dem umgebenden wässrigen Milieu. Für gegebene Bedingungen ist die native Konformation die stabilste Struktur mit der geringsten freien Energie (die freie Energie ist der Teil der Gesamtenergie eines Systems, der bei konstanter Temperatur und konstantem Druck Arbeit leisten kann). Die Energieunterschiede zwischen der nativen Konformation und anderen Konformationen eines Proteins sind allerdings nicht groß. Sie betragen nur ca. 10–50 kJ/mol (2,4–12 kcal/mol)[1]. Native Konformationen können deshalb leicht wieder aufgelöst werden. Den Übergang von einer nativen Konformation in ungefaltete Strukturen bezeichnet man als **Denaturierung**.

Polypeptidketten können theoretisch unzählig viele verschiedene Konformationen einnehmen, und es ergibt sich die Frage, wie die *native* Konformation eines Proteins ausgebil-

---

[1] Ein Joule (1 J) ist gleich dem Produkt aus einer Kraft von 1 N (N) und einem Weg von 1 m. 1 N ist die Kraft, die erforderlich ist, um eine Beschleunigung von 1 m/s^2 auf eine Masse von 1 kg zu übertragen. Es gilt: 1 N = 1 kg × m/s^2 und 1 J = 1 N × m.
Eine Masse von 1 kg, die sich 1 m über dem Erdboden befindet, hat z. B. die potenzielle Energie E_{pot} = Masse (1 kg) × Erdbeschleunigung (9,81 m/s^2) × Höhe (1 m) = 9,81 J.
Eine Kalorie (1 cal) ist die Wärmemenge, die für die Erhöhung der Temperatur von 1 g Wasser von 14,5° auf 15,5° C benötigt wird. Zwischen Joule und Kalorie besteht folgende Beziehung: 1 J = 0,239 cal.

det wird. Erste Weichen für die Formierung einer geordneten Struktur werden bereits bei der Synthese von Proteinen gestellt. Schon in neusynthetisierten, noch ungeordneten Polypeptidketten wirken bereits Kräfte zwischen chemischen Gruppen, die die Zahl möglicher Konformationen einschränken. Die weitere Faltung von Proteinen verläuft dann entlang definierter Faltungswege unter Bildung intermediärer Strukturen. Teile der Polypeptidkette bilden einen Faltungskern, in dem sich vorzugsweise Aminosäurereste mit nichtpolaren, wasserabweisenden Gruppen zusammenfinden. Die Gruppen haben die Tendenz, sich im Innern von Proteinen, abgeschirmt von Wassermolekülen, aneinanderzulagern. Parallel formieren sich weitere lokale Strukturelemente, die in den folgenden Schritten zusammen mit dem Faltungskern in eine native Konformation kondensieren. Die Faltungsprozesse können durch Wechselwirkungen, die nicht denen in nativen Proteinen entsprechen, verzögert werden. Proteine können in Abhängigkeit von Bedingungen und Interaktionen mit anderen Molekülen auch unterschiedliche native Konformationen einnehmen.

In verdünnten Lösungen falten Proteine meist spontan in eine dreidimensionale Struktur. Die Faltung von Proteinen im Cytosol von Zellen erfolgt jedoch bei relativ hohen Proteinkonzentrationen von über 0,1 g Protein/ml. Die hohen Konzentrationen fördern die Aggregation partiell gefalteter Proteine und ihre Assoziation mit anderen Proteinen. Falsch gefaltete und aggregierende Proteinmoleküle sind schädlich für Zellen. In der Evolution sind deshalb nicht unerwartet Proteine selektiert worden, die Faltungsvorgänge unterstützen. Die „Faltungshelfer" oder **Chaperone** (*chaperons*, engl. „Anstandsdamen") stabilisieren ungefaltete und partiell gefaltete Proteine und begünstigen die Ausbildung nativer Konformationen, ohne selbst Teil der endgültigen Konformation zu sein. Chaperone werden verstärkt bei erhöhten Temperaturen, z. B. einem Wechsel von 37°C auf 42°C, gebildet und deshalb auch **Hitzeschockproteine** (*heat shock proteins*, HSP) genannt. Von ihnen gibt es mehrere Familien, darunter HSP40, HSP60, HSP70, HSP90, HSP100 und „kleine HSP". Die Zahlen hinter der Abkürzung HSP weisen auf die Molekülmassen der jeweiligen Chaperone hin.

Chaperone HSP60, HSP70 und HSP90 binden ungefaltete oder partiell gefaltete Proteine in ATP-abhängigen Zyklen und geben sie ohne größere Strukturveränderung oder alternativ in veränderter Struktur wieder frei.

Hsp70-Chaperone werden konstitutiv und verstärkt unter Stressbedingungen, z. B. erhöhten Temperaturen, synthetisiert. Sie assoziieren an Polypeptide, die sich noch im Stadium ihrer Synthese an Ribosomen befinden, und fördern die Faltung vieler Proteine im Cytosol. In Mitochondrien und im endoplasmatischen Reticulum (ER) gibt es weitere Hsp70-Proteine, die Proteintransporte in die Organellen und Proteinfaltungen innerhalb der Organellen unterstützen. HSP70-Moleküle enthalten eine ATP-bindende N-terminale Domäne, eine peptidbindende Domäne und eine C-terminale Domäne. Sie wechseln zwischen zwei Zuständen, einem „offenen" Zustand mit gebundenem ATP und geringer Affinität für nichtpolare Polypeptidsequenzen und einem „geschlossenen" Zustand mit gebundenem ADP und höherer Affinität für die Sequenzen. Im offenen Zustand assoziieren HSP70-Chaperone ungefaltete oder partiell gefaltete Proteine. Die Assoziation begünstigt die Hydrolyse von ATP zu ADP, die durch Chaperone aus der HSP40-Familie noch beschleunigt wird. Ein assoziiertes Polypeptid ist nach der ATP-Hydrolyse fester an HSP70 gebunden. Erst wenn ein Nucleotid-Austauschfaktor ADP gegen ATP austauscht, wechselt HSP70 wieder in die Konformation mit niedriger Peptidaffinität und gibt das gebundene Proteinsubstrat frei.

HSP 70 Proteine gewährleisten ungefalteten Proteinen einen vorübergehenden Schutz vor Aggregation und Assoziation mit anderen Proteinen. Ein Übergang in den nativen Zustand findet statt, wenn die Geschwindigkeit der Faltung des betreffenden Proteins größer ist als die Geschwindigkeit seiner Aggregation und die Geschwindigkeit seiner Assoziation an HSP70. Wenn die Bindung eines Proteins an HSP70 schnell und die Faltung langsam verlaufen, kann das Protein mehrmals an HSP70 assoziieren und wieder dissoziieren. HSP70-Chaperone können im Zusammenwirken mit HSP40 und spezifischen Nucleotid-Austauschfaktoren auch inaktive Proteine reaktivieren und unlösliche Proteinaggregate auflösen.

HSP90-Chaperone binden vozugsweise Proteine, die schon partiell gefaltet sind, und fördern ihren Übergang in eine native Konformation. Transkriptionsfaktoren, Steroidhormonrezeptoren, Proteinkinasen und eine große Zahl von Signalproteinen gehören zu ihren „Klienten". Die Chaperone sind deshalb für viele Signalwege, darunter Regulationen von Zellteilungen, Proteintransporten und Immunreaktionen, außerordentlich wichtig. Sie stellen 1–2 % des Cytoplasmaproteins und sind auch im endoplasmatischen Reticulum, in Mitochondrien und anderen Zellorganellen vertreten. Unter Stressbedingungen nimmt ihre Menge noch zu. HSP90-Moleküle sind Dimere aus zwei identischen Untereinheiten, die über ihre C-terminalen Domänen miteinander verbunden sind. Die N-terminalen Domänen der Untereinheiten sind in Abwesenheit von ATP getrennt und treten erst nach Bindung von ATP in Wechselwirkung. Dabei werden die Monomere umeinander verdreht, und das gebundene ATP wird zu ADP hydrolysiert. Nach ATP-Hydrolyse streben die zwei N-terminalen Domänen wieder auseinander. Partiell gefaltete Proteine binden an die mittleren Domänen von HSP90-Molekülen und werden im Verlauf der Bindung und Hydrolyse von ATP in eine native Konformation überführt. Reguliert werden die Faltungsvorgänge durch Cofaktoren, die verschiedene Zustände von HSP90 stabilisieren oder destabilisieren.

Proteine mit geringer Faltungsgeschwindigkeit erfahren eine Faltungshilfe durch Chaperone der **HSP60-Familie**. Vertreter dieser Familie, die man auch **Chaperonine** nennt, bilden große Komplexe in Form von Doppelringen, jeder Ring aus sieben oder acht HSP60-Proteinen. Das Innere der Ringe kann ATP-abhängig verschlossen werden. Im offenen Zustand exponieren HSP60-Komplexe in ihrem Innern eine hydrophobe Oberfläche, an die nichtnative Proteine assoziieren können. Nach Bindung von ATP wird der „Käfig" geschlossen und die Ringstruktur so umgelagert, dass im Innern der Ringe hydrophile Aminosäurereste exponiert sind. Ein eingeschlossenes Protein kann entsprechend seiner Aminosäuresequenz im HSP60-Komplex falten oder im ungefalteten Zustand verharren. Für die Faltung steht Proteinen wieder nur eine begrenzte Zeit zur Verfügung. Nach ATP-Hydrolyse werden sie aus dem Komplex in das Cytosol abgegeben, wo sie eine endgültige Struktur einnehmen oder wieder in HSP60-Komplexe geladen werden.

Neben ATP-abhängigen wirken auch ATP-unabhängige Chaperone und Chaperone, die nur ausgewählte Proteine stabilisieren. So schützen z. B. Histon-Chaperone vorzugsweise neusynthetisierte und aus Nucleosomen freigesetzte Histone.

Nicht alle Proteine falten in eine definierte native Konformation. Etwa 20–30 % der Proteine von Zellen bleiben zunächst ungefaltet. Sie falten erst nach Bindung von Partnermolekülen oder wirken als Gemisch vieler Strukturen.

Die Modifizierung von Proteinen

Die meisten Proteine werden noch während ihrer Synthese oder anschließend chemisch modifiziert. Reaktionen der Übertragung von Acetyl-, Methyl- und Phosphatgruppen auf Seitenketten von Aminosäureresten wurden bereits bei der Beschreibung epigenetischer Modifizierungen von Histonen erwähnt. Insgesamt gibt es ca. 50 verschiedene Modifizierungen von Aminosäureresten, die alle in der einen oder anderen Weise die Eigenschaften von Proteinen verändern. Eine Reaktion verdient wegen ihrer stabilisierenden Wirkung auf Proteine besondere Erwähnung. Die „SH"-Gruppen zweier Cysteinreste, die sich näher oder weiter entfernt voneinander in der gleichen oder in verschiedenen Polypeptidketten befinden, werden durch Oxidation zu einer Disulfidbrücke (S–S) vereinigt. Die Reaktion führt verschiedene Abschnitte einer Polypeptidkette oder zwei getrennte Polypeptide in fester kovalenter Bindung zusammen. Disulfidbrücken können durch Reduktion wieder gelöst und durch Oxidation erneut gebildet werden. Beide Reaktionen werden in Abhängigkeit von den Bedingungen durch das gleiche Enzym **Protein-Disulfid-Isomerase** katalysiert.

An Proteine können auch Kohlenhydrate, Lipide und andere Polypeptide und Proteine gekoppelt werden. Dabei entstehen komplexe Makromoleküle wie Glykoproteine, Proteoglykane, Proteolipide und verzweigte Proteine. In Proteoglykanen kann der Gewichtsanteil der Kohlenhydrate den Gewichtsanteil von Aminosäuren sogar beträchtlich übertreffen.

Die Sortierung und Lokalisation von Proteinen

Zellen synthetisieren Zehntausende Proteine. Nur ein Teil von ihnen verbleibt im Cytosol. Die übrigen werden zu Zellorganellen oder zur Zellmembran transportiert und aus Zellen freigesetzt. Der Transport der Proteine und ihre Lokalisation in Zellen werden durch **Sortierungssignale** (*sorting signals*) gesteuert. Die Signale sind in der Sequenz oder der dreidimensionalen Struktur der Proteine verschlüsselt. Sie werden von Rezeptorproteinen erkannt, die nach Bindung den Transport der Proteine vermitteln. So enthalten Proteine, die in den **Zellkern** transportiert werden, **Kernlokalisierungsequenzen** (siehe Tab. 3.1), die an **Kerntransportfaktoren** (*nuclear transport factors*) binden. Die Transportfaktoren passieren mit ihrer Fracht Porenkomplexe in Kernmembranen und geben die gebundenen Proteine im Innern des Zellkerns wieder frei. Kernporenkomplexe und Kerntransporte werden in Abschn. 4.1 zur Struktur von Zellen ausführlicher vorgestellt. Auch viele Proteine der **Mitochondrien** und **Peroxisomen** werden aus dem Cytosol importiert.

Tab. 3.1 Signalsequenzen in Proteinen

Signalsequenzfunktion	Beispiele für Signalsequenzen
Import in den Zellkern	Interne Sequenz -P-P-K-K-K-R-K-V-
Export aus dem Zellkern	Interne Sequenz -L-A-L-K-L-A-G-L-D-I-
Import in das ER	N-terminale Sequenz M-M-S-F-V-S-L-L-L-V-G-I-L-F-W-A-T-E-A-E-Q-L-T-K-C-E-V-F-Q-
Rücktransport von Golgi-Membranen in das ER	C-terminale Sequenz -K-D-E-L
Import in Mitochondrien	N-terminale Sequenz M-L-S-L-R-Q-S-I-R-F-F-K-P-A-T-R-T-L-C-S-S-R-Y-L-L-
Import in Peroxisomen	C-terminale Sequenz -S-K-L

Proteine des **endoplasmatischen Reticulums (ER)**, der **Golgi-Membranen**, der **Lysosomen** und der **Zellmembran** nehmen einen anderen Weg. Sie enthalten N-terminale Signalsequenzen aus fünf bis zehn hydrophoben Aminosäuren, die nach ihrer Synthese an Ribosomen **Signalsequenz-Erkennungspartikel** assoziieren. Die Partikel bewirken einen vorübergehenden Stopp der Proteinsynthese und leiten die Ribosomen zu Membranen des ER. Nach Positionierung der Ribosomen an den Membranen wird die Synthese fortgesetzt. Dabei werden die synthetisierten Proteinmoleküle in die Membran des ER und durch die Membran hindurch geschoben. Neusynthetisierte Membranproteine werden in den Membranen zurückgehalten, lösliche Proteine gelangen in das Lumen des Membransystems. Nach Beendigung der Synthese werden die Signalsequenzen durch **Signalpeptidasen** von den Proteinen entfernt. Ein Teil der Proteine verbleibt im ER. Ein anderer Teil der membranassoziierten und löslichen Proteine wird mit Membranvesikeln zum Golgi-Komplex, zu Lysosomen und zur Zellmembran transportiert. Weitere Details der Proteinsynthese am ER und der Vesikeltransporte zwischen Membransystemen sind in Abschn. 4.1 beschrieben.

Der Abbau von Proteinen

Die Lebensdauer von Proteinen in Zellen ist außerordentlich unterschiedlich. Einige Proteine werden bereits kurze Zeit nach ihrer Synthese wieder abgebaut, andere erst nach Jahren. Eine besonders lange Lebensdauer haben **Kristalline**, lösliche Proteine der Augenlinse. Unvollständige, nicht richtig gefaltete und aggregierte Proteine werden aus Zellen entfernt. Wenn sie akkumulieren, schädigen sie Zellen.

Der Abbau von Proteinen erfolgt durch Hydrolyse von Peptidbindungen und wird überwiegend durch das **Ubiquitin-Proteasom-System** ausgeführt. Proteine, die hydrolysiert werden sollen, erhalten zunächst eine Markierung in Form einer Kette aus mehreren, in der Regel vier, Ubiquitinmolekülen. Ubiquitin ist ein Polypeptid von 76 Aminosäuren. Ein erstes Ubiquitinmolekül wird mit seiner C-terminalen COOH-Gruppe an einen

Lysinrest von Proteinen gekoppelt, die für einen Abbau vorgesehen sind. Dann werden weitere Ubiquitinmoleküle an das bereits fixierte Ubiquitin angefügt. Katalysiert werden die Reaktionen durch drei Enzyme, ein **Ubiquitin-aktivierendes Enzym E1**, ein **Ubiquitin-konjugierendes Enzym E2** und eine **Ubiquitin-Ligase**, die aus E2 und einem weiteren Protein, E3, besteht. Das erste Enzym bindet Ubiquitin unter ATP-Verbrauch mit einer reaktiven Thioesterbindung und überträgt das Polypeptid anschließend auf E2. In Zellen treten über 30 verschiedene E2-Proteine auf, die mit einigen Hundert E3-Proteinen Ubiquitin-Ligase-Komplexe bilden. Jeder E2-E3-Komplex erkennt andere „abbaureife" Proteine und markiert sie mit Ubiquitin. Die markierten Proteine werden in **Proteasomen** aufgenommen und hydrolysiert.

Proteasomen sind eine Art Proteolysereaktoren, große Multiproteinkomplexe, deren proteolytisch aktive Zentren nicht unmittelbar zugänglich sind. Hydrolysiert werden nur Proteine, die in das Innere von Proteasomen transportiert werden, andere Proteine nicht. Proteasomen spalten Proteine in Peptide, die anschließend von Peptidasen bis zu Aminosäuren zerlegt werden.

Jedes Proteasom besteht aus einem Kernpartikel in Form eines Hohlzylinders und zwei regulierenden Partikeln, die an die Öffnungen des Kernpartikel-Hohlzylinders anlagern. Der Hohlzylinder wird durch vier gestapelte Proteinringe gebildet, jeder Ring aus sieben Untereinheiten. Von der Basis eines Kernpartikels aus gesehen, kommt erst ein α-Ring mit den Untereinheiten α1 bis α7, dann folgen zwei β-Ringe aus Untereinheiten β1 bis β7, und dann noch ein α-Ring. Die Untereinheiten α1, α2, ... und α7 sind nicht identisch, aber homolog. Das Gleiche gilt für die Untereinheiten β1, β2, ... und β7. Proteolytisch aktiv sind nur die Untereinheiten β1, β2 und ß5.

Die regulierenden Partikel von Proteasomen weisen an ihrer Basis, mit der sie an Kernpartikel-Hohlzylinder anlagern, ebenfalls einen Proteinring auf. Dieser Ring besteht aus sechs ATP-spaltenden Untereinheiten, den AAA-ATPasen 1–6. Dazu kommen weitere Untereinheiten, die Polyubiquitinproteine binden und Ubiquitin von Proteinen entfernen. Die regulierenden Partikel kontrollieren den Zugang in das Innere von Proteasomen. Sie binden Ubiquitin-markierte Proteine, spalten die Ubiquitinketten ab und falten die Proteine auf. Nur aufgefaltete Proteine gelangen in die Proteolysekammer. Für Proteine mit kompakter Struktur ist der Zugang zu klein. Die Auffaltung und „Einfädelung" von Proteinen in Proteasomen erfordert Energie, die durch die Spaltung von ATP-Molekülen geliefert wird.

Proteasomen sind in großer Zahl im Cytosol vorhanden. Im Zellkern sind sie ebenfalls vertreten. Im Cytosol verdauen sie auch unvollständige, falsch gefaltete und denaturierte Proteine des endoplasmatischen Reticulums, die durch ein spezifisches Transportsytem aus dem Reticulum in das Cytoplasma transportiert werden.

Wenn größere Proteinaggregate in Zellen auftreten, werden sie nicht durch Proteasomen abgebaut, sondern durch **Autophagie** entfernt. Der Prozess der Autophagie wird in Abschn. 4.1 vorgestellt.

3.2 Die dreidimensionale Struktur von Proteinmolekülen

Die Primärstruktur von Polypeptiden ist in Abwesenheit von Proteasen relativ stabil. Funktionelle dreidimensionale Strukturen von Proteinen sind viel labiler. Sie beruhen auf **schwachen Wechselwirkungen** chemischer Gruppen von Aminosäureresten und Peptidbindungen untereinander und mit dem umgebenden wässrigen Milieu. Schon geringfügige Änderungen äußerer Bedingungen wie Temperatur, pH-Wert und Ionenkonzentrationen können die Wechselwirkungen stören und zu einer Denaturierung von Proteinen führen.

Einige Erläuterungen zur Natur schwacher Wechselwirkungen

Zu den schwachen Bindungen in Proteinmolekülen gehören: 1) **Elektrostatische Anziehungen** ionisierter Atomgruppen, 2) **Van-der-Waals-Bindungen**, 3) **Wasserstoffbrückenbindungen**, auch **H-Brücken** oder **H-Bindungen** genannt, und 4) **hydrophobe Bindungen**. Bei den ersten drei Bindungen handelt es sich um Wechselwirkungen zwischen elektrischen Ladungen. Hydrophobe Bindungen beruhen nicht auf unterschiedlichen Ladungen. Sie entstehen unter dem Einfluss umgebender Wassermoleküle. Nichtgeladene Gruppen werden wie Öl aus wässrigem Milieu gedrängt und lagern sich so zusammen, dass sie die geringste Oberfläche einnehmen. Wassermoleküle beeinflussen auch elektrostatische Wechselwirkungen. Sie schirmen elektrische Ladungen ab und neutralisieren sie partiell. Die verschiedenen schwachen Wechselwirkungen zeichnen sich durch folgende Merkmale aus:

1. Elektrostatische Anziehung ionisierter chemischer Gruppen
   Atomgruppen mit entgegengesetzten Ladungen ziehen sich an, Gruppen mit gleichen Ladungen stoßen sich ab. Stärkere elektrostatische Wechselwirkungen finden zwischen vollständig ionisierten Gruppen und zwischen ionisierten Gruppen und Dipolen statt. Dipole sind Anordnungen gleicher, aber entgegengesetzter Ladungen in einem festen Abstand voneinander. Alle polarisierten Bindungen sind Dipole.
2. Van-der-Waals-Bindungen
   Unter dem Begriff Van-der-Waals-Bindungen werden Dipol-Dipol-Wechselwirkungen, Wechselwirkungen von Dipolen mit nichtpolaren Atomgruppen und auch elektrostatische Interaktionen zwischen nichtpolaren Gruppen zusammengefasst. Die Wechselwirkungen sind alle schwächer als elektrostatische Anziehungen vollständig ionisierter Gruppen. Dipole müssen nicht *a priori* vorhanden sein. Sie können in nichtpolaren Gruppen durch benachbarte Dipole induziert werden. Transiente Dipole treten auch infolge fluktuierender Elektronenbewegungen auf und wirken bei geeigneter Orientierung aufeinander. Signifikante Van-der-Waals-Bindungen erfordern einen engen Kontakt der beteiligten Gruppen.

3. Wasserstoffbrückenbindungen
Eine Wasserstoffbrücke entsteht durch Anziehungskräfte zwischen einem H-Atom in einer polaren Bindung, wie z. B. „H–O"- oder „H–N"-Bindung, und einem freien Elektronenpaar eines benachbarten elektronegativen Atoms, meist ebenfalls ein O- oder N-Atom. H-Brücken sind z. B. charakteristisch für Wassermoleküle (H_2O). Freie Elektronenpaare der negativ geladenen O-Atome von Wassermolekülen ziehen positiv geladene H-Atome benachbarter Moleküle an. Dabei werden H-Brücken zwischen zwei O-Atomen gebildet.

$$H-\boxed{O\cdots H\cdot\cdot O}-H$$
$$|$$
$$H$$

Jedes Wassermolekül beteiligt sich sowohl mit seinem O-Atom, als auch mit seinen zwei H-Atomen an H-Brücken mit anderen Wassermolekülen. Bei Raumtemperatur ist im Mittel jedes Wassermolekül mit 3,4 benachbarten Wassermolekülen verbunden. In Proteinen werden ebenfalls viele H-Brücken zwischen geeigneten Atomgruppen ausgebildet. Die Gruppen können alternativ H-Bindungen mit anliegenden Wassermolekülen eingehen.

4. Hydrophobe Wechselwirkungen
Zwischen nichtpolaren Gruppen und Wassermolekülen gibt es keine direkten Wechselwirkungen. Nichtpolare Gruppen stören vielmehr die Wasserstruktur. Wassermoleküle, die sich in Kontakt mit nichtpolaren Gruppen befinden, können nicht die gleichen H-Brücken bilden wie Wassermoleküle in reinem Wasser. Sie sind gezwungen, eine energieaufwendige Orientierung einzunehmen, in der ihre Wechselwirkungen mit anderen Wassermolekülen eingeschränkt sind. Aus energetischen Gründen wird die Kontaktfläche nichtpolarer Gruppen mit Wasser deshalb so gering wie möglich gehalten. Die Gruppen vereinigen sich in Wasser. Ihre Assoziation wird als hydrophobe Bindung bezeichnet.

H-Brücken und hydrophobe Bindungen liefern die größten Beiträge für die native Faltung von Proteinen. Die Energie aller schwachen Wechselwirkungen ist aber gering. Die Werte variieren zwischen ca. 10 und ca. 50 kJ/mol (2,4–12 kcal/mol). Das entspricht gerade 3–15 % der Energie kovalenter chemischer Bindungen. Einzelne schwache Wechselwirkungen sind nicht viel stärker als die Bewegungsenergie von Molekülen bei Raumtemperatur. Die beteiligten Gruppen assoziieren und dissoziieren wieder. Erst wenn viele schwache Bindungen gleichzeitig auftreten, entstehen stabile Strukturen. Ihre Stabilität ergibt sich nicht aus der Summe positiver Werte aller Wechselwirkungen. Die dreidimensionale Struktur von Proteinen ist vielmehr ein Gleichgewicht unterschiedlicher, sich gegenseitig balancierender Kräfte, und native Proteine sind fragil. Eine Energie von ca. 60 kJ/mol^{-1} reicht aus, ihre Struktur zu zerstören.

Abb. 3.3 In Polypeptiden alternieren C_α-Atome und Peptidbindungen. Die Peptidbindungsebenen können sich um die C_α-Atome (Winkel Φ und Ψ) drehen

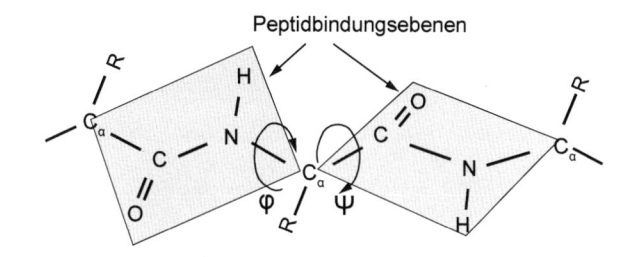

Sekundärstrukturen sind räumliche Anordnungen der Hauptkette

Einzelne Abschnitte der Hauptkette bilden in verschiedenen Proteinen immer wieder weitgehend gleiche lokale Strukturen, die sich aus der monotonen Folge von Aminosäure-C_α-Atomen und Peptidbindungen sowie den spezifischen Eigenschaften der Letzteren ergeben. Peptidbindungen sind partielle Doppelbindungen mit starrer, planarer Struktur. Ihre vier Atome, C, O, N, und H, liegen in einer Ebene, und Rotationen um die Bindung CO-NH sind nicht möglich. Die Peptidbindungsebenen können sich nur als Ganzes um benachbarte C_α-Atome drehen, wobei sich die C_α-Atome in *trans*-Konformation zu einander, d. h. auf entgegengesetzten Seiten der Bindung, befinden (Abb. 3.3). Jede N-terminal zu einem C_α-Atom gelegene Ebene hat die Möglichkeit der Rotation um die Bindung NH-C_α, und jede C-terminal gelegene Ebene kann sich um die Bindung C_α-CO drehen. Die zwei Torsionswinkel werden mit Φ und Ψ bezeichnet. Als Bezugssystem der Winkel dient eine voll ausgestreckte Polypeptidkette, in der alle Peptidbindungen in einer Ebene liegen. Für diese Anordnung wurden die Werte von Φ und Ψ auf jeweils +180° festgelegt. Außerdem wurde vereinbart, dass Drehungen im Uhrzeigersinn vom C_α-Atom aus gesehen als positive Werte zählen. Aus sterischen Gründen können Φ und Ψ nicht alle möglichen Werte annehmen. Bevorzugte Winkelbereiche, in denen keine gegenseitigen Behinderungen von Atomen auftreten, sind Φ = –45° bis – 180° und Ψ = – 65° bis + 180°.

Eine weitere für die räumliche Anordnung von Proteinen bedeutsame Eigenschaft der Peptidbindung ist ihre Fähigkeit, H-Brücken zu bilden, in denen die NH-Gruppe als Donor und die CO-Gruppe als Akzeptor von H-Atomen auftritt. Zwei charakteristische Faltungsmuster, die **α-Helix** (*α-helix*) und das **β-Faltblatt** (*β-sheet*) zeichnen sich durch besonders viele H-Brücken zwischen Peptidbindungen aus (Abb. 3.4) und sie sind deshalb energetisch begünstigt.

In einer **α-Helix** windet sich die Polypeptidkette rechtsgängig um eine imaginäre Achse. Auf jede Windung mit einer Ganghöhe von 0,54 nm entfallen 3,6 Aminosäurereste, deren Seitenketten nach außen weisen. Die Peptidbindungen liegen parallel zur Achse der Helix, und die Rotationswinkel betragen einheitlich Φ = – 57° und Ψ = –47°. Mit Ausnahme der Helixenden sind alle Peptidbindungen einer α-Helix in H-Brücken einbezogen. Die Peptid-CO-Gruppe eines beliebigen n-ten Restes weist entlang der Helix auf die Peptid-NH-Gruppe des folgenden $(n+4)$-ten Restes. Von Schleife zu Schleife sind es drei bis vier H-Brücken. Die Seitenketten der Aminosäurereste, die sich vier Positionen von-

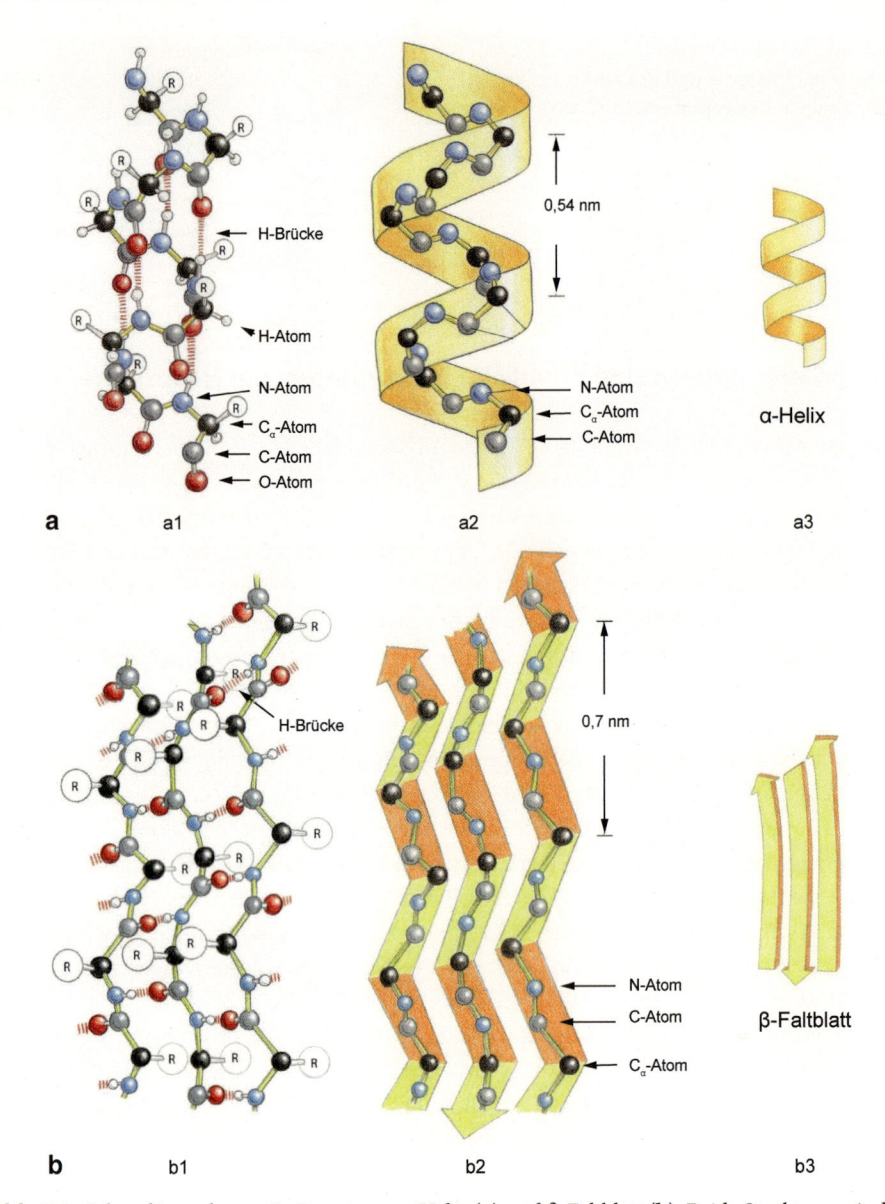

Abb. 3.4 Sekundärstrukturen in Proteinen: α-Helix (**a**) und β-Faltblatt (**b**). Beide Strukturen sind in drei Darstellungen gezeigt. Die Teil-Abb.en a1 und b1 demonstrieren alle Atome beteiligter Aminosäurereste; a2 und b2 bilden nur die Atome des „Rückgrates" von Polypeptiden, C, Cα und N, ab; a3 und b3 sind symbolische Darstellungen. (© 2008 from Molecular Biology of the Cell, Fifth Edition by Alberts et al. 2011 reproduced by permission of Garland Science/Taylor & Francis LLC)

einander entfernt in einer α-Helix befinden, liegen ebenfalls nahe beieinander. Wenn sie chemische Gruppen enthalten, die miteinander in Wechselwirkung treten, stabilisieren sie die Helix. Stabilisierende Wirkung haben auch Seitenketten mit negativer Ladung an N-terminalen und Seitenketten mit positiver Ladung an C-terminalen Enden von α-Helices.

Die Ladungen neutralisieren Ladungen von Helixdipolen, die sich aus den einheitlich ausgerichteten Peptidbindungen ergeben. Unmittelbar benachbarte Aminosäurereste mit verzweigten Seitenketten oder gleichen Ladungen stören dagegen die Bildung von α-Helices. Auch Prolinreste, bei denen die NH-Gruppe Teil einer Ringstruktur ist, sind ungeeignet. Die Einschränkungen bewirken, dass in der Regel immer nur Teile der Hauptkette von Proteinen als α-Helix angeordnet sind.

In einem **β-Faltblatt** liegen zwei oder mehrere Polypeptidabschnitte parallel oder antiparallel nebeneinander und sind durch H-Brücken zwischen ihren Peptidbindungen verbunden (Abb. 3.4b). Die Polypeptidketten sind weitgehend, aber nicht völlig gestreckt. Ihre Fläche erinnert an die Faltung eines Plisseestoffes. Die Seitenketten aufeinanderfolgender Aminosäurereste befinden sich auf entgegengesetzten Seiten der Fläche. In globulären Proteinen können viele Stränge aus zwei bis 15 Aminosäureresten in β-Konformation angeordnet sein. Die Faltblätter sind oft leicht rechtsgängig gekrümmt.

Die Hauptketten globulärer Proteine bilden naturgemäß viele Schleifen, in denen sie ihre Richtung ändern. Benachbarte antiparallele β-Stränge werden oft durch eine Haarnadelschleife (*hairpin loop*) aus vier Aminosäureresten verbunden. In der engen Schleife faltet der vierte Aminosäurerest auf den ersten zurück, und seine NH-Gruppe bildet eine H-Brücke mit der CO-Gruppe des ersten Restes. Die zwei mittleren Peptidgruppen gehen H-Bindungen mit Wassermolekülen ein.

Die Tertiärstruktur von Proteinen

Die genaue Lage aller Atome in Proteinmolekülen wird mit physikalischen Methoden ermittelt. Proteinkristalle können durch Röntgenbeugung analysiert werden. Für die Untersuchung von Proteinen in Lösung eignet sich die Methode der magnetischen Kernspinresonanz (*nuclear magnetic resonance*, NMR). Ungeachtet des hohen Aufwands der Methoden wurden bereits viele Tausende Proteinstrukturen, darunter auch Strukturen von Membranproteinen und großen Proteinkomplexen, aufgeklärt. Die Koordinaten vieler Atome werden mit Computerprogrammen sichtbar gemacht. In zweidimensionaler Darstellung ist ein intuitives Verständnis möglich, wenn nur der Verlauf der Hauptkette wiedergegeben wird. In den Darstellungen werden α-Helices als Zylinder oder Wendel und β-Faltblätter als Pfeile hervorgehoben (Abb. 3.4).

Nach ihrer äußeren Form lassen sich Faserproteine (*fibrous proteins*) und globuläre Proteine (*globular proteins*) unterscheiden. Die Moleküle fibrillärer Proteine ähneln lang gestreckten Seilen oder Bändern. Die Raumstrukturen globulärer Proteine sind mehr oder weniger kompakt.

In **Faserproteinen** dominieren Sekundärstrukturen. Die Moleküle mancher Faserproteine sind durchgehend in einem Strukturtyp, z. B. einer Helix, angeordnet, und sie haben die Tendenz, längsseitig zu assoziieren. Typische Vertreter dieser Gruppe von Proteinen sind **α-Keratin** und **fibrilläre Kollagene**.

Alpha-Keratin wird in Hautzellen synthetisiert und ist Hauptbestandteil von Haaren und Nägeln. Die Polypeptide falten in rechtsgängige α-Helices, und jeweils zwei α-Keratin-

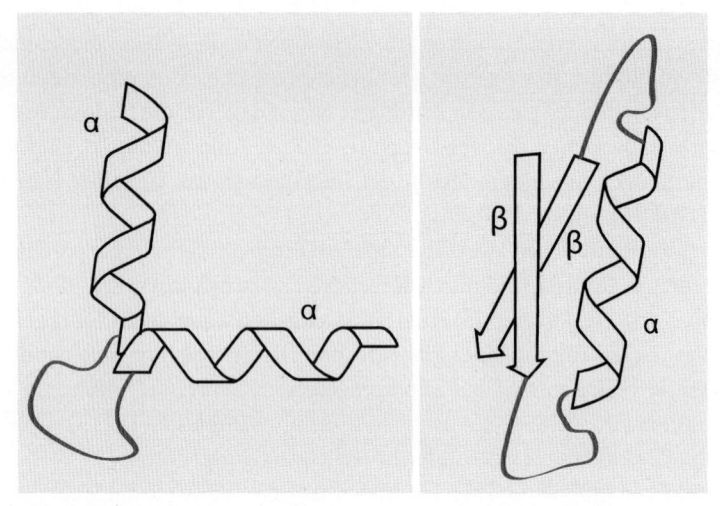

Abb. 3.5 Supersekundärstrukturen in Proteinen: α-α-Ecke und β-α-β-Schleife

Helices lagern sich in Form einer linksgängigen Doppelwendel zusammen. In weiteren Assoziationen entstehen Protofilamente aus zwei Doppelwendeln und Mikrofibrillen aus neun Protofilamenten. Jedes menschliche Haar enthält eine große Zahl parallel angeordneter Keratinfibrillen.

Fibrilläre Kollagene bestehen aus drei gleichen oder verschiedenen Kollagenpolypeptiden mit je ca. 1000 Aminosäureresten. In den Sequenzen wiederholen sich Tripeptideinheiten Gly-X-Y, in denen X meist Prolin und Y meist Hydroxyprolin, ein modifiziertes Prolin, sind. Kollagenpolypeptide bilden eine durchgehende Helix, die sich allerdings von der α-Helix unterscheidet. Die Helix ist linksgängig, und jede Windung wird von nur drei Aminosäureresten gebildet. In Kollagenmolekülen sind drei linksgängige Polypeptidhelices von je ca. 300 nm Länge rechtsgängig umeinander verdreht. Die „Tripelhelix" ist durch kovalente Bindungen zwischen den Polypeptiden stabilisiert. Kollagenmoleküle lagern sich versetzt parallel zu Kollagenfibrillen von hoher Zugfestigkeit zusammen.

In **globulären Proteinen** sind nur einzelne Sequenzabschnitte als α-Helix oder β-Strang angeordnet. Andere haben variable Strukturen, und die gesamte Polypeptidkette ist auf engem Raum zusammengelegt. Myoglobin, ein Protein aus 154 Aminosäureresten, ähnelt z. B. einem Sphäroid mit Achsen von ca. 4,3 nm und ca. 5 nm. In globulären Proteinen sind nichtpolare Seitenketten größtenteils im Innern der Moleküle vereinigt, und auch Teile der Hauptkette, in denen die Ladungen der Peptidbindungen durch H-Brücken neutralisiert sind, befinden sich im hydrophoben Kern. Auf der Proteinoberfläche überwiegen dagegen Seitenketten mit ionisierten und polaren Gruppen. Die kompakte Struktur vieler globulärer Proteine, insbesondere sekretierter Proteine, wird durch Disulfidbrücken stabilisiert.

Unterschiedliche globuläre Proteine weisen immer wieder gleiche Kombinationen von Sekundärstrukturen auf, z. B. zwei aufeinanderfolgende, senkrecht zueinander stehende α-Helices, die **α-α-Ecke** (*helix-loop-helix*), oder zwei durch eine α-Helix verbundene β-Faltblätter, die **β-α-β-Schleife** (*β-α-β-motif*) (Abb. 3.5). Andere Anordnungen sind die β-Tonne (*β-barrel*) aus 13 kreisförmig plazierten β-Strängen, die **α,β-Tonne** (*α,β-barrel*) aus mehreren β-α-β-Schleifen, das **Mäandermotiv** (*greek key*) aus vier und die „Biskuitrolle" (*jelly roll*) aus sechs antiparallelen β-Strängen. Solche Kombinationen mehrerer Sekundärstrukturen werden **einfache Faltungselemente** (*motifs*) oder **Supersekundärstrukturen** (*supersecondary structures*) genannt. Kleinere Supersekundärstrukturen werden meist von einer durchgehenden Sequenz gebildet. Größere enthalten auch weiter voneinander entfernte Sequenzabschnitte. Einige Aminosäurereste von Faltungselementen sind in verschiedenen Proteinen gleich oder ähnlich. Diese Reste sind für die Faltung der jeweiligen Supersekundärstruktur essenziell. Die übrigen Reste können unterschiedlich sein, wobei die größten Variationen in Polypeptidschleifen auftreten, die Sekundärstrukturen verbinden. Die Schleifen dienen oft als Bindungsorte für nieder- und makromolekulare Substanzen oder sind Teil katalytisch aktiver Zentren von Enzymen. Insgesamt gibt es einige Hundert einfacher Faltungselemente, von denen etwa 50 häufig und die restlichen eher selten in Proteinen vorkommen.

Neben Sekundär- und Supersekundärstrukturen enthalten globuläre Proteine Regionen, in denen die Polypeptidkette wie ein ungeordnetes Fadenknäuel erscheint. Auch diese Anordnungen sind nicht beliebig, sondern durch Wechselwirkungen von Gruppen stabilisiert.

Größere Proteine bestehen meist aus mehreren **Proteindomänen** (*protein domains*), globulären Einheiten von 50 bis 350 Aminosäureresten, die weitgehend unabhängig voneinander falten und in der Regel ihre Struktur auch behalten, wenn sie von dem übrigen Teil des Proteins abgetrennt werden. Domänen haben eigenständige Funktionen. Sie dienen als Bindungsmodule oder katalytische Module, die sich, wenn sie gemeinsam in Proteinen auftreten, in ihren Funktionen ergänzen. Kollagenaseenzyme bestehen z. B. aus einer katalytisch aktiven Proteasedomäne und einer Hemopexindomäne, die Wechselwirkungen mit der Tripelhelix des Kollagensubstrats vermittelt. Manche Domänen, z. B. DNA-Bindungsdomänen, tauchen mit kleineren oder größeren Abwandlungen in sehr vielen Proteinen auf. Sie werden in der Regel von einem oder mehreren Exons codiert. Es gibt die Vorstellung, dass die Exons im Laufe der Evolution wiederholt kopiert und in diverse Gene integriert wurden (*exon shuffling*).

Die Quartärstruktur von Proteinen und supramolekulare Proteinstrukturen

Viele Proteine bestehen nicht nur aus einer Polypeptidkette, sondern aus zwei oder mehreren Polypeptiden, die in einer spezifischen Geometrie zueinander angeordnet sind. Die Polypeptide werden an ihren Kontaktflächen durch schwache Wechselwirkungen und oft auch durch Disulfidbrücken zusammengehalten. Im einfachsten Fall binden zwei identische Polypeptide aneinander. Hsp 90-Chaperone sind z. B. Dimere aus zwei identischen Monomeren. Andere Proteine bestehen aus unterschiedlichen Polypeptiden, etwa Hämoglobin, das aus zwei α- und zwei β-Polypeptiden zusammengesetzt ist. Die Polypeptide komplexer Proteinmoleküle bezeichnet man als „Untereinheiten" und die Proteine selbst als „multimere Proteine".

Einfache und komplexe Proteinmoleküle lagern sich zu größeren, supramolekularen Strukturen wie **Chromatin-modellierenden Komplexen** oder **Kernporenkomplexen** zusammen. Diese Strukturen werden ebenfalls durch schwache Wechselwirkungen stabilisiert. Sie bilden sich spontan oder mithilfe von „Gerüst"-Proteinen.

Fehler und Defekte der Proteinfaltung

Wenn Proteine nicht richtig falten, können sie ihre Funktion nicht erfüllen. Sie neigen dann zu Aggregationen und bilden Ablagerungen mit fatalen Folgen für Zellen und Gewebe. Faltungsfehler treten ständig auf. Sie nehmen unter ungünstigen Bedingungen wie erhöhten Temperaturen, Störungen des osmotischen Gleichgewichts und mangelnder Versorgung von Zellen mit Sauerstoff und Substraten zu. Nichtadäquate Modifizierungen von Proteinen, veränderte Proteintransporte und eine nicht ausreichende Synthese von Chaperonen als „Faltungshelfer" begünstigen ebenfalls fehlerhafte Proteinfaltungen. Üblicherweise werden falsch gefaltete und aggregierte Proteine durch das Ubiquitin-Proteasom-System oder durch Autophagie aus Zellen entfernt. Falsch gefaltete und aggregierende Proteine lösen gleichzeitig zelluläre Reaktionen aus (*unfolded protein response*), die einer weiteren Akkumulation abnormer Proteinstrukturen entgegenwirken. Die Synthese vieler Proteine wird unterdrückt, und gleichzeitig werden mehr Chaperone und proteolytische Enzyme gebildet. Wenn diese Regulationen versagen, häufen sich nichtfunktionsfähige Proteine und beeinträchtigen das Zellgeschehen.

Proteinaggregate treten bei vielen Krankheiten auf. Charakteristische Ablagerungen finden sich u. a. bei den neurodegenerativen Erkrankungen Alzheimer-Demenz, Morbus Parkinson und Creutzfeldt-Jakob-Krankheit.

Bei Alzheimer-Demenz aggregiert hyperphosphoryliertes **Tau-Protein** in Nervenzellen und **Amyloid-β-Peptid** in der Umgebung der Zellen. Tau ist ein Mikrotubuli-assoziiertes Protein, das die Tubuli als Struktur- und Transportbahnen in Zellen stabilisiert (siehe Abschn. 4.1). Wenn Tau-Protein verklumpt, sind Transportvorgänge in Nervenzellen beeinträchtigt. Amyloid-β-Peptid ist ein Fragment von 40 bis 42 Aminosäureresten, das durch Proteasen aus einem transmembranalen Rezeptor für Motorproteine, dem **Amyloid-Vorläuferprotein** (*amyloid precursor protein*, APP) freigesetzt wird. Mehrere proteolytische Enzyme hydrolysieren APP an einer Stelle innerhalb der Sequenz des Amyloid-β-Peptids, dem α-Ort. Die Spaltung verhindert die Bildung von Amyloid-β-Peptid. Wenn der extrazelluläre Bereich von APP alternativ durch eine β-Sekretase abgetrennt wird, kann durch anschließende intramembranale Spaltung Amyloid-β-Peptid freigesetzt werden. Die letztere Reaktion wird durch das membranständige Enzym γ-Sekretase katalysiert. Amyloid-β-Peptide assoziieren unter ungünstigen Bedingungen zu löslichen Oligomeren und unlöslichen Filamenten. Die Filamente bestehen aus β-Faltblättern, die parallel zur Filamentachse angeordnet sind, und deren einzelne β-Stränge senkrecht zur

Filamentachse verlaufen. Amyloid-β-Oligomere binden an Nervenzellmembranen und blockieren Rezeptoren. Sie fördern auch den Übergang von Amyloid-β-Monomeren in Oligomere und Filamente.

Charakteristisch für Morbus Parkinson sind Aggregate von Synuclein-α, einem kleinen, üblicherweise löslichen Protein, das wahrscheinlich eine Funktion in der Signalübertragung an Synapsen hat.

Die Creuzfeldt-Jakob-Krankheit ist durch Fehlfaltungen von **Prionprotein** gekennzeichnet. Das Protein wird sowohl in Nervenzellen als auch in anderen Zellen gebildet und ist an äußeren Zellmembranen lokalisiert. Unter ungünstigen Umständen verändert sich die Konformation von Prionprotein. Ein größerer Teil der Polypeptidkette geht in eine β-Struktur über, und mehrere Prionmoleküle aggregieren in paralleler Anordnung. Die Aggregate sind gegenüber Proteasen resistent und „infektiös", d. h. sie induzieren in nativen Prionmolekülen die gleiche ungünstige β-Konformation. Prionablagerungen beeinträchtigen die Proteintranslation in Nervenzellen. Wenn sie auftreten, werden weniger synaptische Proteine synthetisiert. In der Folge verringert sich die Zahl der Verbindungen zwischen Nervenzellen, und die Zellen sterben ab.

Native Faltungen von Proteinen können auch durch Genmutationen, die Aminosäuresequenzen von Proteinen verändern, beeinträchtigt werden. Ein Beispiel ist das Protein **Cystische-Fibrose-Transmembranleitfähigkeitsregulator"** (*cystic fibrosis transmembrane conductance regulator*, CFTR). Das Protein bildet in Plasmamembranen von Epithelzellen Ionenkanäle, durch die Chloridionen aus den Zellen in das extrazelluläre Milieu strömen. Gleichzeitig werden auch Wassermoleküle abgegeben. Mutationen des CTFR-Gens können die Aminosäuresequenz des Kanalproteins so verändern, dass es nicht richtig faltet. Betroffene Individuen mit verändertem CTFR-Gen haben keine funktionsfähigen Chloridionenkanäle und leiden an Mucoviscidose. Ihre Bronchien und die Drüsen ihres Verdauungstraktes sondern vermehrt Sekrete hoher Viskosität ab. Ein anderes Beispiel ist **Alpha-1-Antitrypsin-Mangel**. Alpha-1-Antitrypsin ist ein Inhibitor von Proteasen. Mutationen des Alpha-1-Antitrypsin-Gens, die die Bildung von Inhibitorprotein verhindern, führen zu übermäßiger Aktivität proteolytischer Enzyme, insbesondere des Enzyms Elastase, und in der Folge zur Lyse von Geweben.

3.3 Proteinfunktion I: Bindung von Liganden

Proteine assoziieren Ionen und nieder- und makromolekulare Substanzen. Die Bereiche von Proteinen, die Ionen oder Moleküle binden, werden **Bindungsorte** und die bindenden Partner **Liganden** genannt. Wenn zwei Proteine aneinanderkoppeln oder Proteine mit Nucleinsäuren assoziieren, spricht man von Protein-Protein- und entsprechend Protein-Nucleinsäure-Wechselwirkungen. Formal kann auch in diesen Fällen ein Molekül als bindendes Molekül und das andere als Ligand betrachtet werden. Bei allen Ligandenbindungen handelt es sich um reversible Assoziationen. Die Moleküle werden nicht durch kovalente chemische Bindungen verknüpft. Sie lagern sich nur infolge schwacher Wechselwirkungen aneinander und dissoziieren wieder. Je nachdem, wie stark die Wechselwirkungen sind, werden bei gegebenen Protein- und Ligandenkonzentrationen mehr oder weniger Protein-Liganden-Komplexe gebildet. Die Bindungsstärke wird durch eine **Assoziationskonstante** charakterisiert, die sich aus den Reaktionsgleichungen für die Assoziation von Protein **P** mit Ligand **L** und den Zerfall von Protein-Ligand-Komplex **PL** ergibt.

$$\mathbf{P} + \mathbf{L} \rightleftarrows \mathbf{PL}$$

Die Geschwindigkeit der Assoziationsreaktion, v_{ass}, ist proportional den Konzentrationen von Protein und Ligand und die Geschwindigkeit der Dissoziationreaktion, v_{diss}, proportional der Konzentration des Komplexes **PL**:

$$v_{ass} = k_{ass} [\mathbf{P}] \cdot [\mathbf{L}] \quad \text{und} \quad v_{diss} = k_{diss} [\mathbf{PL}]$$

In den zwei Gleichungen stehen die eckigen Klammern für die Konzentrationen der Reaktionspartner und k_{ass} und k_{diss} sind Geschwindigkeitskonstanten. Im Gleichgewicht sind die Geschwindigkeiten der Assoziation und der Dissoziation gleich, und es gilt:

$$v_{ass} = v_{diss}$$

und

$$[\mathbf{PL}]/[\mathbf{P}] \cdot [\mathbf{L}] = k_{ass} / k_{dis}$$

Das Verhältnis k_{ass}/k_{diss} ist die Assoziationskonstante K_{ass}. Die Konstante wird auch **Gleichgewichtskonstante** K_{equ} genannt und hat die Dimension M^{-1}. Je größer K_{ass}, desto fester ist die Bindung, desto mehr Ligandenmoleküle werden bei gegebenen Konzentrationen von Protein und Ligand an das Protein gebunden. Der reziproke Wert k_{diss}/k_{ass} ist die **Dissoziationskonstante** K_{diss} mit der Dimension M. Beide Konstanten, K_{ass} und K_{diss}, können durch Messung der Konzentration des Protein-Liganden-Komplexes bei verschiedenen Ligandenkonzentrationen ermittelt werden.

Üblicherweise wird die Konzentration der mit Liganden besetzten Bindungsorte, [**PL**], ins Verhältnis zur Gesamtkonzentration aller vorhandenen Bindungsorte, [**P**] + [**PL**], gesetzt und als Funktion der Ligandenkonzentration, [**L**], dargestellt:

$$[\mathbf{PL}]/([\mathbf{P}]+[\mathbf{PL}]) = K_{equ} [\mathbf{L}]/(K_{equ}[\mathbf{L}] + 1) = [\mathbf{L}]/(K_{diss} + [\mathbf{L}])$$

Die Abhängigkeit [**PL**]/([**P**] + [**PL**]) von [**L**] ist eine Hyperbel, die bei niedrigen Ligandenkonzentrationen linear verläuft und sich mit steigenden Ligandenkonzentrationen asymptotisch dem Wert 1 nähert (Abb. 3.6, Kurve a). Die Ligandenkonzentration, bei der die Hälfte aller Bindungsorte mit Liganden besetzt ist, entspricht der Dissoziationskonstante K_{diss} bzw. dem reziproken Wert der Assoziationskonstante $1/K_{ass}$.

3.3 Proteinfunktion I: Bindung von Liganden

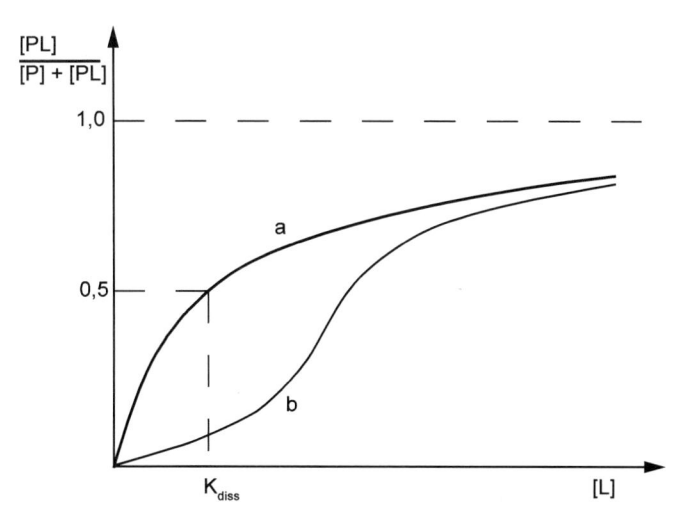

Abb. 3.6 Abhängigkeit der besetzten Bindungsorte eines Proteins von der Ligandenkonzentration bei einfacher (**a**) und kooperativer Bindung (**b**)

Signifikante Bindungen von Liganden an Proteine zeichnen sich durch Assoziationskonstanten $K_{ass} = 10^6 - 10^{12}$ M^{-1} aus. Solche Bindungen werden nur erreicht, wenn zwischen Liganden und Proteinen viele schwache Wechselwirkungen auftreten. Proteinbindungsorte und Liganden müssen dann gut zueinander passen.

Unterschiedliche Liganden mit ähnlicher Struktur können an ein und denselben Proteinort binden. Die Liganden konkurrieren dann miteinander und behindern sich gegenseitig. Man spricht in solchen Fällen von **kompetitiver** Bindung und bezeichnet die Verdrängung eines Liganden durch den anderen als **kompetitive Inhibierung**. Proteinmoleküle können zwei oder mehrere Liganden auch an verschiedene Orte ihrer Struktur assoziieren. Solche Bindungen können unabhängig voneinander, d. h. **nichtkompetitiv**, sein. Die Liganden können sich in ihrer Bindung auch gegenseitig fördern oder behindern.

Multimere Proteine zeichnen sich oft durch **kooperative** Ligandenbindung aus. Die Affinität der Bindungsorte ist bei niedrigen Ligandenkonzentrationen gering und nimmt mit fortschreitender Belegung der Orte zu. Die Bindungskurve ist dann keine einfache Hyperbel, sondern S-förmig, man sagt auch „sigmoid" (Abb. 3.6, Kurve b). Im mittleren Bereich der Funktion bewirken geringe Änderungen der Ligandenkonzentration überproportionale Änderungen der Bindung. Ein kooperatives Bindungsverhalten tritt z. B. auf, wenn die Untereinheiten multimerer Proteine zwei verschiedene Konformationen einnehmen können, eine Konformation mit geringerer und eine Konformation mit höherer Ligandenaffinität. Die zwei Konformationen können bereits in Abwesenheit von Liganden vorliegen und miteinander im Gleichgewicht stehen. In Gegenwart eines Liganden, der vorzugsweise an die Konformation mit höherer Affinität bindet, verschiebt sich das Gleichgewicht in Richtung dieser Konformation, und das Protein erlangt insgesamt eine höhere Affinität für den Liganden. Ein Gleichgewicht zweier Konformationen kann auch erst durch Bindung eines Liganden an eine Untereinheit induziert werden. Der Ligand bewirkt dann bei Bindung an die erste Untereinheit in dieser und gleichzeitig auch in den anderen Untereinheiten eine Strukturänderung. In der veränderten Struktur haben alle Untereinheiten eine höhere Affinität für den Liganden und das Protein bindet die folgenden Moleküle fester.

Protein-Protein-Bindungen: die Bindungssspezifität von Antikörpern

In Zellen und Geweben finden Millionen verschiedener Protein-Protein-Wechselwirkungen statt. Ob es sich um eine einfache Assoziationen zweier Proteine handelt oder um Komplexbildungen unter Beteiligung von Hunderten Proteinen, jede Bindung ist mehr oder weniger einzigartig. Die Spezifität der Bindungen wird durch immer wieder andere Kombinationen und räumliche Anordnungen von Aminosäureresten in Proteinen gewährleistet. Folgende Assoziationsmuster treten häufiger auf:

- Zwei Proteine lagern sich mit begrenzten, komplementären Arealen ihrer Oberflächen aneinander.
- Eine oder mehrere Polypeptidschleifen eines Proteins binden an die Oberfläche eines anderen Proteins. Die Bindung von Schleifen wird oft durch chemische Modifizierungen der Schleifen, z. B. Phosphorylierungen, reguliert.
- Zwei Proteine mit einer α-Helix verdrehen ihre Helices zu einer Doppelhelix.

Wie vielseitig und variabel Protein-Protein-Wechselwirkungen sind, demonstriert anschaulich das Immunsystem. Von den verschiedenen Komponenten der Immunabwehr werden hier nur die **Antikörper aktivierter B-Lymphocyten** vorgestellt.

B-Lymphocyten (B-Zellen) lokalisieren Antikörper auf ihren Zelloberflächen und geben sie als lösliche Proteine in den Blutkreislauf ab. Sie werden durch körperfremde Substanzen zur Bildung von Antikörpern angeregt. Moleküle, die Lymphocyten stimulieren, nennt man **Antigene** und ihre antigen wirkenden Regionen **Epitope**. Antikörper binden Antigene und markieren sie für die Aufnahme in Makrophagen und andere Fresszellen. Sie inaktivieren auf diese Weise Pathogene, bakterielle Toxine und sonstige Fremdstoffe, die in den Körper gelangen.

Die Moleküle von Antikörpern betehen aus „schweren" und „leichten" Polypeptiden. Fünf verschiedene Antikörperklassen, die **Immunglobuline A, D, E, G** und **M**, unterscheiden sich in ihren schweren Polypeptidketten (*heavy chains*, H), die mit griechischen Buchstaben bezeichnet werden. IgA-Antikörper enthalten α-Ketten, IgD-Antikörper δ-Ketten, IgE-Antikörper ε-Ketten usw. Von den leichten Ketten (*light chains*, L) gibt es nur zwei Varianten, κ- und λ-Ketten. Die meisten der im Blut zirkulierenden Antikörper sind IgG-Antikörper mit zwei schweren μ-Ketten (M_r ca. 55 kDa) und zwei leichten κ- oder λ-Ketten (M_r ca. 25 kDa), die in Form eines „Y" angeordnet sind (Abb. 3.7). Schwere und leichte Polypeptide von IgG und anderen Antikörpern sind aus Domänen von ca. 110 Aminosäureresten zusammengesetzt, die eine charakteristische Supersekundärstruktur aufweisen. In der **Immunglobulinfaltung** sind zwei β-Faltblätter aus je drei bis fünf β-Strängen durch eine Disulfidbindung verbunden und wie ein Sandwich zusammengelegt.

3.3 Proteinfunktion I: Bindung von Liganden

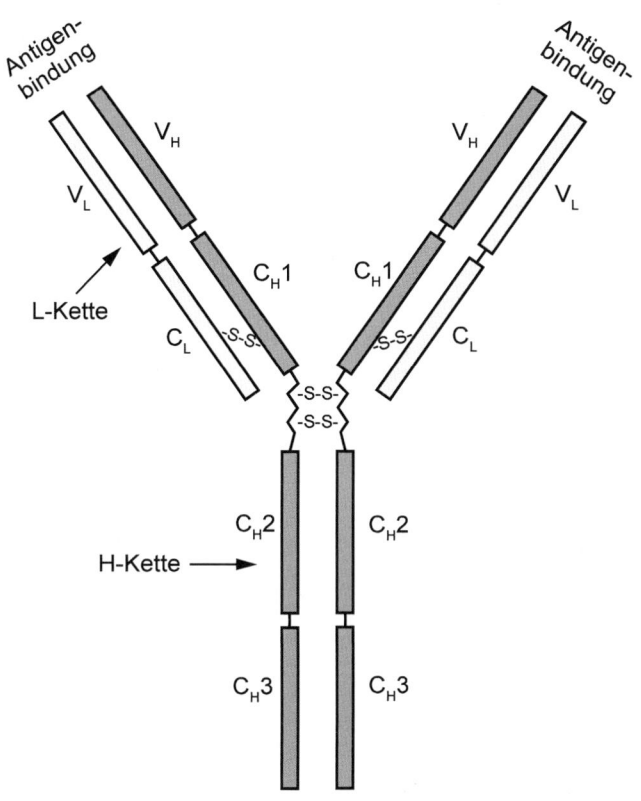

Abb. 3.7 Antikörpermoleküle der Klasse IgG bestehen aus zwei „schweren" und zwei „leichten" Polypeptidketten

Die schweren μ-Ketten von IgG weisen drei unveränderliche, **konstante** Domänen C_H1, C_H2 und C_H3 und eine **variable** Domäne V_H auf, während die leichten κ- oder λ-Ketten jeweils aus einer konstanten Domäne C_L und einer variablen Domäne V_L bestehen. Die konstanten Domänen befinden sich im C-terminalen Teil der Polypeptide und die variablen an den N-terminalen Enden. Aminosäuresequenzen der konstanten Domänen sind weitgehend unveränderlich. Die variablen Domänen variieren dagegen von Antikörper zu Antikörper, wobei die größten Variationen in Peptidschleifen zwischen den β-Faltblattsträngen der Immunglobulinstruktur auftreten. Die Schleifen bilden die eigentlichen Antigen-Bindungsorte. Jedes IgG-Molekül hat zwei identische Bindungsorte in Peptidschleifen der variablen Domänen ihrer H- und L-Ketten (Abb. 3.7).

Antikörper werden in einer außerordentlichen Vielfalt produziert. Ein Mensch kann bis zu einer Milliarde verschiedener Antikörper bilden und damit nahezu alle möglichen Fremdantigene abwehren. Die Gensequenzen für dieses riesige Repertoire sind in der DNA nicht *a priori* enthalten. Sie werden erst bei der Entwicklung von B-Lymphocyten aus DNA-Segmenten kombinatorisch zusammengefügt. Gene für schwere Ketten von Antikörpern werden z. B. aus vier verschiedenen DNA-Segmenten gebildet. Drei von ihnen, die Segmente V, D und J, liegen jeweils in mehreren Varianten vor, V-Segmente in ca. 40

Varianten, D-Segmente in 25 Varianten und J-Segmente in sechs Varianten. V-, D- und J-Segmente codieren für Abschnitte der variablen Domänen von schweren Antikörperketten. Dazu kommt jeweils eine codierende Sequenz für die konstante Region der Polypeptide.

DNA-Rekombinationen zur Bildung von Antikörpergenen verlaufen in jeder B-Zelle anders, und ein spezifischer Antikörper wird zunächst nur in einer B-Zelle oder in wenigen B-Zellen synthetisiert. Zu einem frühen Zeitpunkt der Entwicklung von B-Zellen werden D- und J-Segmente zusammengefügt. Im nächsten Schritt wird ein Segment V angelagert. Die vereinigten V-, D- und J-Segmente werden anschließend mit dem DNA-Abschnitt für die konstante Region der jeweiligen Antikörperklasse ligiert. Durch immer wieder neue Kombinationen von V-, D- und J-Segmenten können bis zu 6000 verschiedene Gene für schwere Antikörperketten gebildet werden. Gene für leichte Antikörperketten werden ebenfalls aus DNA-Segmenten zusammengesetzt, ihre Zahl beträgt ca. 320. Die Kombination von 6000 Genen für H-Ketten und 320 Genen für L-Ketten ergibt 1,9 Mio. verschiedene Antikörper. Eine weitere Diversifizierung der Gene entsteht durch Variation von Nucleotiden an den Nahtstellen der Vereinigung von DNA-Segmenten.

Naive, nichtstimulierte B-Zellen synthetisieren erst Antikörper der IgM- und dann der IgD-Klasse. Sie lokalisieren die Antikörper auf ihren Zellmembranen, sodass sie Antigene binden können. Wenn ein Antigen an membranständige Immunglobuline von B-Zellen bindet, werden die Zellen aktiviert. Sie vermehren sich und differenzieren. Aus einer B-Zelle werden viele Zellen, man sagt auch ein **Klon von Zellen**. Gleichzeitig finden weitere DNA-Rekombinationen und ein Wechsel der Antikörperklasse statt. Die aktivierten B-Zellen produzieren dann lösliche Antikörper der Klassen IgG, IgA oder IgE. Die Struktur der Bindungsorte von Antikörpern verschiedener Klassen eines Zellklons ist zunächst gleich. Im Verlauf der Vermehrung und Differenzierung von B-Zellen finden jedoch weitere Mutationen in Genabschnitten für variable Domänen der Antikörper statt. Diese sogenannten „somatischen Hypermutationen" führen zu Antikörpern mit höherer Affinität für das auslösende Antigen. Die Antikörper weisen dann Assoziationskonstanten von 10^{10}–10^{11} M^{-1} auf.

Wie kann man sich die Bindung zwischen einem antigenen Protein und einem Antikörper vorstellen? Das Epitop eines globulären Proteins, das eine Immunreaktion auslöst, umfasst in der Regel ca. zehn peripher gelegene Aminosäurereste. Die Zahl der Aminosäurereste im Antigenbindungsort eines Antikörpers ist vergleichbar, ca. fünf bis zehn Reste. Die funktionellen Gruppen des Bindungsortes können in Form einer Tasche, einer Rinne oder einer gewellten Oberfläche angeordnet sein. Ihre Lage „passt" zu der Lage funktioneller Gruppen im Antigenepitop, sodass viele Wechselwirkungen zwischen den Gruppen beider Partner stattfinden können. Die Struktur der Bindungsorte kann sich bei Annäherung eines Antigenmoleküls auch noch verändern und an das Bindungsareal des Partnermoleküls anpassen.

Die konstanten C-terminalen Regionen von IgG und anderen Antikörpern weisen ebenfalls Bindungseigenschaften auf. IgG-Antikörper binden mit ihrer konstanten Region an Rezeptoren von Makrophagen. Die Bindung leitet die Aufnahme von Antigen-Antikörper-Komplexen in die Fresszellen ein.

Bindungen zwischen Proteinen und Nucleinsäuren

DNA-Moleküle wären ohne Proteine, die ihre Informationen ablesen, nur eine Ansammlung von Polymeren, und auch RNA-Moleküle werden beginnend mit ihrer Synthese bis zu ihrem Abbau von Proteinen begleitet. Fast alle Interaktionen zwischen Proteinen und Nucleinsäuren beruhen wie Protein-Protein-Wechselwirkungen auf schwachen Bindungskräften. Sie sind außerordentlich spezifisch, d. h. ein gegebenes Protein bindet in signifikantem Maße nur an eine definierte Nucleotidfolge, die räumlich passend angeordnet und gegebenenfalls mit einer Modifikation versehen ist. Eine wichtige Rolle spielt die gleichzeitige Bindung mehrerer Proteine an benachbarte und auch weiter entfernt liegende Nucleotidabschnitte. Ein Beispiel der Wechselwirkung von Proteinen und Nucleinsäuren ist die Bindung von Transkriptionsfaktoren an regulierende DNA.

DNA-bindende Transkriptionsfaktoren enthalten eine **DNA-Bindungsdomäne**, mit der sie an DNA-Abschnitte von sechs bis 20 Nucleotidpaaren assoziieren. Chemische Gruppen der Domänen sind komplementär zu chemischen Gruppen doppelsträngiger DNA, vorrangig Gruppen der Basenpaare GC, CG, AT und TA, die sich in den Furchen doppelsträngiger DNA zwischen den Zucker-Phosphat-Ketten befinden. Jedes der vier Basenpaare exponiert andere Gruppen für Wechselwirkungen mit Transkriptionsfaktoren. Am wichtigsten sind Donor- und Akzeptorgruppen für H-Bindungen, wie -NH$_2$-, und -CO-Gruppen und N-Atome in Adenin- und Guaninbasen. Eine häufig auftretende Interaktion zwischen Proteinen und DNA ist z. B. eine H-Brücke der Guanidingruppe eines Argininrestes zu einem O- oder N-Atom einer Guaninbase in CG-Paaren.

DNA-Bindungsdomänen von Transkriptionsfaktoren weisen charakteristische Supersekundärstrukturen auf. Zu den häufigen Motiven zählen 1) **Helix-Turn-Helix** (*helix-turn-helix*, HTH), 2) **Helix-Schleife-Helix** (*helix-loop-helix*, HLH), 3) **Leucin-Reißverschluss** (*leucin zipper*) und 4) **Zink (Zn)-Finger** (*zinc finger*). Das **Helix-Turn-Helix-Motiv** besteht aus zwei α-Helices, die durch ein kurzes Peptidsegment in einem Winkel verbunden sind. Eine der zwei Helices, die „Erkennungshelix", bindet in der großen Furche der DNA, während die zweite quer darüber liegt und die Struktur stützt. DNA-Bindungsdomänen können auch zwei HTH-Motive enthalten, in denen sich die zwei Erkennungshelices exakt eine Ganghöhe der DNA-Doppelhelix voneinander entfernt befinden. Die zwei Motive binden dann in zwei aufeinanderfolgenden DNA-Furchen und gewährleisten so eine festere Bindung im Vergleich zu nur einem HTH-Motiv. In einem **Leucin-Reißverschluss** sind die α-Helices zweier assoziierter Monomere von einem Ende her zu einer Doppelwendel verdreht. Die anderen Enden sind getrennt. Die vereinigten Monomere bilden eine Y-Struktur, deren Gabelung an DNA bindet. In **Zn-Finger-Motiven** werden Sekundärstrukturelemente durch ein Zn-Atom zusammengehalten. Ein einfaches Motiv aus ca. 30 Aminosäuren weist eine α-Helix und einen β-Strang auf, deren Lage durch ein Zn-Ion stabilisiert wird. Die Motive binden mit den Seitengruppen ihrer α-Helix an chemische Gruppen in DNA-Furchen. Zwei bis fünf Seitenketten von Aminosäureresten der Helix haben unmittelbaren Kontakt mit drei bis vier Basenpaaren. In DNA-Bindungsdomänen sind oft mehrere Zn-Finger-Motive aneinander gereiht und binden an aufeinanderfolgende DNA-Abschnitte.

Wenn mehrere Trankriptionsfaktoren in engem Kontakt miteinander an DNA assoziieren, können sie ihre Lage an der DNA durch gegenseitige Wechselwirkungen zusätzlich stabilisieren. DNA-assoziierte Transkriptionsfaktoren können auch Proteine binden und an der DNA lokalisieren, die selbst nicht über DNA-Bindungsdomänen verfügen. Sie können schließlich mithilfe weiterer Proteine auch gleichzeitig zwei unterschiedliche Abschnitte der DNA fixieren und zusammenführen. Zwischen den gebundenen DNA-Abschnitten entsteht dann eine Schleife. Ein Beispiel sind aktive **Enhancer**, die durch Transkriptionsfaktoren in enger Nachbarschaft von Genpromotoren lokalisiert werden.

Mutationen der DNA können die Bindung von Transkriptionsfaktoren beeinträchtigen. Sie haben u. U. genauso schädliche Auswirkungen wie Mutationen in proteincodierenden Genen und können Fehlregulationen und Krankheiten verursachen.

3.4 Proteinfunktion II: Katalyse biochemischer Reaktionen durch Enzyme

In Zellen finden Tausende chemischer Reaktionen gleichzeitig statt, und alle reagierenden Substanzen und gebildeten Produkte sind auf engstem Raum zusammengedrängt. Man kann sich das so vorstellen: Aus einer Substanz A wird eine Substanz B, aus dieser eine Substanz C und daraus eine Substanz D und gleichzeitig eine Substanz E. Aus B werden auch L und M und aus D werden die Substanzen X, Y, und Z. Substanz A kann sich weiterhin auch mit einer Substanz M zu einer Substanz Q vereinigen, und Q zerfällt in H und K und so weiter. Nebenreaktionen, die bei jeder Reaktion auftreten, werden in Zellen weitgehend vermieden. Noch erstaunlicher sind die Reaktionen selbst. Viele von ihnen sind **nichtspontane** Prozesse, die nicht freiwillig ablaufen, weil sie zu Produkten mit höherer Energie als die Energie der Ausgangssubstanzen führen. Sie sind so wenig spontan und freiwillig wie die Rückverwandlung eines verrosteten Schiffwracks in glänzenden Stahl. Andere Reaktionen können spontan stattfinden, aber unter den in Zellen vorhandenen Bedingungen – d. h. in wässrigem Milieu, bei 37 °C und Atmosphärendruck – nicht schnell genug. Sterile, wässrige Lösungen von Glucose sind z. B. auch bei 37 °C weitgehend stabil. In Zellen wird Glucose dagegen schnell zu Kohlendioxid und Wasser oxidiert.

Die erstaunliche Chemie lebender Zellen beruht auf den Wirkungen biologischer Katalysatoren, der **Enzyme**. Wie alle Katalysatoren erhöhen Enzyme die Geschwindigkeit chemischer Reaktionen. Sie können dabei Abwandlungen erfahren, gehen schließlich aber unverändert aus den Prozessen hervor. Enzyme erfüllen in Zellen drei Funktionen:

1. Sie beschleunigen den Ablauf spontaner chemischer Reaktionen unter physiologischen Bedingungen.
2. Sie gewährleisten die Spezifität biochemischer Reaktionen.
3. Sie koppeln energieaufwendige mit energiefreisetzenden Reaktionen und ermöglichen auf diese Weise nichtspontane Prozesse.

3.4 Proteinfunktion II: Katalyse biochemischer Reaktionen durch Enzyme

Neben Proteinen treten auch RNA-Spezies als Katalysatoren chemischer Reaktionen auf. Die katalytischen RNAs bezeichnet mal als **Ribozyme**.

Die Klassifikation von Enzymen

Enzyme katalysieren nahezu alle biochemischen Prozesse, entsprechend viele gibt es von ihnen. Eine übersichtliche Einteilung ordnet Enzyme nach den von ihnen katalysierten Reaktionen. Dabei werden sechs Hauptklassen unterschieden, jede mit mehreren Unterklassen.

1. **Oxidoreduktasen** katalysieren Reaktionen, in denen Elektronen von einer Substanz auf eine andere übertragen werden. Substanzen, die Elektronen abgeben, werden oxidiert, und Substanzen, die Elektronen aufnehmen, reduziert (siehe Anhang 5.1). Die Oxidation einer Substanz kann z. B. durch Sauerstoff erfolgen. Sauerstoffatome werden an Substanzen angelagert und ziehen Elektronen auf sich. Elektronen können auch vollständig von Atomen und Atomgruppen auf Sauerstoff übergehen. In anderen Reaktionen geben Substanzen gleichzeitig ein Proton und ein Elektron ab. Ein Beispiel ist die Oxidation von Alkohol zu Acetaldehyd, die in der Leber durch das Enzym **Alkohol-Dehydrogenase** katalysiert wird.
2. **Transferasen** erleichtern den Wechsel funktioneller Gruppen von einer Substanz zu einer anderen. In Abhängigkeit von den übertragenen Gruppen, z. B. Glykosyl-, Phosphoryl-, Alkyl- oder Aldehydgruppen, werden neun Unterklassen von Transferasen unterschieden. Enzyme, die Phosphorylgruppen übertragen, heißen z. B. **Kinasen**.
3. **Hydrolasen** katalysieren Reaktionen, in denen chemische Bindungen mit Wassermolekülen gespalten werden. Von ihnen gibt es 13 Unterklassen, darunter **Peptidasen** und **Nucleasen**. Peptidasen spalten Peptidbindungen und Nucleasen Bindungen zwischen Nucleotiden in Nucleinsäuren. Eine spezifische Peptidase ist z. B. **neutrophile Kollagenase**. Das Enzym hydrolysiert fibrilläres Kollagen.
4. **Lyasen** katalysieren die Spaltung von Molekülen in Teile ohne direkte Beteiligung von Wassermolekülen. Zu den Lyasen gehören z. B. Decarboxylasen, die Kohlendioxid aus Carboxylgruppen von Molekülen freisetzen. In die Klasse der Lyasen werden auch **Synthasen** eingeordnet, die ohne Beteiligung von ATP zwei Moleküle zu einem verbinden.
5. **Isomerasen** beschleunigen die Umwandlung chemischer Isomere. Isomere sind Verbindungen mit gleicher Anzahl aber unterschiedlicher Anordnung gleichartiger Atome, wie z. B. Glucose-6-phosphat und Fructose-6-phosphat. Die Umwandlung von Glucose-6-phosphat in Fructose-6-phosphat wird durch das Enzym **Glucose-6-phosphat-Isomerase** katalysiert.
6. **Ligasen** katalysieren die Bildung komplexer Produkte aus weniger komplexen Ausgangssubstanzen. Am häufigsten werden zwei Moleküle zu einem verknüpft. Dabei werden u. a. Bindungen zwischen C- und O-Atomen, C- und N-Atomen oder C- und C-Atomen hergestellt. Alle Ligasereaktionen erfordern die gleichzeitige Spaltung von ATP oder einer anderen energiereichen Verbindung.

Enzymbezeichnungen enden generell mit dem Suffix „-ase". Die spezifischen Namen einzelner Enzyme werden nach international geltenden Regeln festgelegt und beschreiben sowohl die Zugehörigkeit des jeweiligen Enzyms zu einer der sechs Enzymklassen als auch die katalysierte Reaktion. Ein Enzym, das eine Phosphatgruppe von ATP auf Glucose überträgt, heißt z. B. „ATP:Glucosephosphotransferase". Neben international üblichen Bezeichnungen sind für viele Enzyme auch Trivialnamen in Gebrauch, die aus einer Zeit stammen, als nur wenige Enzyme bekannt waren. So wird ATP:Glucosephosphotransferase auch „Hexokinase" genannt.

Jedes Enzym ist neben seinem Namen zusätzlich durch eine Codenummer gekennzeichnet, die **EC-Nummer** *(enzyme commission number)*. Die EC-Nummer für ATP:Glucosephosphotransferase ist z. B. EC 2.7.1.1. Die erste Zahl steht für die Enzymklasse, in diesem Fall die Klasse der Transferasen, die zweite Zahl für die Unterklasse, hier Phosphotransferasen. Die dritte Zahl kennzeichnet die OH-Gruppe im Glucosemolekül, auf die die Phosphatgruppe übertragen wird, und die vierte Zahl ist ein Hinweis auf das Substrat Glucose.

Wie Enzyme chemische Reaktionen beschleunigen: die Selektivität von Enzymen

Substanzen werden in andere Substanzen umgewandelt, und Substanzen reagieren miteinander, wenn die entstehenden Produkte geringere Energie enthalten als die Ausgangssubstanzen. Das Lösen und Knüpfen chemischer Bindungen erfolgt nicht schlagartig, von einem Moment zum anderen, und nicht gleichzeitig in allen Molekülen. Um eine kovalente Bindung zu lösen oder eine neue zu knüpfen, muss zunächst Energie aufgewendet werden, auch wenn im Gesamtprozess Energie frei wird. Die Partneratome einer Bindung werden durch anziehende und abstoßende Kräfte in einem Abstand gehalten und führen in der Bindungsachse Schwingungen aus, d. h. sie nähern und entfernen sich periodisch. Für eine vollständige Trennung müssen die Atome weiter voneinander entfernt werden als in den willkürlichen Schwingungen. Ein **Übergangszustand** ist erreicht, wenn die zwei Atome so weit voneinander entfernt sind, dass sie mit gleicher Wahrscheinlichkeit wieder in den alten Zustand zurückkehren oder sich endgültig trennen. Auch wenn eine neue Bindung zwischen zwei Atomen gebildet wird, geht es über einen Übergangszustand, in dem sich die zwei Atome so weit nähern, dass sie aneinander binden können. Die Energie, die für den Übergangszustand einer Reaktion aufgebracht werden muss, nennt man **Aktivierungsenergie**. Moleküle erhalten Aktivierungsenergie in Zusammenstößen mit anderen Molekülen. Bei jedem Zusammenstoß werden durch die Bewegungsenergie der Moleküle vorhandene Bindungen gebeugt, gestreckt und verformt, und Atome werden aneinander gepresst. Die kinetische Energie der Moleküle ist unterschiedlich, und nur Stöße von Molekülen mit genügend hoher Bewegungsenergie führen zu Übergangszuständen. Moleküle mit geringer Bewegungsenergie prallen voneinander ab. Bei chemischen Reaktionen steigt die innere, potenzielle Energie reagierender Moleküle infolge von Zusammenstößen, bis

3.4 Proteinfunktion II: Katalyse biochemischer Reaktionen durch Enzyme

einzelne Moleküle die Aktivierungsenergie des Übergangszustands erreichen. Die Übergangszustände führen dann zu Produktmolekülen mit geringerer Energie als die Energie der Ausgangsmoleküle. Die Differenz des Energiegehalts von Produkten und Ausgangssubstanzen kann für energieverbrauchende Vorgänge genutzt werden. Sie wird alternativ als Wärme freigesetzt.

Jede chemische Reaktion hat ihre eigene, charakteristische Aktivierungsenergie. Je größer die Aktivierungsenergie, desto langsamer verlaufen Reaktionen und umgekehrt, je geringer die Aktivierungsenergie, desto schneller verlaufen sie. Bei gegebener Aktivierungsenergie ist die Geschwindigkeit einer Reaktion proportional den Konzentrationen der Ausgangssubstanzen, und sie steigt mit der Temperatur. Das ist verständlich: Bei hohen Substratkonzentrationen finden mehr Zusammenstöße statt als bei niedrigen, und es werden pro Zeitintervall mehr Produkte gebildet. Höhere Temperaturen verleihen Molekülen eine höhere Bewegungsenergie, und ein größerer Teil ihrer Zusammenstöße führt unmittelbar zu Übergangskomplexen.

Katalysatoren beschleunigen chemische Reaktionen durch **Senkung der Aktivierungsenergie**. Enzyme sind besonders wirksame Katalysatoren. Sie können die Aktivierungsenergie einer Reaktion so weit absenken, dass faktisch jeder Zusammenstoß zum Übergangszustand der Reaktion führt. Die Reaktionsgeschwindigkeit wird dann nur durch die Diffusion der Moleküle bestimmt.

Auf welche Weise verringern Enzyme die Aktivierungsenergie? Sie binden reagierende Moleküle und Reaktionszwischenstufen und begünstigen ihre Umwandlung in Produkte. Die Bindungs- und Reaktionsorte von Enzymen bezeichnet man als **aktive Zentren** (*active sites*) und Substanzen, die an Enzyme binden und von Enzymen umgewandelt werden, als **Substrate** (*substrates*). In der Enzymkatalyse wirken folgende Mechanismen:

1. Aktive Zentren binden Übergangszustände von Substraten meist stärker als Grundzustände. Bei der Bindung eines Substratmoleküls werden nicht gleich alle möglichen Wechselwirkungen zwischen Enzym und Substrat wirksam. Vielmehr wird eine optimale Bindung erst erreicht, wenn sich die Struktur des Substratmoleküls dem Übergangszustand angenähert hat. Enzyme verzerren gewissermaßen die Grundstruktur von Substraten. Sie ziehen Substrate in die Übergangsstruktur und erleichtern dadurch den Reaktionsverlauf. Die Enzyme selbst können bei den Anpassungen ebenfalls Strukturveränderungen erfahren. Die Änderungen sind aber reversibel, und die Enzyme kehren nach Freisetzung der Produkte wieder in ihre Ausgangskonformation zurück.
2. Funktionelle Gruppen aktiver Zentren unterstützen die Trennung chemischer Bindungen oder – alternativ – die Entstehung neuer Bindungen durch Übertragung von Ladungen. Übergangsstrukturen erfordern oft positive oder negative Ladungen. Eine positive Ladung kann z. B. in Form eines Protons aus dem aktiven Zentrum eines Enzyms auf das Substrat übertragen werden. In umgekehrter Richtung kann ein Enzymmolekül ein Proton von einem Substratmolekül vorübergehend aufnehmen. Zwischen Enzymen und Substraten können auch transiente kovalente Bindungen ausgebildet und funktionelle Gruppen transferiert werden. In allen Fällen verlaufen die Reaktionen

in Gegenwart von Enzymen auf energetisch günstigen Reaktionswegen mit geringer Aktivierungsenergie.
3. Wenn zwei oder mehrere Substrate miteinander reagieren, ist ihre benachbarte Lokalisation und optimale Anordnung im aktiven Zentrum von Enzymen ein wesentlicher Faktor der Beschleunigung ihrer Reaktion. Durch günstige Positionierung von Substratmolekülen auf der Enzymoberfläche kann die Geschwindigkeit von Reaktionen um viele Größenordnungen gesteigert werden.
4. Viele Enzyme enthalten in ihren aktiven Zentren Metallionen, wie z. B. Eisen-, Magnesium- und Zinkionen, oder organische Verbindungen als **Cofaktoren**. Positiv geladene Metallionen stabilisieren Übergangszustände mit negativen Ladungen. Sie begünstigen durch Aufnahme oder Abgabe von Elektronen den Verlauf von Oxidations- und Reduktionsreaktionen. Organische Cofaktoren, darunter viele Vitamine, dienen als Überträger chemischer Gruppen zwischen Substraten. Aminogruppen werden z. B. vorzugsweise von Enzymen mit dem Cofaktor **Pyridoxalphosphat** übertragen und Carboxylgrupppen von Enzymen mit dem Cofaktor **Biotin**. Manche Cofaktoren assoziieren nur reversibel an Enzyme. Andere sind über kovalente Bindungen fest an Enzyme gekoppelt. In diesem Fall spricht man von **prosthetischen Gruppen**.

Enzyme wirken außerordentlich selektiv. Ein Enzym katalysiert in der Regel nur eine spezifische Reaktion eines Substrats oder einer kleinen Gruppe verwandter Substrate. Die Selektivität ergibt sich aus der spezifischen Bindung von Substraten und Übergangskomplexen. Nur komplementäre Moleküle werden genügend fest an aktive Zentren von Enzymen angelagert. Moleküle, deren Struktur und Ladung von optimalen Substraten abweichen, werden nicht in gleicher Weise gebunden, und ihre Übergangskomplexe werden nicht durch funktionelle Enzymgruppen stabilisiert.

Mehrere aufeinanderfolgende Reaktionen, in denen aus einem Substrat zunächst ein erstes Produkt, aus diesem dann ein zweites Produkt, aus diesem ein drittes Produkt usw. entstehen, werden oft durch Komplexe aus mehreren Enzymen katalysiert. In den Komplexen wird das Produkt der ersten Reaktion direkt vom aktiven Zentrum des katalysierenden Enzyms auf das aktive Zentrum des Enzyms der nächsten Reaktion übertragen. Die Gesamtreaktion verläuft dadurch schneller, und Nebenreaktionen werden weitgehend vermieden.

Die Kopplung energieaufwendiger und energiefreisetzender Reaktionen durch Enzyme

Chemische Reaktionen verlaufen bis zu einem Gleichgewichtszustand, in dem die Geschwindigkeit der Bildung von Produkten gleich der Geschwindigkeit des Zerfalls der Produkte in die Ausgangssubstanzen ist. In welche Richtung Reaktionen freiwillig verlaufen, hängt von der **inneren Energie** und dem **Ordnungszustand** der Produkte im Vergleich zu den Ausgangssubstanzen ab. Die innere Energie einer Substanz ist die Bewegungsenergie ihrer

Moleküle und die Energie, die sich aus der Zusammensetzung, der relativen Lage und den Ladungen der Atome in den Molekülen ergibt. Der molekulare Ordnungszustand hängt von der Zahl, Art, Anordnung und Information der Moleküle ab. Die Ordnung nimmt zu, wenn Produktmoleküle mit mehr Information als die Ausgangsmoleküle gebildet werden, z. B. Proteine einer definierten Sequenz aus einzelnen Aminosäuren. Die molekulare Ordnung nimmt ab, wenn aus einem Ausgangsmolekül zwei oder mehr Produktmoleküle entstehen, wenn eine feste Substanz in eine Flüssigkeit oder ein Gas übergeht und wenn Wärme ungerichtet an die Umgebung abgegeben wird. Reaktionen, in denen Produkte mit geringerer Energie und niedrigerem Ordnungszustand als die Ausgangssubstanzen entstehen, laufen spontan ab. Bei ihnen ist das Gleichgewicht zwischen Bildung und Zerfall von Produkten weitgehend in Richtung der Produktbildung verschoben. Dagegen werden Produkte mit höherer Energie und höherem Ordnungsgrad nicht spontan aus Ausgangssubstanzen mit niedriger Energie und geringer Ordnung gebildet.

Energieumwandlungen werden am besten durch die thermodynamische Funktion „G", die sogenannte **freie Gibbs-Energie** oder **freie Enthalpie** (*enthalpein*, griech. „sich erwärmen") beschrieben. Die Veränderung der Funktion bei einer chemischen Reaktion, ΔG, berücksichtigt sowohl Änderungen der inneren Energie von Molekülen, d. h. die Art und Anzahl von Bindungen, die in der Reaktion getrennt und neu gebildet werden, als auch die dabei auftretende Änderungen des Ordungszustands des Systems. Die Differenz der freien Energie von Produkten und Ausgangssubstanzen, ΔG, die experimentell bestimmt und berechnet werden kann, gibt eine eindeutige Aussage über die Spontanität von Reaktionen: In freiwilligen Reaktionen nimmt die freie Energie ab, ΔG ist negativ. In nichtfreiwilligen Reaktionen nimmt sie zu, ΔG ist positiv. Im Gleichgewicht ist $\Delta G = 0$. Jede Reaktion, bei der ΔG einen negativen Wert hat, kann nutzbare Energie liefern, wobei das Maximum der nutzbaren Energie dem absoluten Wert von ΔG entspricht.

Die freie Energie ist eine Zustandsgröße. Sie hängt nur von dem Zustand eines Systems ab und nicht von dem Weg, auf dem das System in den Zustand gelangt ist. Daraus ergibt sich, dass die Gesamtänderung der freien Energie von zwei oder mehr aufeinanderfolgenden Reaktionen gleich der Summe der Änderungen der freien Energie der Einzelreaktionen ist. Die Energiefunktion G sagt nichts über die Geschwindigkeit chemischer Reaktionen aus. Sie charakterisiert nur die Energieverhältnisse von Produkten und Ausgangssubstanzen, die darüber entscheiden, ob eine Reaktion spontan stattfinden kann oder nicht. Die Geschwindigkeit von Reaktionen wird – wie weiter oben beschrieben – durch die jeweilige Aktivierungsenergie bestimmt. Spontane, freiwillig ablaufende Reaktionen können eine so hohe Aktivierungsenergie haben, dass in Tagen und Wochen keine messbaren Umsetzungen stattfinden.

In biologischen Systemen laufen viele **nichtspontane** Reaktionen ab. Wie kommen diese Reaktionen zustande?

Nichtspontane, „unfreiwillige" Prozesse sind nicht generell ausgeschlossen. Sie können in Gang gesetzt werden, wenn ihnen Energie zugeführt wird.

In Zellen werden energiefreisetzende und energieverbrauchende Reaktionen durch Enzyme gekoppelt. Ein Beispiel ist die Synthese von Peptiden. Schon die Verbindung zweier

Aminosäuren zu einem Dipeptid ist keine freiwillige Reaktion. Sie erfordert Energie. Die nichtspontane Reaktion kann bei gleichzeitiger Hydrolyse der energiereichen Verbindung Adenosintriphosphat (ATP) stattfinden. Dazu müssen die zwei Reaktionen allerdings direkt miteinander verbunden sein. Wenn sie nicht unmittelbar gekoppelt sind, wird die Energie der spontanen Hydrolyse von ATP nur als Wärme an die Umgebung abgegeben. Die Kopplung der zwei Reaktionen durch ein Enzym kann auf folgende Weise erfolgen: Ein Teil des ATP-Moleküls, die Adenylatgruppe, wird mit einer energiereichen, reaktionsfähigen Bindung auf ein Aminosäuremolekül übertragen. Die Aminosäure wird dadurch mit Energie „aufgeladen". Sie wird „aktiviert" und kann in dieser Form eine spontane Reaktion mit einer zweiten Aminosäure unter Bildung eines Dipeptids eingehen und gleichzeitig die Adenylatgruppe wieder abgeben. Polypeptidsynthesen an Ribosomen verlaufen tatsächlich über die Aktivierung von Aminosäuren durch Übertragung von Adenylatgruppen. Die Reaktion ist der erste Schritt der Fixierung von Aminosäuren an t-RNA durch t-RNA-Synthasen. Im zweiten Schritt wird die Aminosäure in „aktiver" Form, d. h. mit einer reaktiven Bindung, an die passende tRNA gekoppelt. Die Verbindung der aktivierten Aminosäure mit einer Polypeptidkette erfolgt dann am Ribosom (siehe Abschn. 2.3).

Die Bildung von Peptidbindungen zwischen Aminosäuren in Proteinen erfordert allerdings weit mehr Energie als die Synthese eines einfachen Dipeptids. Bei der Proteinsynthese werden Aminosäuren nicht nur schlechthin miteinander verknüpft, sondern gleichzeitig selektiv ausgewählt. In jede Position einer Polypeptidkette wird nach vorgegebener Codierung eine spezifische Aminosäure von 20 verschiedenen eingefügt. Die vollständige Aminosäuresequenz enthält dann die Information für die Struktur und Funktion des jeweiligen Proteins. Um eine spezifische Aminosäure an eine Polypeptidkette anzufügen, muss mehr als das Vierfache der Energie einer Dipeptidsynthese aufgewendet werden. Bei der ribosomalen Proteinsynthese wird die Energie durch die Spaltung von ATP-Molekülen und Molekülen eines weiteren energiereichen Nucleotids, Guanosintriphosphat (GTP), gewonnen.

Wie die Proteinsynthese erfordert auch die Synthese von Nucleinsäuren und vieler weiterer Verbindungen Energie. Die nichtspontanen Reaktionen werden alle durch Enzyme katalysiert, die sie mit energieliefernden Reaktionen der Hydrolyse von ATP und anderer energiereicher Verbindungen koppeln. Die energiereichen Verbindungen werden ständig durch die Oxidation von Nahrungsstoffen nachgeliefert (siehe Abschn. 3.5).

Die Geschwindigkeit enzymatischer Reaktionen und ihre Regulation

Enzymatische Reaktionen verlaufen bei gegebenen Konzentrationen von Enzymen und Substraten umso schneller, je mehr Enzym-Substrat-Komplex gebildet wird. Im einfachsten Fall der Umwandlung eines Substrats **S** in ein Produkt **P** durch ein Enzym **E** finden folgende Reaktionen statt: 1) Das Enyzm bindet das Substrat in einen Enzym-Substrat-Komplex **ES**, 2) Der Komplex dissoziiert wieder in die Ausgangskomponenten **E** und **S**, oder 3) der Komplex wird in einen Enzym-Produkt-Komplex umgewandelt, der unter

3.4 Proteinfunktion II: Katalyse biochemischer Reaktionen durch Enzyme

Freisetzung von Enzym und Produkt zerfällt. Die Geschwindigkeitskonstanten der drei Reaktionen werden gewöhnlich mit k_1, k_{-1} und k_{kat} bezeichnet, der gesamte Prozess wird durch folgende Gleichung dargestellt.

$$E + S \underset{k_{-1}}{\overset{k_1}{\rightleftharpoons}} ES \overset{k_{kat}}{\longrightarrow} E + P$$

Enzym-Substrat-Komplexe **ES** werden in der Regel schnell gebildet. Ihr Zerfall in Produkte verläuft langsamer. Die Konzentration von **ES** steigt deshalb bei Beginn der Reaktion an, bis der Zustand eines Fließgleichgewichts (*steady-state*) erreicht ist, bei dem die Geschwindigkeiten der Bildung und des Zerfalls von Komplex **ES** gleich sind.

$$k_1 \cdot [E] \cdot [S] = k_{-1} \cdot [ES] + k_{kat} \cdot [ES]$$

Die Anfangsgeschwindigkeit der Produktbildung ist proportional der Konzentration von **ES**:

$$v_0 = k_{kat} \cdot [ES]$$

Wenn [ES] aus der Gleichung des Fließgleichgewichts durch [E] und [S] ersetzt und die Summe von [E] und [ES] als Gesamt-Enzymkonzentration $[E]_{Gesamt}$ ausgedrückt wird, ergibt sich:

$$v_0 = k_{kat} \cdot [E]_{Gesamt} \cdot [S] / \left(\left(k_{kat} + k_{-1} \right) / k_1 + [S] \right) = k_{kat} \cdot [E]_{Gesamt} \cdot [S] / (K_m + [S])$$

Die Geschwindigkeitsgleichung ist nach Leonor Michaelis und Maud Menton, die sie erstmals abgeleitet haben, als **Michaelis-Menten-Gleichung** bekannt. Ihre Konstanten k_{kat} und $K_m = (k_{kat} + k_{-1})/k_1$ werden als **katalytische Konstante** und **Michaelis-Menten-Konstante** bezeichnet.

Die Abhängigkeit der Geschwindigkeit v_0 von der Substratkonzentration [S] ist wie die Ligandenbindungsfunktion (siehe Abb. 3.6a) eine Hyperbel (Abb. 3.8). Bei niedrigen Substratkonzentrationen, wenn [S] viel kleiner als K_m ist, gilt:

$$v_0 = k_{kat} / K_m \cdot [E]_{Gesamt} \cdot [S]$$

Die Geschwindigkeit ist unter diesen Bedingungen den Konzentrationen von Enzym und Substrat direkt proportional, und das Konstantenverhältnis k_{kat}/K_m kann leicht ermittelt werden. Es eignet sich für den Vergleich der Effektivität von Enzymen. Die schnellsten Reaktionen, die nur durch die Diffusion der Substratmoleküle limitiert sind, erreichen Werte von $k_{kat}/K_m = 10^8 - 10^9 \, M^{-1} \cdot s^{-1}$. Die meisten Enzymreaktionen verlaufen langsamer.

Abb. 3.8 Abhängigkeit der Anfangsgeschwindigkeit einer Enzymreaktion v_0 von der Substratkonzentration **S** (Michaelis-Menten-Gleichung)

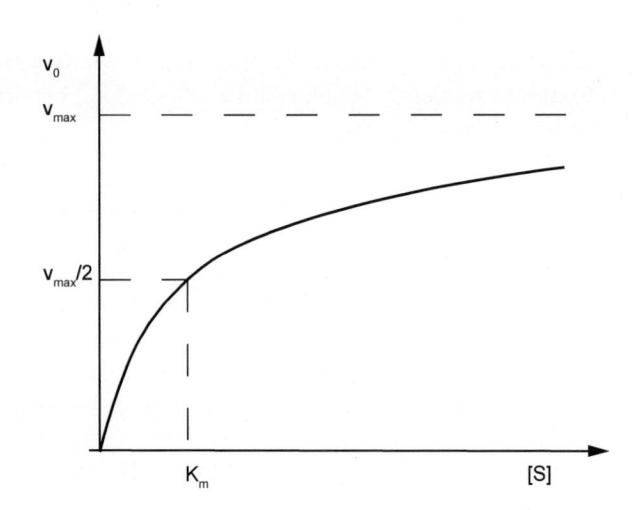

Bei hohen Substratkonzentrationen werden alle vorhandenen Enzymmoleküle mit Substrat besetzt, und der Substratumsatz ist maximal. Unter diesen Bedingungen, wenn die Substratkonzentration weit größer als die Michaelis-Menten-Konstante ist, hängt die Geschwindigkeit nur von der Enzymkonzentration ab:

$$v_{max} = k_{kat} \cdot [E]_{Gesamt}$$

Aus der Gleichung folgt, dass die Konstante k_{kat} gleich der Zahl von Substratmolekülen ist, die bei Substratsättigung von einem Enzymmolekül pro Zeiteinheit in Produkte umgewandelt werden.

Halbmaximale Geschwindigkeiten von Enzymreaktionen werden erreicht, wenn die Substratkonzentration gleich dem K_m-Wert ist, $[S] = K_m$. Tatsächlich liegen die Konzentrationen von Substraten in Zellen oft in der gleichen Größenordnung wie die K_m-Werte der Enzymreaktionen, in denen die Substrate umgesetzt werden.

Enzymatische Reaktionen sind nicht nur von der Temperatur, dem pH-Wert und der Ionenstärke des zellulären Milieus abhängig. Sie werden zusätzlich auf vielfache Weise reguliert. Eine Ebene der Regulation betrifft die Konzentration der Enzyme, die von den Prozessen ihrer Synthese, ihres Transports und ihres Abbaus abhängig ist. Weitere Regulationen erfolgen durch 1) allosterische Effektoren, 2) kovalente Modifizierungen von Enzymen und 3) Aktivator- und Inhibitorproteine.

1. Niedermolekulare Liganden, die an Enzyme assoziieren, fördern oder behindern die Bindung und Reaktion von Substraten. Dabei können kompetitive, nichtkompetitive und kooperative Wechselwirkungen auftreten. Aufeinanderfolgende Reaktionen, in denen aus Substraten in mehreren Stufen Endprodukte entstehen, werden oft durch Rückkopplung (*feedback*) gesteuert. Das Enzym, das den ersten Schritt einer Reaktionsfolge katalysiert, wird von dem Endprodukt der Folge gehemmt. Bei ausreichend hoher

Konzentration des Endprodukts wird dann die gesamte Reaktionskette verlangsamt oder vollständig ausgeschaltet.

Nicht nur körpereigene Substanzen, auch viele Arzneimittel wirken auf Enzyme. Aspirin und Ibuprofen unterdrücken z. B. die Aktivität von Cyclooxygenaseenzymen, die erste Schritte der Synthese von Prostaglandinen katalysieren. Die Inhibitoren mindern dadurch Entzündungsreaktionen und Schmerzen. Statine hemmen ein Synthaseenzym am Anfang der Cholesterinsynthese, und Oseltamivir (Markenname Tamiflu®) hemmt die Neuraminidase von Influenzaviren.

2. Kovalente Modifizierungen von Enzymen werden, wie Modifizierungen anderer Proteine, durch spezifische Enzyme katalysiert. Von den über 50 Modifizierungsreaktionen werden hier als Beispiele nur die Phosphorylierung und die proteolytische Spaltung angeführt.

Bei der Phosphorylierung wird durch **Proteinkinasen** eine Phosphorylgruppe von ATP auf Serin-, Threonin- oder Tyrosinreste in Enzymen übertragen. Die negativen Ladungen der räumlich großen Phosphorylgruppe stoßen in der Umgebung befindliche negative Ladungen ab und ziehen positive an. Sauerstoffatome der Gruppen können sich auch an H-Brücken mit geeigneten Donorgruppen in Enzymen beteiligen. Die Wechselwirkungen verändern die dreidimensionale Struktur und die Aktivität von Enzymen. An enzymgekoppelte Phosphorylgruppen können darüber hinaus zusätzliche Regulatorproteine binden und Einfluss auf die Katalyse von Reaktionen nehmen.

Einzelne Enzyme werden durch mehrere Kinasen modifiziert. Das Enzym Glykogen-Synthase, das die Synthese von Glykogen aus Uridindiphosphat-Glucose katalysiert, wird z. B. an neun Positionen durch neun verschiedene Proteinkinasen phosphoryliert. Jede Kinase hat ihre eigene Spezifität und unterliegt selbst auch vielfachen Regulationen. Die verschiedenen Phosphorylierungen wirken sich unterschiedlich auf die Aktivität von Glykogen-Synthase aus.

Proteinphosphorylierungen sind reversibel. An Enzyme gekoppelte Phosphorylgruppen werden durch **Phosphoprotein-Phosphatasen** wieder entfernt.

Modifizierungen durch **Proteasen** sind dagegen irreversibel. Proteasen aktivieren oft inaktive Vorstufen von Enzymen durch Abspaltung eines Peptidfragments und verändern die Aktivität von Enzymen durch selektive Hydrolyse einer oder weniger Peptidbindungen. Ein vollständiger Abbau von Enzymen erfolgt wie bei anderen Proteinen in Proteasomen.

3. Eine große Zahl von Enzymen wird durch Aktivator- und/oder Inhibitorproteine kontrolliert. **Cyclinabhängige Proteinkinasen**, die den Zellzyklus steuern, sind z. B. in Abwesenheit von Cyclinproteinen inaktiv. Sie werden erst nach Assoziation mit Cyclinen aktiv. Als Gegenregulatoren treten mehrere Inhibitorproteine auf, die die Aktivität von cyclinabhängigen Proteinkinasen begrenzen (siehe Abschn. 4.2). Ein anderes Beispiel der Regulation von Enzymen durch Inhibitorproteine ist die Hemmung von Proteasen. Von den ca. 500 proteolytischen Enzymen des Menschen werden die meisten durch spezifische Inhibitorproteine kontrolliert. Die Inhibitoren justieren die Aktivität der Proteasen und begrenzen die Dauer und die Lokalisation ihrer Wirkung.

3.5 Proteinfunktion III: Energieumwandlungen und Bewegungen

In lebenden Zellen finden nicht nur chemische Reaktionen statt. Es werden auch mechanische Bewegungen ausgeführt, Ionen und Moleküle transportiert und elektrische Potenziale erzeugt. Die molekularen Akteure dieser Leistungen sind ebenfalls Proteine. Proteine wandeln chemische Energie in mechanische, osmotische oder elektrische Energie um. Sie nutzen die Energie elektrochemischer Gradienten für die Erzeugung chemischer Energie. Die folgenden Darstellungen geben einen Überblick über energiereiche Verbindungen in Zellen und beschreiben drei Beispiele von Energieumwandlungen: 1) Die Synthese von ATP, 2) Ionentransporte durch Membranen und 3) Bewegungen von Motorproteinen.

Der Energiehaushalt von Zellen im Überblick

Alle Zellen benötigen Energie für die Synthese und die Aufrechterhaltung ihrer Komponenten, die Speicherung von Informationen, für Teilungen, Ortsveränderungen, Kontraktionen und Signalübertragungen. Energie entsteht nicht neu. Sie kann nur übertragen und ihre verschiedenen Formen – elektrische, chemische, mechanische und osmotische – können ineinander umgewandelt werden. Die Energie der Zellen stammt aus Kohlenhydraten, Eiweißen, Fetten und Nucleinsäuren, die mit der Nahrung aufgenommen werden. Der Energiegehalt der Nahrungsstoffe wiederum geht direkt oder indirekt auf die Strahlungsenergie der Sonne zurück, die in thermonuclearen Fusionen frei wird. Photosynthetische Zellen von Pflanzen und niederen Organismen absorbieren Sonnenlicht. Sie wandeln mit Lichtenergie Kohlendioxyd (CO_2) in Glucose ($C_6H_{12}O_6$), Stärke und andere Kohlenhydrate um und setzen dabei gleichzeitig Sauerstoff (O_2) aus Wassermolekülen frei.

$$\text{Lichtenergie} + 6\,CO_2 + 6\,H_2O \rightarrow C_6H_{12}O_6 + 6\,O_2 + \text{Wärmeenergie}$$

Aus den Kohlenhydraten werden Fette synthetisiert und wenn Stickstoffverbindungen dazu kommen auch Nucleotide und Nucleinsäuren sowie Aminosäuren und Proteine. Die Kohlenhydrate und anderen organischen Verbindungen werden in pflanzlichen und tierischen Zellen unter Beteiligung von Sauerstoff wieder zu Kohlendioxid umgesetzt. In diesen Prozessen wird Energie frei.

$$C_6H_{12}O_6 + 6\,O_2 \rightarrow 6\,CO_2 + 6\,H_2O + \text{Energie}$$

Kohlendioxid ist eine energiearme und reaktionsträge Verbindung. Es bedarf viel Lichtenergie, um aus Kohlendioxid Glucose zu synthetisieren. Glucosemoleküle sind dagegen energiereich. Sie enthalten viele Wasserstoffatome, die bei Oxidation von Glucose als Protonen und Elektronen abgespalten und zu molekularem Sauerstoff geleitet werden. Aus molekularem Sauerstoff, Protonen und Elektronen entsteht Wasser.

3.5 Proteinfunktion III: Energieumwandlungen und Bewegungen

Die Umwandlung von Glucose in Kohlendioxid und Wasser findet in Zellen nicht in *einer* Reaktion statt, wie die obige Gleichung suggeriert, sondern in vielen aufeinanderfolgenden Reaktionen. Glucose wird sukzessiv in Substanzen mit immer geringerem Energiegehalt überführt, und gleichzeitig wird in einzelnen Stufen des Prozesses Energie in Form von Protonen, Elektronen und chemischen Gruppen auf wenige unikale Verbindungen übertragen. Der überwiegende Teil der Energie wird schließlich in der Substanz **Adenosintriphosphat (ATP)** angelegt, einer Art Energiewährung, mit der Energieaufwendungen in Zellen beglichen werden.

Übertragungen von Elektronen und Protonen finden in vielen chemischen Reaktionen statt. Oxidoreduktaseenzyme ziehen einzelne Elektronen, Elektronenpaare und Protonen von Glucose und Glucosemetaboliten ab und übergeben sie an **Elektronenträger** (*electron carriers*), die leicht Elektronen aufnehmen und wieder abgeben. Vier organische Verbindungen, **Nicotinamidadenindinucleotid (NAD), Nicotinamidadenindinucleotidphosphat (NADP), Flavinmononucleotid (FMN)** und **Flavinadenindinucleotid (FAD)**, empfangen Elektronen von über 100 verschiedenen Substraten. Die ersten beiden Verbindungen, NAD und NADP, liegen in Zellen überwiegend in freier Form vor und diffundieren von einem Oxidoreduktaseenzym zum anderen. Sie übernehmen von Substraten ein Proton und zwei Elektronen. Die anderen beiden Träger, FMN und FAD, sind fest an wenige Enzyme fixiert und übernehmen von Substraten ein oder zwei Wasserstoffatome, d. h. ein Proton und ein Elektron oder zwei Protonen und zwei Elektronen. Der Elektronentransfer zu NAD verläuft z. B. in folgender Weise: Eine substratspezifische NAD-abhängige Oxidoreduktase spaltet von einem Substrat zwei Wasserstoffatome, d. h. zwei Protonen und zwei Elektronen, ab. Von den zwei Protonen wird ein Proton in das Medium freigesetzt und das zweite Proton zusammen mit beiden Elektronen auf NAD übertragen. Aus NAD entsteht NADH (Abb. 3.9). Das aufgenomene Elektronenpaar verleiht NADH im Vergleich zu NAD eine höhere Energie. Die Reduktion von NAD zu NADH findet deshalb nur statt, wenn sie an die Oxidation eines energiereichen Substrats gekoppelt ist. Von NADH können die Elektronen dagegen in freiwilligen Prozessen an andere Elektronenträger übergeben werden, wobei wieder NAD entsteht. Bevorzugter Partner der Elektronenübergabe von NADH ist die **Elektronentransportkette** (*electron transport chain*) der inneren Mitochondrienmembranen.

Die Elektronentransportkette, auch **Atmungskette** (*respiratory chain*) genannt, besteht aus vier membrangebundenen Proteinkomplexen, den **Komplexen I, II, III und IV**, mit 13 fixierten Elektronenträgern und zusätzlich zwei beweglichen Elektronenträgern, **Ubichinon** (Coenzym Q) in den inneren Membranen und **Cytochrom *c*** im Raum zwischen inneren und äußeren Mitochondrienmembranen (Abb. 3.10). Komplex I ist eine NADH-Dehydrogenase. Die genaue Bezeichnung nach der Enzymnomenklatur ist NADH:Ubichinon-Oxidoreduktase. Es handelt sich um ein sehr großes Enzym aus 42 Polypeptiden, das von NADH-Molekülen jeweils zwei Elektronen und ein Proton auf Ubichinon überträgt. Komplex II übergibt Elektronen von dem Substrat Succinat auf das Trägermolekül FAD und von hier ebenfalls auf Ubichinon. Reduziertes Ubichinon diffundiert in Mitochondrienmembranen zu Komplex III, der Elektronen von Ubichinon zu Cytochom *c* leitet.

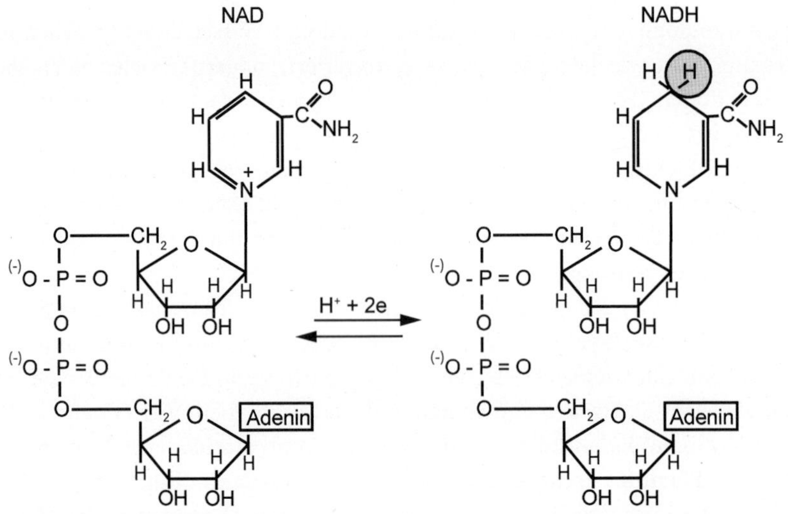

Abb. 3.9 Oxidierte (NAD) und reduzierte Form (NADH) des Elektronenträgermoleküls Nicotinsäureamidadenindinucleotid

Komplex IV ist eine Cytochromoxidase und katalysiert die finale Reaktion der Kette, die Elektronenübergabe von Cytochrom *c* an Sauerstoff unter Bildung von Wasser.

In dem Maße, wie die Elektronen entlang der Kette von einem Träger zum nächsten gelangen, verlieren sie Energie. An drei Stellen des Elektronentransports wird ein Teil der frei werdenden Energie für den Transport von Protonen aus der Mitochondrienmatrix in den Raum zwischen inneren und äußeren Mitochondrienmembranen verwendet. Der Komplex I transportiert bei Übergabe jedes Elektronenpaares von NADH an Ubichinon vier Protonen aus der Matrix. Komplex III pumpt ebenfalls vier Protonen mit jedem weitergeleiteten Elektronenpaar. Komplex IV fixiert pro Elektronenpaar, das an Sauerstoff übergeben wird, zwei Protonen in Wassermolekülen und transportiert zwei weitere Protonen aus der Matrix. Insgesamt werden mit jedem Paar Elektronen, das von NADH an molekularen Sauerstoff übergeben wird, zehn Protonen in den intramembranalen Raum der Mitochondrien befördert. Elektronenpaare, die von Komplex II, genauer von $FADH_2$ in Komplex II, zu Sauerstoff transferiert werden, leisten einen geringeren Beitrag zu dem Protonengradienten. Je Elektronenpaar werden sechs Protonen transportiert.

Der Protonentransport erhöht die Konzentration von Protonen an der Außenseite der inneren Mitochondrienmembran im Verhältnis zur Innenseite. Gleichzeitig ändert sich auch die Verteilung von Ladungen an der Membran. Die Matrixseite (N-Seite) erhält ein negatives Potenzial und die periphere Seite (P-Seite) mit dem Protonenüberschuss ein positives Potenzial. Beide Gradienten, der Protonengradient und der Potenzialgradient, werden zusammen als **elektrochemischer Protonengradient** (*electrochemical proton gradient*) bezeichnet. Der Gradient dient für die Synthese der energiereichen Verbindung **Adenosintriphosphat (ATP)** (siehe unten „ATP-Synthase"). So weit zur Energieübertragung durch Elektronen.

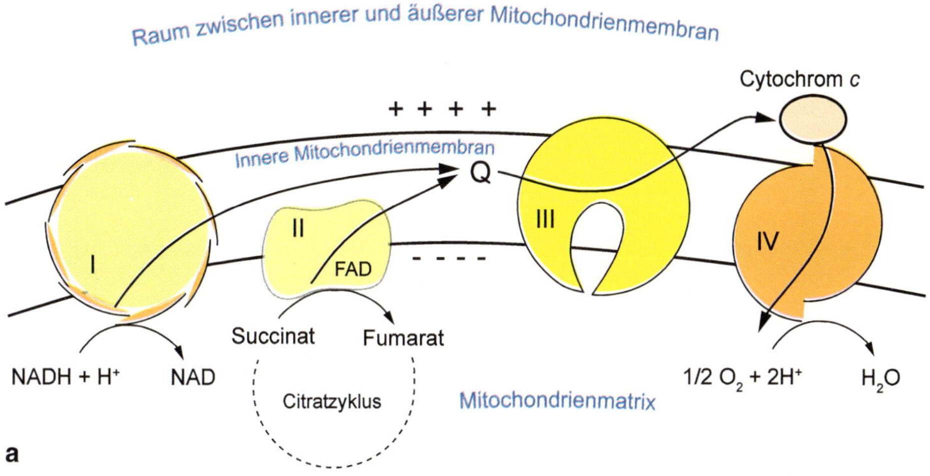

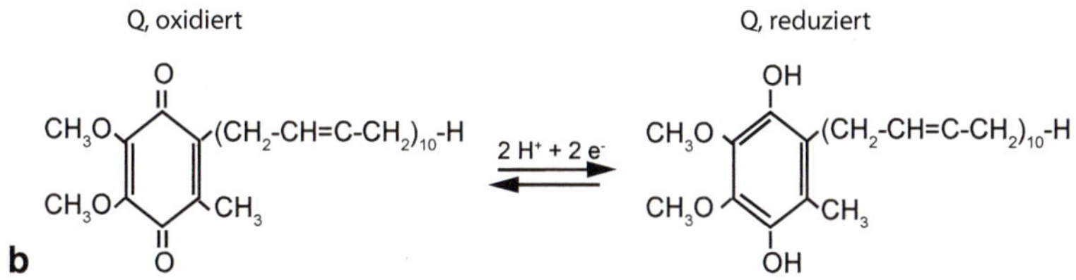

3.5 Proteinfunktion III: Energieumwandlungen und Bewegungen

Abb. 3.10 Der Weg der Elektronen in der Elektronentransportkette (**a**) und oxidiertes und reduziertes Ubichinon (**b**). Elektronen werden von NADH durch Komplex I (NADH:Ubichinon-Oxidoreduktase) auf Ubichinon (Coenzym Q, Q) übertragen. Sie gelangen auch aus dem Citratzyklus über FAD in Komplex II (Succinat-Dehydrogenase) zu Ubichinon. Von Ubichinon werden Elektronen zu Komplex III (Ubichinon-Cytochrom-c-Oxidoreduktase) und weiter zu Cytochrom c geleitet. Sie werden schließlich von Komplex IV (Cytochromoxidase) an molekularen Sauerstoff übergeben

Energieübertragungen erfolgen alternativ durch chemische Gruppen. Atomgruppen, die mit einer reaktiven, energiereichen Bindung in Molekülen einer Substanz fixiert sind, werden auf Moleküle anderer Substanzen übertragen und hier ebenfalls mit einer energiereichen Bindung fixiert. Wichtige Gruppen des Energietransfers in Zellen sind Phosphoryl-, Pyrophosphoryl- und Adenylatgruppen. Als energiereiche Verbindungen treten vorzugsweise ATP und verwandte Substanzen auf. ATP ist ein Nucleotid aus Adenin, Ribose und drei Phosphorylgruppen (Abb. 3.11). Die Verbindung wird aus der Vorläufersubstanz Adenosindiphosphat (ADP) durch Anfügen einer Phosphorylgruppe synthetisiert. Die Phosphorylgruppe kann aus einer anderen energiereichen Verbindung stammen oder von anorganischem Phosphat. Beim Abbau von Glucose entstehen z. B. die energiereichen Substanzen 1,3 Bisphosphoglycerat und Phosphoenolpyruvat, von denen Phosphorylgruppen auf ADP übertragen werden. Der größte Teil des zellulären ATP wird aber durch

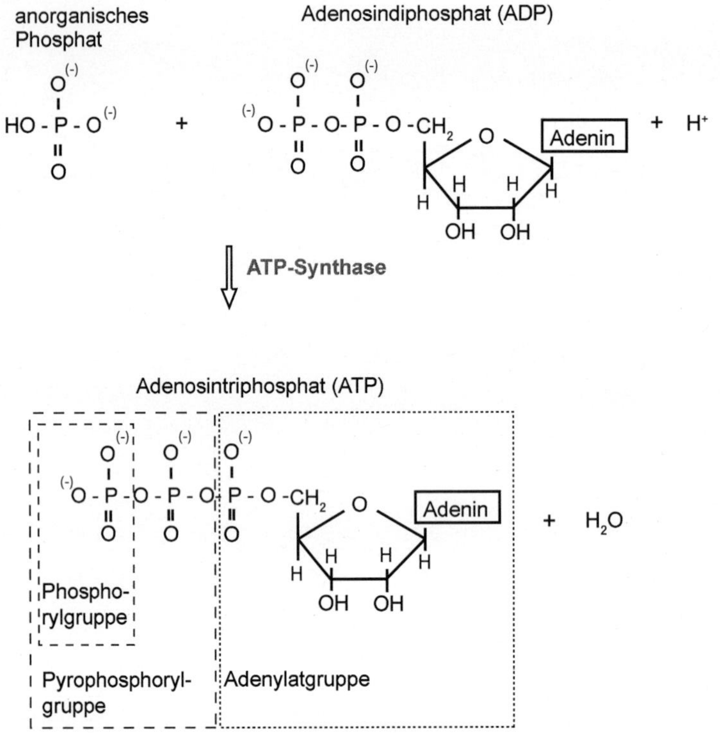

Abb. 3.11 Synthese von Adenosintriphosphat (ATP) durch ATP-Synthase und Gruppen des ATP-Moleküls, mit denen Energie auf andere Moleküle übertragen wird

das Enzym **ATP-Synthase** der inneren Mitochondrienmembran gebildet. Das Enzym katalysiert die Phosphorylierung von ADP durch anorganisches Phosphat mithilfe des elektrochemischen Gradienten (Abb. 3.11).

Aus ATP wird durch Abspaltung einer Phosphorylgruppe wieder ADP und durch Abspaltung von zwei Phosphorylgruppen Adenosinmonophosphat (Adenylat, AMP). In beiden Reaktionen wird Energie frei, die mit Phosphoryl-, Pyrophosphoryl- oder Adenylatgruppen auf andere Moleküle übertragen werden kann. Moleküle, die diese Gruppen erhalten, gewinnen Energie. Sie können in der Folge Reaktionen eingehen, zu denen sie ohne die angefügten Gruppen nicht in der Lage wären. Bei Übertragungen der Gruppen auf Seitenketten von Proteinen können die Proteine die chemische Energie auch in andere Energieformen, z. B. in Bewegungsenergie, umsetzen.

Wie viele Moleküle ATP werden aus einem Molekül Glucose gebildet, und was können Zellen damit leisten?

Glucose wird in drei Reaktionsfolgen abgebaut: 1) der **Glykolyse** (*glycolysis*), 2) dem **Citratzyklus** (*citric acid cycle*) und 3) der **Elektronentransportkette** (Abb. 3.12).

Die Glykolyse führt in zehn Reaktionen von Glucose zu der Verbindung **Pyruvat** und weiter zu **Acetyl-Coenzym A**. Aus jedem Glucosemolekül werden zwei an das organische Molekül **Coenzym A** gekoppelte Acetylgruppen. In den ersten Reaktionen der Glykoly-

3.5 Proteinfunktion III: Energieumwandlungen und Bewegungen

```
Glykolyse      im Cytosol
1 Molekül Glucose
        ↓
2 Moleküle Pyruvat           2 ATP
                             4 NADH
2 CO₂  in Mitochondrien
2 Acetylgruppen                         in Mitochondrien
        ↓                           Elektronentransportkette
                                   1/2 O₂ + 2H⁺ + 2e → H₂O
4 CO₂         2 ATP
  in Mitochondrien  6 NADH              26 ATP
              2 FADH₂
Citratzyklus
```

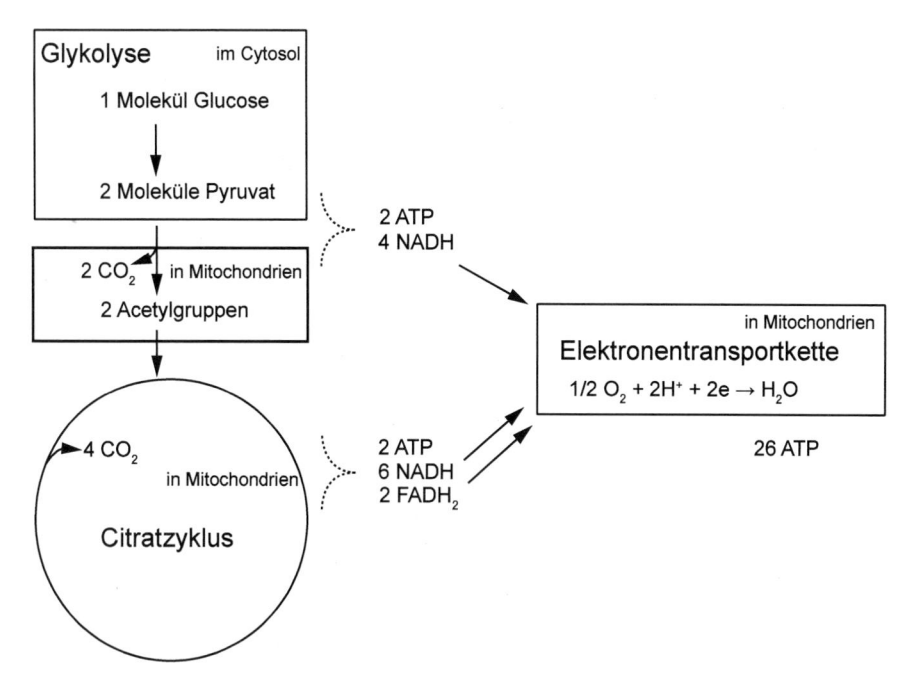

Abb. 3.12 Die Oxidation von Glucose zu Kohlendioxid und Wasser findet in drei Reaktionsfolgen statt – der Glykolyse, dem Citratzyklus und der Elektronentransportkette

se wird noch ATP verbraucht. Glucose wird erst zu Glucose-6-phosphat phosphoryliert. Nach Isomerisierung zu Fructose-6-phosphat findet eine weitere Phosphorylierung unter Bildung von Fructose-1,6-bisphosphat statt. Erst in den folgenden Reaktionen wird ATP gebildet. In der Bilanz werden im Cytosol bei der Umwandlung von einem Molekül Glucose in zwei Moleküle Pyruvat zwei Moleküle ATP synthetisiert und zwei Elektronenpaare auf NAD übertragen. Bei der anschließenden, in Mitochondrien stattfindenden Umwandlung von Pyruvat in Acetyl-Coenzym A entstehen zwei weitere Moleküle NADH.

Im Citratzyklus werden die Acetylgruppen zu Kohlendioxid oxidiert. Der Zyklus findet vollständig in Mitochondrien statt. Die erste Reaktion ist die Kondensierung der Acetylgruppen von Acetyl-Coenzym A mit Oxalacetat zu Citrat, nach dem der Zyklus benannt ist. In weiteren sieben Reaktionen werden aus jeder Acetylgruppe zwei Moleküle Kohlendioxid, und ein Molekül Oxalacetat wird wieder frei und kann erneut mit Acetyl-Coenzym A reagieren. In jedem Zyklus wird ein Molekül ATP (alternativ ein Molekül GTP) gebildet, und drei Elektronenpaare werden auf NAD übertragen. Ein weiteres Elektronenpaar wird von dem Trägermolekül FAD, das fest im Komplex II (Succinat-Dehydrogenase) der Elektronentransportkette gebunden ist, aufgenommen. Der Komplex II ist sowohl Teil des Citratzyklus, als auch Teil der Elektronentransportkette. Im Citratzyklus katalysiert er die Übertragung von zwei H-Atomen von der Verbindung Succinat auf FAD. In der Elektronentransportkette transferiert er die Elektronen von $FADH_2$ zu Ubichinon.

Die Ausbeute energiereicher Verbindungen aus der Oxidation von *zwei* Acetyl-Coenzym-A-Molekülen im Citratzyklus beträgt insgesamt zwei Moleküle ATP, sechs Moleküle NADH und zwei Moleküle $FADH_2$.

Elektronen und Protonen, die in der Glykolyse und im Citratzyklus auf NAD übertragen werden, gelangen von den reduzierten NADH-Molekülen über den Komplex I in die Elektronentransportkette und tragen zu dem elektrochemischen Protonengradienten an inneren Mitochondrienmembranen bei. Der Gradient treibt das Enzym ATP-Synthase an, das aus ADP und anorganischem Phosphat ATP synthetisiert. Jedes NADH-Molekül der Mitochondrien liefert die Energie für den Auswärtstransport von zehn Protonen, und für jedes synthetisierte ATP-Molekül fließen vier Protonen wieder zurück in die Mitochondrienmatrix. Pro NADH-Molekül können somit 2,5 Moleküle ATP gebildet werden.

Von NADH-Molekülen des Cytosols werden weniger ATP-Moleküle synthetisiert, etwa 1,5 ATP-Moleküle pro NADH-Molekül. Auch FADH2-Moleküle, die bei der Oxidation von Succinat entstehen, liefern nur etwa 1,5 Moleküle ATP pro Molekül.

Insgesamt werden beim Abbau von einem Molekül Glucose zwei Moleküle NADH im Cytosol und acht Moleküle NADH in Mitochondrien gebildet. Dazu kommen zwei Moleküle $FADH_2$. Die Übertragung aller Elektronen auf Sauerstoff ermöglicht die Synthese von 26 Molekülen ATP. Zusammen mit den vier ATP-Molekülen, die in der Glykolyse und im Citratzyklus synthetisiert werden, ergibt sich bei vollständiger Oxidation von Glucose zu Kohlendioxid und Wasser eine Ausbeute von ca. 30 Molekülen ATP pro Glucosemolekül.

Neben Glucose werden viele andere Kohlenhydrate und Fette und Proteine im Zellstoffwechsel umgesetzt. Ihre Abbauprodukte gelangen ebenfalls in den Citratzyklus und die Elektronen zur Elektronentransportkette. Fette werden zunächst in Fettsäuren und Glycerin gespalten und die Fettsäuren anschließend zu Acetyl-Coenzym A oxidiert. Proteine werden in ihre monomeren Bestandteile, die Aminosäuren, zerlegt und diese in Acetyl-Coenzym A und andere Metaboliten des Citratzyklus umgewandelt. Die weiteren Prozesse verlaufen wie beim Abbau von Glucose.

ATP muss ständig in Zellen vorhanden sein. Die Substanz wird in dem Maße, wie sie verbraucht wird, kontinuierlich neu synthetisiert. Ihre mittlere Konzentration in Zellen beträgt ca. 5 mM, und ein Erwachsener enthält in seinem Körper ca. 0,1 Mol bzw. 58 g ATP. Diese Menge wird innerhalb von nur 1–2 min verbraucht und wieder neu synthetisiert. Etwa 25–30 % des gebildeten ATP werden für die Synthese von Proteinen, ca. 19–28 % für den Transport von Na^+- und K^+-Ionen, ca. 4–8 % für den Transport von Ca^{2+}-Ionen und ca. 2–8 % für Bewegungsvorgänge durch kontraktile Proteine benötigt (Rolfe und Brown 1997). Bei intensiver körperlicher Tätigkeit erhöht sich der ATP-Umsatz um ein Mehrfaches.

Die ATP-Synthase

Das Enzym **ATP-Synthase** wandelt die Energie des elektrochemischen Gradienten an inneren Mitochondrienmembranen in chemische Energie von ATP-Molekülen um. Die

Abb. 3.13 Hauptkomponenten des ATP-Synthase-Enzyms (modifiziert nach Alberts et al., Molecular Biology of the Cell, 2008)

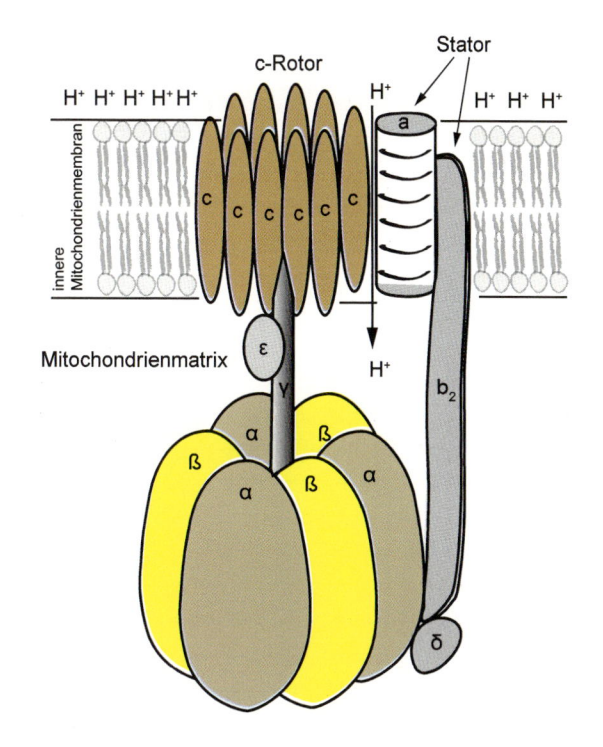

Synthase besteht aus zwei Komplexen, F_0 und F_1. Komplex F_0 ist in die innere Mitochondrienmembran eingebettet. Komplex F_1 ist von der Matrixseite an Komplex F_0 angelagert. Der erste Komplex besteht aus den Polypeptiden a, b und c in der Stöchiometrie 1:2:10. Der zweite Komplex F_1 enthält die Untereinheiten α und β in der Stöchiometrie 3:3 sowie weitere Untereinheiten, darunter die Polypeptide γ, δ und ε. Die Struktur der ATP-Synthase ähnelt einem Generator mit Rotor und Stator (Abb. 3.13). Die hydrophoben Polypeptide c des Komplexes F_0 falten jeweils in zwei transmembranale Helices und assoziieren zu einem Ring, dem Rotorring, der sich in der Membran drehen kann. Zur Mitochondrienmatrix formen die α- und β-Polypeptide von F_1 einen zweiten Ring. Beide Ringe, der Ring in der Membran und der angelagerte Ring, sind durch die Polypeptide a, b, γ, δ und ε verbunden. Die Membranpolypeptide a und b, die zum F_0-Komplex gehören, sind nicht fest an den Rotor aus c-Polypeptiden gebunden. Sie werden durch andere Membranproteine in Rotornähe gehalten und halten ihrerseits das Sphäroid aus α- und β-Polypeptiden von F_1 in einem festem Abstand von der Membran. Die Untereinheit γ ist im F_0-Rotor verankert und ragt wie ein Schaft in das Innnere des α,β-Sphäroids.

Der Rotorring aus c-Polypeptiden wird durch das Protonengefälle an den inneren Mitochondrienmembranen angetrieben. Die Protonen strömen durch einen engen Kanal zwischen Rotor und a-Untereinheit aus dem intermembranalen Raum in das Innere der Mitochondrien und versetzten den Rotor in eine Drehbewegung. In Abhängigkeit von der Position des Rotors tritt γ nacheinander mit einem der drei β-Polypeptide des α,β-Sphäroids in Kontakt. Die β-Polypeptide sind die eigentlichen katalytischen Zentren der ATP-

Synthase. Alle drei ändern ihre Konformation, wenn der γ-Schaft von einer β-Untereinheit zur nächsten wechselt. Das passiert bei jeder Drehung des Rotors um 120°. Die ß-Polypeptide nehmen nacheinander drei verschiedene Konformationen ein:

Konformation 1: ADP und Phosphat werden lose gebunden. ATP wird nicht gebunden.

Konformation 2: ADP und Phosphat werden in enger Nachbarschaft fest gebunden. Die Affinität zu ATP bleibt gering.

Konformation 3: ATP wird sehr fest gebunden. Die Bindungskonstante beträgt ca. 10^{12} M^{-1}. Gleichzeitig fällt die Affinität für ADP.

Die Bindung von γ an ein β-Polypeptid induziert in diesem die Konformation 1 mit geringer Affinität für ADP und Phosphat. Die im Drehsinn des Rotors folgende β-Untereinheit befindet sich bei dieser Stellung von γ in der Konformation 3 und die dritte β-Untereinheit in der Konformation 2. Die drei β-Polypeptide haben somit zu jedem Zeitpunkt unterschiedliche Konformationen, und alle drei durchlaufen Zyklen der drei Konformationen.

Jeder Zyklus beginnt mit einer erst losen, dann festeren und benachbarten Bindung von ADP und anorganischem Phosphat in den Konformationen 1 und 2. Bei Wechsel in die Konformation 3 wird ATP mit hoher Affinität gebunden, und die Affinität für ADP sinkt. Das Reaktionsgleichgewicht zwischen ADP und Phosphat einerseits und ATP andererseits (siehe Abb. 3.11) wird auf der Proteinoberfläche zugunsten von ATP verschoben. Oder anders ausgedrückt: Das Protein zwingt die Moleküle ADP und Phosphat in eine Übergangsstruktur, die direkt zur Bildung von ATP führt. In wässriger Lösung reagieren ADP und anorganisches Phosphat nicht freiwillig zu ATP, weil ATP im Vergleich zu den beiden Substanzen eine höhere freie Energie aufweist. ATP-Moleküle an β-Polypeptiden in Konformation 3 haben dagegen eine viel geringere freie Energie. Ihre Energie ist in Bindungsenergie zwischen Protein und ATP übergegangen. Faktoren, die in wässriger Lösung einen Zerfall von ATP begünstigen, wie die höhere elektrostatische Abstoßung zwischen negativen Ladungen benachbarter Phosphatgruppen und geringere Wechselwirkungen mit Wasser im Vergleich zu ADP- und Phosphatmolekülen, sind auf der Proteinoberfläche durch Wechselwirkungen von ATP mit Seitenketten von Aminosäureresten und gebundenen Mg^{2+}-Ionen aufgehoben. Bei Übergang von Konformation 2 in Konformation 3 wird aufgrund der Gleichgewichtsverschiebung an jedem β-Polypeptid aus einem Molekül ADP und einem Molekül Phosphat ein Molekül ATP gebildet. Das ATP wird in der folgenden Konformation 1 freigesetzt. Die Ablösung des ATP-Moleküls vom Protein ist der energieaufwendigste Schritt. Er wird durch die Interaktion von γ mit der jeweiligen β-Untereinheit bewirkt.

Aus energetische Sicht ergibt sich zusammenfassend folgendes Bild: Die Energie des Protonengradienten wird erst in Bewegungsenergie des F_0-Rotors, dann in Konformationsenergie der β-Polypeptide und schließlich in chemische Energie von ATP umgewandelt. Die Synthese jedes ATP-Moleküls erfordert den Einstrom von drei Protonen und jeder ATP-Synthase-Komplex produziert pro Sekunde ca. 100 ATP-Moleküle.

ATP wird im Innern der Mitochondrien synthetisiert und muss für den Bedarf außerhalb der Organellen durch die Mitochondrienmembranen in das Cytosol transportiert werden. Als Transportfähre dient ein ADP/ATP-Austauscherprotein, die **Adeninnucleotid-Translokase**, die ADP aus dem intramembranalen Raum gegen ATP aus der Mitochondrienmatrix tauscht. Vom intramembranalen Raum diffundiert ATP durch Poren der äußeren Mitochondrienmembranen in das Cytosol. Der Tausch von ADP gegen ATP macht Sinn. ADP muss als Vorläufersubstanz von ATP in dem Maße nachgeliefert werden, wie ATP synthetisiert wird. Die zweite Ausgangssubstanz der ATP-Synthese, anorganisches Phosphat, wird in Form von Phosphationen zusammen mit Protonen aus dem intramembranalen Raum in Mitochondrien befördert. Jedes transportierte Phosphation verbraucht ein Proton des Protonengradienten. Zusammen mit den drei für die Synthese aufgewendeten Protonen werden somit vier Protonen des Gradienten für jedes ATP-Molekül benötigt.

ATP-abhängige Membrantransporte: Na^+/K^+-ATPase und Ca^{2+}-ATPase

Membranen verhindern die freie Diffusion von Makromolekülen, polaren Verbindungen und Ionen zwischen Zell- und Gewebebereichen. Die meisten Substanzen können Membranen nur durch spezifische Kanäle oder mithilfe von Transportproteinen passieren. Kanalproteine bilden wassergefüllte Poren in Membranen, durch die Ionen und kleinere Moleküle diffundieren können. Transportproteine binden Moleküle und Ionen auf einer Seite von Membranen, und geben sie auf der anderen Seite ab. Alle Membrantransporte sind abhängig von den Konzentrationen der jeweiligen Substanzen auf beiden Seiten von Membranen und bei Ionen und anderen Ladungsträgern auch von dem anliegenden elektrischen Potenzial. Transporte von hohen zu niedrigen Konzentrationen und in Richtung der Potenzialdifferenz sind freiwillige Prozesse und erfordern keine Energie. Man spricht von **passiven Transporten**. **Aktive Transporte** von niederen zu höheren Konzentrationen und/oder gegen einen Potenzialgradienten können dagegen nur stattfinden, wenn ihnen Energie zugeführt wird. Bewegungen von Molekülen und Ionen durch Membrankanäle sind üblicherweise passiv. Transportproteine können sowohl passive als auch aktive Transporte vermitteln. Letztere sind an eine Hydrolyse von ATP gekoppelt. Die ATP-spaltenden Enzyme nennt man Transport-ATPasen. Sie können drei verschiedenen Typen zugeordnet werden:

1. **Transport-ATPasen des V-Typs** haben wie die ATP-Synthase in Mitochondrin eine generatorähnliche Struktur. Sie wirken aber in umgekehrter Richtung, d. h. sie hydrolysieren ATP und transportieren Protonen. Protonen-transportierende Enzyme mit ähnlicher Struktur wie die ATP-Synthase finden sich z. B. in Membranen von Lysosomen. Die Enzyme nutzen die chemische Energie von ATP für den aktiven Transport von Protonen in das Innere der Organellen, wo die Protonenkonzentration bereits höher ist als im Cytosol. Die ATP-Synthase der Mitochondrien kann im Prinzip bei sehr hohen ATP-Konzentrationen auch Protonen entgegen einem Gradienten transportieren. Unter physiologischen Bedingungen tritt diese „Umkehrung" aber nicht ein.

2. **Transport-ATPasen des P-Typs** bestehen aus membrangängigen Polypeptiden, die einen Kanal in der Membran bilden und deren Struktur sich bei der Hydrolyse von ATP zyklisch verändert. Wenn die Enzyme ATP hydrolysieren, wird die endständige Phosphorylgruppe von ATP auf einen ihrer Aminosäurereste übertragen. Gleichzeitig wechselt die Konformation. Bei der anschließenden Dephosphorylierung kehren die Enzyme wieder in ihre Ausgangskonformation zurück. Die Strukturänderungen vermitteln Ionentransporte durch Membranen. Zu den P-Typ-ATPasen gehören u. a. die Enzyme **Na^+/K^+-ATPase** und **Ca^{2+}-ATPase**.
3. **ABC-Transporter** sind Tetramere aus zwei membrangängigen und zwei membranassoziierten Untereinheiten. Erstere bilden einen Transportkanal in Membranen, Letztere binden und hydrolysieren ATP. Die Bindung von ATP induziert in ABC-Transportern eine Konformationsänderung, durch die der Substratbindungsort von einer Seite der Membran auf die andere verlagert wird. Ein assoziiertes Substrat kann hier von dem Transporter dissoziieren. Die anschließende Hydrolyse von ATP bewirkt die Rückkehr des Transportermoleküls in die ursprüngliche Konformation. ABC-Transporter befördern niedermolekulare Substanzen aus dem Cytoplasma in das endoplasmatische Reticulum und in das extrazelluläre Milieu.

Einige zusätzliche Details zu den Transportenzymen Na^+/K^+-ATPase und Ca^{2+}-ATPase:

Die **Na^+/K^+-ATPase** hält unterschiedliche Konzentrationen von Na^+- und K^+-Ionen auf beiden Seiten von Zellmembranen aufrecht, indem sie Na^+-Ionen aus dem Cytosol von Zellen in das extrazelluläre Milieu und K^+-Ionen aus dem extrazellulären Milieu in das Cytosol befördert. Die intrazelluläre Konzentration von Na^+-Ionen beträgt 5–15 mM, die extrazelluläre liegt bei 145 mM. Intra- und extrazelluläre K^+-Konzentrationen betragen 120–150 mM und 5 mM. Die unterschiedlichen Konzentrationen von Na^+- und K^+-Ionen auf beiden Seiten von Zellmembranen tragen zu den Ruhe- und Erregungspotenzialen von Zellen bei. Ihre Bedeutung ist allein schon daran zu erkennen, dass Zellen einen großen Teil ihrer Energie, viele Zellen bis zu 20 %, Nervenzellen sogar bis zu 29 %, für den Transport von Na^+- und K^+-Ionen aufwenden. Medikamente wie Ouabain (*waa bayyo*, somalisch, Pfeilgift) und Digitalisglykoside, die die Na^+/K^+-ATPase blockieren, müssen sehr gut dosiert werden, damit der Ionenhaushalt nicht empfindlich gestört wird. Die Medikamente werden zur Stärkung der Herzfunktion eingesetzt. Sie erhöhen durch Hemmung der Na^+/K^+-ATPase die intrazelluläre Na^+-Konzentration. In der Folge strömen mehr Ca^{2+}-Ionen über ein Na^+-Ca^{2+}-Austauscherprotein in Herzzellen ein und bewirken kräftigere Kontraktionen des Herzmuskels.

Na^+/K^+-ATPase-Moleküle bestehen aus den Polypeptiden α (M_r 110 kDa) und β (Mr 45 kDa) und zusätzlich einem regulierenden Protein der FXYD-Familie. Polypeptid α ist das eigentliche Transportprotein. Polypeptid β ist für den Transport des α,β-Komplexes zur Zellmembran notwendig und beeinflusst die Affinität des Enzyms für K^+-Ionen. FXYD-Proteine regulieren die Na^+-Affinität verschiedener Isoformen der Na^+/K^+-ATPase.

Polypeptid α bildet in Plasmamembranen zehn transmembranale Helices und weist auf der cytoplasmatischen Seite der Membranen drei Domänen auf, eine nucleotidbin-

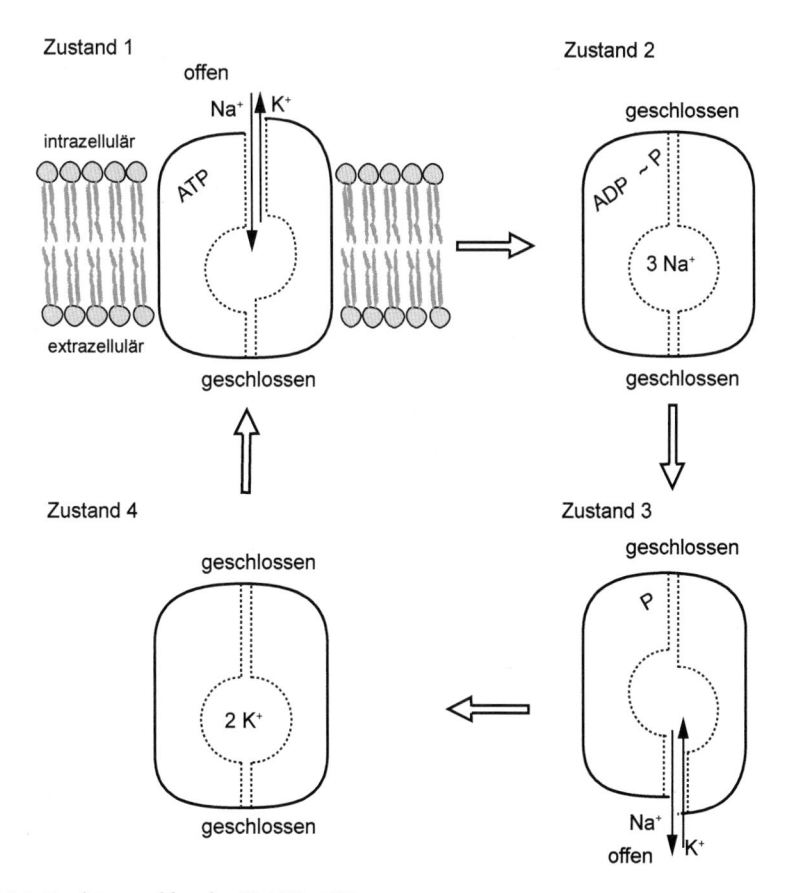

Abb. 3.14 Funktionszyklus der Na⁺/K⁺-ATPase

dende Domäne, eine Phosphorylierungsdomäne und eine „Antriebs"-Domäne (*actuator domain*). Sechs der zehn transmembranalen Helices, M1 bis M6, bilden einen Kanal, der auf beiden Seiten der Membran geöffnet und geschlossen werden kann. Hier befinden sich auch die Bindungsorte für die Ionen Na⁺ und K⁺. Der Zustand des Kanals und die Affinität der Bindungsorte ändern sich mit der Konformation von Polypeptid α. Eine Konformation hoher Affinität für Na⁺-Ionen und geringer Affinität für K⁺-Ionen wechselt mit einer Konformation geringer Affinität für Na⁺-Ionen und hoher Affinität für K⁺-Ionen. Übergänge zwischen den zwei Zuständen werden durch die Bindung und Hydrolyse von ATP, die Übertragung der endständigen Phosphorylgruppe von ATP auf einen Aspartatrest von Polypeptid α und die anschließende Abspaltung und Freisetzung der Phosphorylgruppe bewirkt. In allen Konformation bleiben intra- und extrazelluläres Milieu getrennt (Abb. 3.14).

Ein Transportzyklus beginnt mit der Bindung von ATP und Na⁺-Ionen aus dem Cytosol (Zustand 1 in Abb. 3.14). Na⁺-Ionen werden im Ionenkanal, der zur extrazellulären Seite noch verschlossen ist, gebunden. Ihre Bindung bewirkt die Hydrolyse von ATP und die Phosphorylierung von Polypeptid α mit gleichzeitiger Konformationsänderung. Der Zugang des Ionenkanals wird von der cytoplasmatischen Seite der Membran verschlossen, und die Affinität der Na$^+$-Bindungsorte sinkt (Zustand 2). Na$^+$-Ionen dissoziieren von ihren Bindungsorten und diffundieren nach einer weiteren Veränderung, die den Kanal zur extrazellulären Seite hin öffnet, in das extrazelluläre Milieu. Gleichzeitig werden K$^+$-Ionen aus dem extrazellulären Milieu gebunden (Zustand 3). Sie leiten die Dephosphorylierung des Enzyms und damit die Rückkehr in die Ausgangskonformation mit hoher Affinität für Na$^+$-Ionen und geringer Affinität für K$^+$-Ionen ein. Wieder wird der Kanal, diesmal von der extrazellulären Seite her, geschlossen (Zustand 4). Die K$^+$-Ionen dissoziieren von ihren Bindungsorten im Kanal und diffundieren nach Öffnung des Kanals zum Zellinnern in das Cytosol. Anschließend beginnt mit der erneuten Bindung von ATP und Na$^+$-Ionen der nächste Zyklus. In jedem Zyklus der Hydrolyse von ATP werden drei Na$^+$-Ionen vom Cytosol in das extrazelluläre Milieu und zwei K$^+$-Ionen aus dem extrazellulären Milieu in das Cytosol befördert.

Eng verwandt mit der Na$^+$/K$^+$-ATPase sind **Ca^{2+}-ATPasen** in Zellmembranen und in Membranen des endoplasmatischen Reticulums. Die Ca^{2+}-ATPase in Zellmembranen transportiert Ca^{2+}-Ionen aus dem Cytosol in das extrazelluläre Milieu, und die Ca^{2+}-ATPase von Reticulummembranen befördert Ca^{2+}-Ionen aus dem Cytosol in das Lumen des Reticulums. Beide ATPasen halten intrazelluläre Ca^{2+}-Konzentrationen in einem niedrigen Bereich von 10^{-7}–10^{-6} M. Wenn sie Ca^{2+}-Ionen in das extrazelluläre Milieu bzw. in das Lumen des Reticulums befördern, deren Ca^{2+}-Konzentrationen über 10^{-3} M liegen, „arbeiten" sie gegen hohe Konzentrationsgradienten.

Ca^{2+}-Ionen haben wichtige Funktionen bei der Übertragung von Signalen zwischen Zellen. Die Kontraktion von Muskelzellen und die Sekretion von Hormonen und Neurotransmittern aus Zellen werden z. B. durch Einströme von Ca^{2+}-Ionen in das Cytoplasma der Zellen ausgelöst. Ca^{2+}-ATPasen transportieren die Ionen wieder aus dem Cytoplasma heraus. Sie führen Zellen in einen Zustand zurück, von dem aus erneut Ca^{2+}-Ionen in Zellen einströmen können.

Die Ca^{2+}-ATPase des sarkoplasmatischen Reticulums von Skelettmuskelzellen hat eine hohe Homologie zu der α-Kette der Na$^+$/K$^+$-ATPase. Etwa 30 % der Aminosäurereste beider Polypeptide sind identisch und 65 % ähnlich. Das Ca^{2+}-transportierende Enzym bildet wie das α-Polypeptid der Na$^+$/K$^+$-ATPase einen Ionenkanal in Membranen, in dem aber nicht Na$^+$- und K$^+$-Ionen, sondern Ca^{2+}-Ionen und Protonen gebunden werden. Die Ausgangskonformation des Enzyms assoziiert mit hoher Affinität Ca^{2+}-Ionen aus dem Cytoplasma. Die gebundenen Ionen induzieren nach Anlagerung von ATP die Hydrolyse des Nucleotids und die Übertragung der endständigen Phosphorylgruppe von ATP auf einen Aspartatrest der ATPase. Gleichzeitig findet eine Konformationsänderung statt. Der Kanal wird von der cytoplasmatischen Seite verschlossen, und die Affinität der Bindungsorte für Ca^{2+}-Ionen sinkt. Nach Öffnung des Kanals zum Lumen des Reticulums dissoziieren die Ca^{2+}-Ionen von ihren Bindungsorten, und an ihrer Stelle werden Protonen gebunden. Die Bindung der Protonen führt zur Dephosphorylierung der Ca^{2+}-ATPase, die wieder in die Ausgangskonformation wechselt.

Der „Kraftschlag" der Myosinmoleküle

Zellen bewegen sich. Sie strecken finger- und lamellenartige Fortsätze aus und ziehen sie zurück. Muskelzellen kontrahieren und erschlaffen. Innerhalb von Zellen werden Organellen angeordnet, Vesikel von einer Membran zur anderen transportiert, Chromosomen getrennt, kontraktile Ringe geschnürt. Alle diese Bewegungen erfordern Energie, die aus chemischen Substanzen, in erster Linie ATP, übernommen wird. Für Umwandlungen chemischer Energie in Bewegungsenergie gibt es viele Beispiele. Ein auch äußerlich sichtbares Beispiel ist die Kontraktion von Skelettmuskelfasern.

Skelettmuskelzellen sind relativ groß. Ihr Durchmesser variiert zwischen 20–100 µm, und sie erstrecken sich über die gesamte Länge eines Muskels. Jede einzelne Zelle enthält etwa 1000 in Längsrichtung orientierte, 1–2 µm starke **Myofibrillen**, die von engmaschigen Membranröhren des sarkoplasmatischen Reticulums umgeben sind. Die Myofibrillen sind aus kontraktilen Einheiten, den **Sarkomeren** zusammengesetzt, die durch Z-Scheiben, ein amorphes Material aus Faserproteinen, voneinander getrennt sind. Im Innern der Sarkomere befinden sich längsorientierte Filamente der „kontraktilen" Proteine **Actin** und **Myosin**. Actin und Myosin stellen den größten Anteil am Gesamtprotein von Muskelzellen: Etwa 20–25 % entfallen auf Actin und etwa 60–70 % auf Myosin.

Actin ist ein globuläres Protein (M_r 42 kDa), das in Protofilamente polymerisiert. Je zwei Actinprotofilamente lagern sich rechtsgängig umeinander verdreht zu Filamenten zusammen. In Skelettmuskelsarkomeren sind Actinfilamente mit einem Ende in Z-Scheiben verankert und ragen mit dem anderen Ende in das Innere der Sarkomere (Abb. 3.15a, d).

Myosinmoleküle (M_r 540 kDa) bestehen aus sechs Untereinheiten, zwei „schweren" Polypeptiden und zwei Paaren „leichter" Polypeptide. Die C-terminalen Sequenzen der zwei schweren Polypeptide formen reguläre α-Helices, die sich umeinander verdrehen und eine stabförmige Struktur bilden. Die N-terminalen Sequenzen der schweren Ketten falten in getrennte globuläre Domänen. Die globulären Domänen weisen eine Actinbindungsregion, eine ATP- und ADP-bindende Region, eine „Kupplungsregion" und eine längere α-Helix an der Verbindung zu dem stabförmigen Teil der Moleküle auf. Man nennt sie auch „Motordomänen", weil sie eine für die Muskelkontraktion entscheidende Bewegung ausführen. Am Übergang zwischen globulären Domänen und stabförmiger Struktur der schweren Ketten sind die zwei Paare leichter Ketten lokalisiert (Abb. 3.15b).

Jeweils einige Hundert Myosinmolelüle lagern sich zu bipolaren Bündeln von 15 nm Durchmesser und 0,32 µm Länge zusammen (Abb. 3.15c). In den Bündeln liegen die stabförmigen Teile der Moleküle parallel nebeneinander, und die globulären Domänen ragen seitlich heraus. Bipolar bedeutet, dass die Orientierung der Myosinmoleküle in den zwei Hälften der Bündel entgegengesetzt ist. Die Helices sind jeweils zum Zentrum orientiert und die globulären Domänen zu den Enden. Der mittlere Teil der Myosinbündel ist frei von globulären Domänen. In den Sarkomeren von Myofibrillen sind die Myosinbündel in Längsrichtung parallel zueinander und parallel zu den Actinfilamenten angeordnet (Abb. 3.15d). Sie werden durch das Protein Titin in ihren Positionen gehalten.

Muskelkontraktionen beruhen auf einer Verkürzung der Sarkomere von Myofibrillen. Im entspannten Muskel sind die Sarkomere ca. 2,5–3 µm lang. Bei Kontraktionen ver-

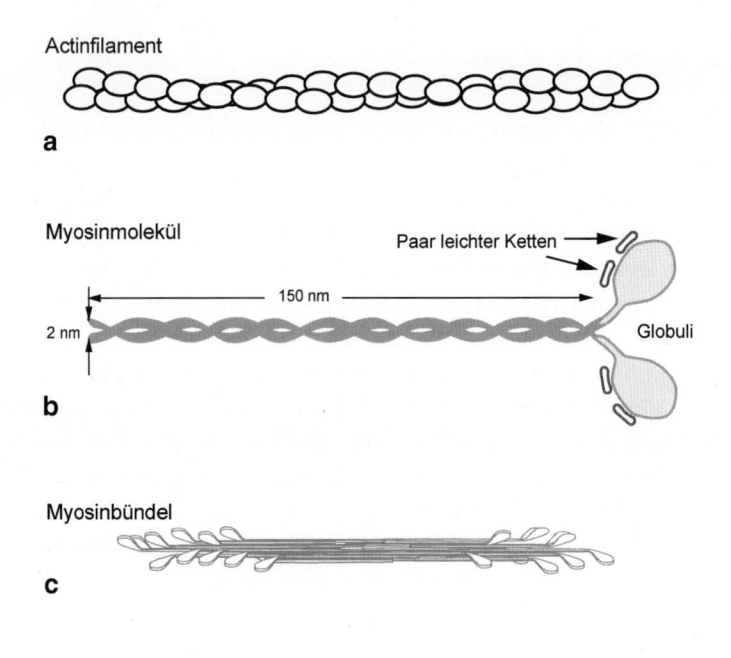

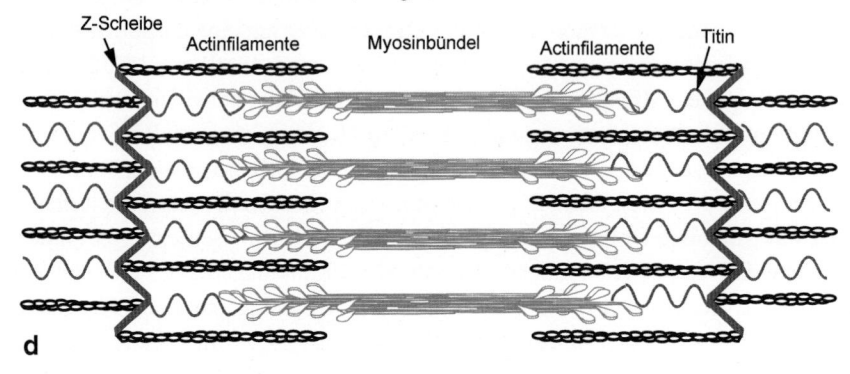

Abb. 3.15 Actin- und Myosinfilamente in Skelettmuskelzellen

kürzen sie sich um bis zu einem Drittel. Die Verkürzung der Sarkomere beruht auf Wechselwirkungen zwischen Actin- und Myosinfilamenten. Myosinfilamente ziehen bei jeder Kontraktion Actinfilamente an sich vorbei und geben sie bei Muskelrelaxation wieder frei. Die Wechselwirkungen werden folgendermaßen reguliert:

Globuläre Myosindomänen können, wenn sie kein ATP gebunden haben, an Monomere von Actinfilamenten binden. Die Bindungsorte der Actinmonomere sind im ruhenden Muskel allerdings nicht zugänglich. Sie sind durch Moleküle des Proteins Tropomyosin abgedeckt. Erst elektrische Impulse aus Nervenendigungen lösen in neuromotorischen Endplatten von Skelettmuskelzellen eine Membrandepolarisation mit anschließender Freisetzung von Ca^{2+}-Ionen aus dem sarkoplasmatischen Reticulum der Muskelzellen und damit die Kontraktion von Myofibrillen aus. Ca^{2+}-Ionen binden an Komplexe der regulierenden Proteine **Troponin** und **Tropomyosin** und verändern deren Konformationen, sodass die Myosinbindungsorte an Actinmonomeren frei werden und Myosinglobuli an benachbarte Actinmonomere assoziieren können. Die Globuli binden an Actin und hydrolysieren gleichzeitig ATP. Sie durchlaufen dabei einen Zyklus mit vier Zuständen:

Zustand 1: Myosinglobuli, die kein ATP gebunden haben, assoziieren an benachbarte Actinmonomere. Dieser Zustand ist nur vorübergehend und wird durch Bindung von ATP schnell aufgehoben (es ist der Zustand der Leichenstarre bei Absinken der zellulären ATP-Konzentration in absterbenden Muskelzellen).

Zustand 2: Die Bindung von ATP bewirkt eine Konformationsänderung der Globuli, die ihre Assoziation an Actinmonomere schwächt und ihnen eine Bewegung in Richtung des jeweils nächstfolgenden Actinmonomers erlaubt.

Zustand 3: Die Myosinglobuli hydrolysieren ATP. Die Hydrolyseprodukte ADP und anorganisches Phosphat bleiben zunächst gebunden. In diesem Zustand nehmen die Globuli eine energiegeladene, „gespannte" Konformation ein und verändern ihre Lage, sodass sie mit dem jeweils nächstfolgenden Monomer der Actinfilamente in direkte Wechselwirkung treten können.

Zustand 4: Nach Interaktion mit dem nächstfolgenden Actinmonomer wird erst anorganisches Phosphat und dann ADP aus den Globuli freigesetzt. Die Konformation der Globuli entspannt sich und die Myosindomänen kehren mit einem „Kraftschlag" in ihre ursprüngliche Lage zurück. Sie ziehen dabei die Actinfilamente in das Innere der Sarkomere. Nach dem Kraftschlag beginnt ein neuer Zyklus von ATP-Bindung und Hydrolyse.

Bei starken Muskelkontraktionen durchlaufen die etwa 500 Globuli eines Myosinbündels den Zyklus bis zu fünf Mal pro Sekunde. Sie bewegen sich dabei unabhängig und nicht synchron. Ein Teil der Myosinglobuli ist immer fest an Actin gebunden und verhindert ein Zurückgleiten der Actinfilamente.

Das Myosin von Skelettmuskelzellen ist Myosin II, eine von mehreren Myosinisoformen. In anderen Zellen treten variante Myosine mit spezifischen Eigenschaften und Funktionen auf.

3.6 Proteinfunktion IV: Signalübertragungen

Wie Zellen sich verständigen: ein Überblick

Zellen beeinflussen sich gegenseitig über direkte Interaktionen, Zell-Matrix-Wechselwirkungen oder chemische Substanzen, die sie freisetzen und binden oder aufnehmen. Als Signalmoleküle treten Proteine, Peptide, Aminosäuren, Nucleotide, Steroide, Retinoide, Fettsäuren und gelöste Gase wie Stickstoffmonoxid auf. Die Substanzen wirken auf be-

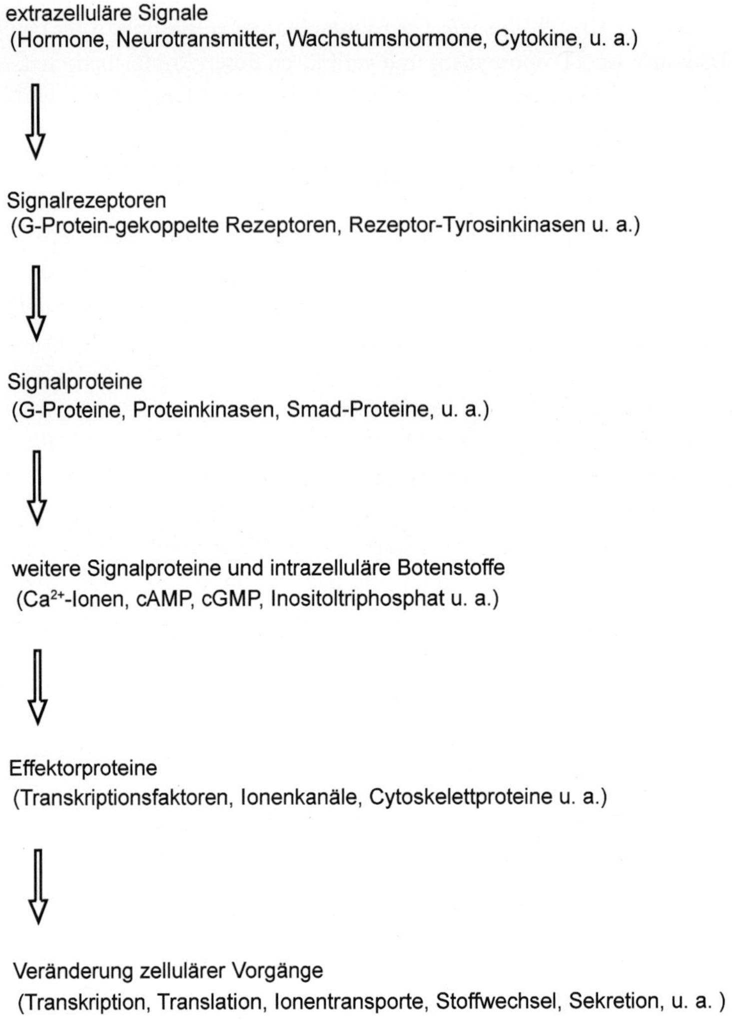

extrazelluläre Signale
(Hormone, Neurotransmitter, Wachstumshormone, Cytokine, u. a.)

⇓

Signalrezeptoren
(G-Protein-gekoppelte Rezeptoren, Rezeptor-Tyrosinkinasen u. a.)

⇓

Signalproteine
(G-Proteine, Proteinkinasen, Smad-Proteine, u. a.)

⇓

weitere Signalproteine und intrazelluläre Botenstoffe
(Ca^{2+}-Ionen, cAMP, cGMP, Inositoltriphosphat u. a.)

⇓

Effektorproteine
(Transkriptionsfaktoren, Ionenkanäle, Cytoskelettproteine u. a.)

⇓

Veränderung zellulärer Vorgänge
(Transkription, Translation, Ionentransporte, Stoffwechsel, Sekretion, u. a.)

Abb. 3.16 Signalwege in Zellen

nachbarte und weiter entfernte Zellen. Ihre direkten Empfänger sind Proteine oder Proteinkomplexe, die sich überwiegend in den Plasmamembranen von Zellen befinden und die man als **Rezeptoren** bezeichnet. Lipophile Signalmoleküle wie Steroide und Vitamin D binden unmittelbar an intrazelluläre Rezeptormoleküle.

Rezeptoren geben die Informationen, die sie bei der Bindung von Signalmolekülen erhalten, an **Signalproteine** weiter. Oft sind mehrere Signalproteine in einer Kette miteinander verbunden. Sie leiten die Signale schließlich zu **Effektorproteinen** wie Transkriptionsfaktoren, Enzymen und Proteinen des Cytoskeletts. Die Effektorproteine verändern die Genexpression und den Zustand von Zellen. Sie steuern ihre metabolischen, sekretorischen und kontraktilen Leistungen und lösen auch den programmierten Zelltod aus (Abb. 3.16).

Die **Rezeptoren in Zellmembranen** können drei Hauptklassen zugeordnet werden: 1) Ionenkanal-gekoppelte Rezeptoren, 2) G-Protein (Guaninnucleotid-bindendes Protein)-gekoppelte Rezeptoren und 3) enzymgekoppelte Rezeptoren.

1. **Ionenkanal-gekoppelte Rezeptoren** regulieren die Öffnung und Schließung von Kanälen für Na^+-, K^+-, Ca^{2+}- und Cl^--Ionen. Die hydrophilen Kanäle werden immer nur vorübergehend durch elektrische oder chemische Signale geöffnet und lassen nach Öffnung Ionen in Richtung ihrer Konzentrationsgradienten passieren. In chemischen Synapsen wirken z. B. Neurotransmitter wie Acetylcholin, Glutamat oder Serotonin. Die Substanzen werden aus präsynaptischen Nervenendigungen freigesetzt. Sie diffundieren zu postsynaptischen Membranen und binden hier an Ionenkanal-gekoppelte Rezeptoren. Erregende Transmitter öffnen Na^+- und Ca^{2+}-Kanäle. Die einströmenden Ionen depolarisieren postsynaptische Membranen. Bei stärkerer Depolarisation werden auch benachbarte, Membranpotenzial-abhängige Ionenkanäle geöffnet und ein Aktionspotenzial breitet sich aus. Inhibitorische Neurotransmitter öffnen K^+- oder Cl^--Kanäle. Die Bewegungen von K^+- oder Cl^--Ionen in Richtung ihrer Konzentrationsgradienten – K^+-Ionen strömen in Zellen hinein, und Cl^--Ionen diffundieren aus Zellen heraus – verstärken die bestehenden Ladungsunterschiede an postsynaptischen Membranen und erschweren die Depolarisation der Membranen.
2. **G-Protein-gekoppelte Rezeptoren** verändern die Aktivität von Signalproteinen über trimere GTP-bindende Proteine (trimere G-Proteine). Die Rezeptoren befinden sich in direktem Kontakt mit den G-Proteinen, die ihrerseits Enzyme aktivieren oder hemmen und Ionenkanäle steuern. Durch trimere G-Proteine aktivierte Enzyme katalysieren die Bildung **intrazellulärer Botenstoffe**, darunter **3',5'-zyklisches AMP** *(cyclic AMP, cAMP)*, **3',5'-zyklisches GMP** *(cyclic GMP, cGMP)*, **Inositoltrisphosphat (IP$_3$)** und **Diacylglycerin**. Die Botenstoffe wirken auf Signal- und Effektorproteine in Zellen (siehe weiter unten und Abb. 3.18).
3. **Enzymgekoppelte Rezeptoren** sind überwiegend *single-pass*-Membranproteine mit Domänen auf beiden Seiten der Zellmembran. Auf der extrazellulären Seite befinden sich Bindungsdomänen für Liganden und auf der intrazellulären Seite katalytische Domänen oder Domänen, die Enzyme, meist Proteinkinasen, binden und aktivieren.

Signalproteine wirken wie molekulare Schalter. Sie wechseln zwischen zwei Zuständen, einem aktiven und einem inaktiven Zustand. Änderungen der Konformation von Signalproteinen werden durch direkten Kontakt mit anderen Proteinen, durch Phosphorylierung und Dephosphorylierung, durch Bindung und Hydrolyse von GTP oder durch Bindung von Botenstoffen wie cAMP und Ca^{2+}-Ionen gesteuert.

Die Phosphorylierung von Proteinen ist besonders weit verbreitet. In menschlichen Zellen wirken über 520 verschiedene **Proteinkinasen**, die Proteine phosphorylieren, und über 150 verschiedene **Phosphoprotein-Phosphatasen**, die phosphorylierte Proteine wieder dephosphorylieren. Beim größten Teil der Proteinkinasen handelt es sich um serin- und threoninspezifische Kinasen. Sie übertragen eine Phosphorylgruppe auf Serin- oder Threo-

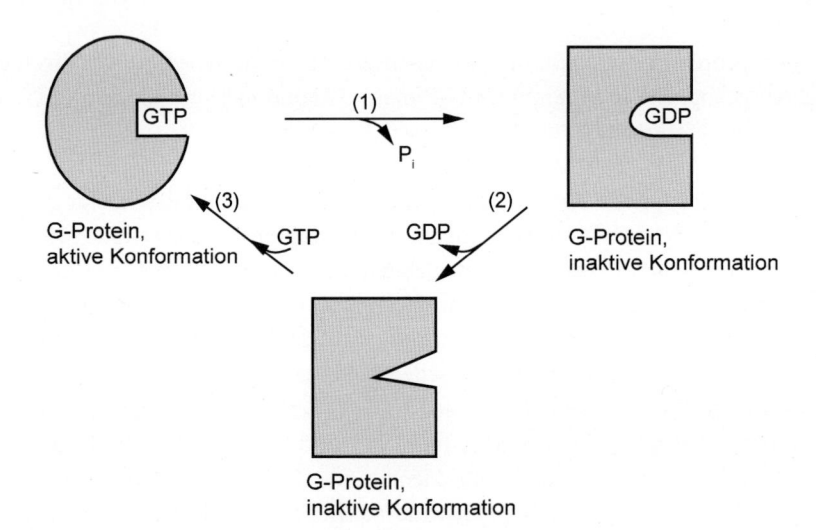

Abb. 3.17 GTP-bindende Proteine wirken in Signalübertragungen als molekulare Schalter. Sie werden durch GTPase-aktivierende Proteine und Guaninnucleotid-Austauschfaktoren unterstützt. GTPase-aktivierende Proteine beschleunigen die Hydrolyse von gebundenem GTP und den Übergang von G-Proteinen in eine inaktive Konformation (*Reaktion 1*). Guaninnucleotid-Austauschfaktoren katalysieren den Austausch von GDP gegen GTP (*Reaktionen 2* und *3*) und die Rückkehr in eine aktive Konformation

ninreste in Proteinen. Eine zweite Gruppe umfasst Kinasen, die Tyrosinreste in Proteinen modifizieren. Einige Proteinkinasen phosphorylieren sowohl Serin- und Threonin- als auch Tyrosinreste. Phosphoprotein-Phosphatasen unterscheiden sich ebenfalls in ihrer Spezifität für phosphorylierte Serin-, Threonin- und Tyrosinreste. Die Aktivität von Proteinkinasen und Phosphoprotein-Phosphatasen hängt darüber hinaus nicht nur von den Aminosäureresten ab, die phosphoryliert werden, sondern auch von der Umgebung der Reste.

GTP-abhängige Regulationen von Signal- und Effektorproteinen sind ebenfalls sehr häufig. G-Proteine nehmen bei der Bindung von GTP eine aktive Konformation ein und wechseln nach Hydrolyse von GTP in eine inaktive Konformation. Das Hydrolyseprodukt GDP bleibt zunächst an den Proteinen gebunden, und erst ein Austausch von GDP gegen GTP führt wieder zu der aktiven Konformation (Abb. 3.17). **Trimere G-Proteine** werden durch G-Protein-gekoppelte Rezeptoren aktiviert. Die Rezeptoren fördern nach Bindung extrazellulärer Liganden den Tausch von GDP gegen GTP und aktivieren dadurch trimere G-Proteine. **Monomere GTP-bindende Proteine** werden durch spezifische **Guaninnucleotid-Austauschfaktoren** (*guanine nucleotide exchange factors*, GEFs) aktiviert. Die GTP-hydrolysierende Aktivität von G-Proteinen, sowohl der trimeren G-Proteine als auch der monomeren GTP-bindenden Proteine, wird durch **GTPase-aktivierende Proteine** (*GTPase activating proteins*, GAPs) beschleunigt.

Phosphorylierungen und GTP-Aktivierungen von Proteinen sind reversibel. Phosphorylierte Aminosäurereste werden dephosphoryliert, und die aktivierende Wirkung von gebundenem GTP wird durch die Hydrolyse des Nucleotids wieder aufgehoben. Signalübertragungen, bei denen proteolytische Fragmente als Signalvermittler auftreten, sind dagegen irreversibel. So führt die Aktivierung des Rezeptorproteins **Notch** in Zellmembranen zur Abspaltung eines Rezeptorfragments, das im Zellkern als Transkriptionsfaktor wirkt. Notch-Rezeptormoleküle können nur einmal aktiviert werden. Nächstfolgende Aktivierungen erfordern neue Rezeptormoleküle.

In jedem Organismus wirken Hunderte verschiedener Signale in nahezu unbegrenzter Zahl von Kombinationen, und die verschiedenen Zelltypen reagieren in Abhängigkeit von ihrem Repertoire an Rezeptor-, Signal- und Effektorproteinen unterschiedlich. Die zellulären Netzwerke von Signalproteinen werden durch **Anker-** und **Gerüstproteine** unterstützt. Ankerproteine lokalisieren Signalproteine an spezifischen Orten in Zellen und Gerüstproteine vereinigen mehrere Signalproteine in einem Komplex. Signalproteine können sich auch erst nach Ankunft eines Signals zu Komplexen zusammenfinden. So führt die Phosphorylierung eines Proteins oft zur Assoziation mit anderen Proteinen. Die Bindung wird durch spezifische Proteindomänen mit Spezifität für phosphorylierte Peptidschleifen vermittelt, darunter Src-Homologie-2-Domänen (SH2-Domänen) und Phosphotyrosinbindende Domänen (PTB-Domänen).

Einzelne Signalproteine können zwei oder mehrere unterschiedliche Signale empfangen und ein summarisches Signal weitergeben. Signalproteine können ein Signal auch gleichzeitig an zwei Signalwege weiterleiten. Eine wichtige Rolle spielen außerdem Mechanismen der Rückkopplung. Wenn ein Signal über zwei oder mehrere Stufen geleitet wird und ein nachgeschaltetes Signalprotein die Aktivität vorgelagerter Signalproteine stimuliert, wird das Signal verstärkt. Man spricht in solchen Fällen von „positiver Rückkopplung". Umgekehrt wird bei „negativer Rückkopplung" die Aktivität vorgeschalteter Signalproteine durch nachfolgende Signalproteine abgeschwächt. Positive Rückkopplungen können stabile Veränderungen in Zellen bewirken, die auch nach Abklingen der auslösenden Signale bestehen bleiben. So führen einzelne, vorübergehende Signale während der Embryonalentwicklung zu einer lebenslänglichen Festlegung von Zellen. Negative Rückkopplungen können, wenn sie mit einer Verzögerung eintreten, Oszillationen von Signalen bewirken, z. B. Oszillationen intrazellulärer Ca^{2+}-Konzentrationen.

Zellen werden meist nur kurze Zeit durch extrazelluläre Signale aktiviert oder inaktiviert. Die begrenzte Lebensdauer von Botenstoffen erlaubt Zellen, ständig neue Signale zu empfangen und darauf zu reagieren. Bei lang andauernden Stimulierungen nimmt die Reaktion von Zellen auf die auslösenden Signale ab. Die „Desensibilisierung" beruht auf der Inaktivierung von Rezeptoren, der Aufnahme von Zellmembranrezeptoren in intrazelluläre Vesikel und dem Abbau von Botensubstanzen und Signalproteinen. Signale können auch durch spezifische Inhibitorproteine unterdrückt werden.

G-Protein-gekoppelte Rezeptoren (GPCR), trimere G-Proteine und intrazelluläre Botenstoffe

G-Protein-gekoppelte Rezeptoren bilden mit über 750 Proteinen die größte Rezeptorfamilie beim Menschen. Die Rezeptoren haben außerordentliche Bedeutung für die Medizin, da ihre zu starke oder nicht ausreichende Aktivierung mit vielen Krankheiten assoziiert ist. Zu den GPCR gehören Rezeptoren für Neurotransmitter, Hormone, Geruchs- und Geschmacksstoffe, lokal wirkende Mediatoren und Lichtquanten. Die Rezeptoren übermitteln Signale an trimere GTP-bindende Proteine. Verschiedene Zelltypen verfügen über unterschiedliche GPCR, und ein und dasselbe Signal kann von verschiedenen Rezeptoren aufgenommen werden. Für Acetylcholin gibt es z. B. fünf, für Adrenalin neun und für Serotonin 14 verschiedene Rezeptoren.

Die Struktur aller GPCR ist ähnlich. Sie bestehen aus einer durchgehenden, in Zellmembranen eingebetteten Polypeptidkette mit sieben transmembranalen Segmenten. In Schleifen zwischen den Membransegmenten befinden sich extrazellulär Bindungsorte für Signalmoleküle und intrazellulär Kontaktstellen für G-Proteine. Bei Bindung eines Signalmoleküls erfahren die Rezeptoren eine größere Konformationsänderung, die in angelagerten trimeren G-Proteinen einen Austausch von GDP gegen GTP bewirkt. Jedes Rezeptormolekül aktiviert viele Moleküle eines Typs von G-Proteinen.

Trimere G-Proteine sind über kovalent gebundene Lipide an der innerne Seite von Plasmamembranen lokalisiert. Ihre drei Untereinheiten, α, β und γ, haben unterschiedliche Funktionen. Die Untereinheit α hat üblicherweise das Nucleotid GDP gebunden, und ihre intrinsische GTPase-Aktivität wird durch Kontakt mit der β-Untereinheit blockiert. Bei der Aktivierung eines trimeren G-Proteins durch einen GPCR wird das GDP der α-Untereinheit gegen GTP ausgetauscht, und die Wechselwirkungen zwischen der α-Untereinheit und den β- und γ-Untereinheiten werden geschwächt. In vielen Fällen dissoziieren aktivierte G-Proteine in α-Untereinheiten und Komplexe aus β- und γ-Einheiten. Die α-Untereinheiten wirken mit gebundenem GTP auf benachbarte Enzyme und Ionenkanäle, und auch die β,γ-Komplexe können Wirkungen auf andere Proteine ausüben. Aktive Konformationen von G-Proteinen sind nur kurzlebig, weil gebundenes GTP in den α-Untereinheiten wieder schnell zu GDP hydrolysiert wird. Die intrinsische GTPase-Aktivität der α-Untereinheiten wird durch GTPase-aktivierende Proteine (GAP), die auch **Regulatoren der Signalübertragung durch G-Proteine (RGS)** genannt werden, verstärkt. Von den Regulatorproteinen gibt es ca. 25 Varianten, jede mit Spezifität für eine Gruppe von G-Proteinen.

Das menschliche Genom enthält 20 verschiedene Gene für α-Untereinheiten, sechs Gene für β-Untereinheiten und elf Gene für γ-Untereinheiten von G-Proteinen. Die Untereinheiten finden in verschiedenen Kombinationen zusammen. Auf diese Weise entstehen viele trimere G-Proteine, die in Abhängigkeit von den Sequenzen ihrer α-Untereinheiten vier Hauptfamilien zugeordnet werden (Tab. 3.2). Zu der Familie I gehören die Proteine G_s (stimulierende G-Proteine) und G_{olf} (olfaktorische G-Proteine). Sowohl G_s- als auch G_{olf}-Proteine aktivieren membrangebundene Adenylylcyclase. Das Enzym wandelt ATP in den intrazellulären Botenstoff **cAMP** um. In die Familie II sind G_i-Proteine (inhibitorische G-Proteine) und die G-Proteine G_o und G_t (Transducin, G-Protein der Lichttransduktion) eingeordnet. Die α-Untereinheiten von G_i-Proteinen hemmen Adenylylcyclase, und die β,γ-Komplexe aktivieren K^+-Kanäle in Zellmembranen. G_o-Proteine aktivieren ebenfalls K^+-Kanäle und außerdem das Enzym Phospholipase C-β (PLC-β), das in Plas-

3.6 Proteinfunktion IV: Signalübertragungen

Tab. 3.2 Wirkungen trimerer G-Proteine nach Aktivierung durch G-Protein-gekoppelte Rezeptoren

G-Protein	Wirkungen
G_s	$G_s(\alpha)$: Aktivierung von Adenylylcylase, Anstieg von cAMP, Aktivierung cAMP-abhängiger Proteinkinasen
G_{olf}	$G_{olf}(\alpha)$: Aktivierung von Adenylylcylase, Anstieg von cAMP, Aktivierung cAMP-abhängiger Ionenkanäle
G_i	$G_i(\alpha)$: Hemmung von Adenylylcylase
	$G_i(\beta,\gamma)$: Aktivierung von K⁺-Kanälen
G_o	$G_o(\alpha)$: Aktivierung von Phospholipase C-β
	$G_o(\beta,\gamma)$ Aktivierung von K⁺-Kanälen
G_t	$G_t(\alpha)$: Aktivierung cGMP-abhängiger Phosphodiesterase, Senkung der cGMP-Konzentration und Schließen cGMP-abhängiger Ionenkanäle
G_q	$G_q(\alpha)$: Aktivierung von Phospholipase C-β, Bildung von IP_3 und Diacylglycerin, Anstieg von Ca^{2+}-Ionen im Cytosol und Aktivierung von Proteinkinase C und Ca^{2+}, Calmodulin-abhängiger Proteine
$G_{12/13}$	$G_{12/13}$: Aktivierung von Guaninnucleotid-Austauschfaktoren, Aktivierung monomerer GTP-bindender Proteine

mamembranen Phosphatidylinositol-4, 5-bisphosphat in die intrazellulären Botenstoffe **Inositol-1,4,5-trisphosphat (IP3)** und **Diacylglycerin** spaltet. PLC-β wird auch durch G_q-Proteine aktiviert. Diese Proteine bilden die Familie III. Die Familie IV besteht aus den $G_{12/13}$-Proteinen, die Guaninnucleotid-Austauschfaktoren (GEF) einer Gruppe monomerer GTPasen, der Rho-Proteine, aktivieren.

Die meisten GPCR verändern über trimere G-Proteine und nachfolgende Enzyme die Konzentrationen intrazellulärer Botenstoffe, darunter zyklisches AMP (cAMP), zyklisches GMP (cGMP), Inositol-1,4,5-trisphosphat (IP_3), Diacylglycerin und Ca^{2+}-Ionen (Abb. 3.18).

Die zyklischen Nucleotide werden durch Cyclaseenzyme gebildet. **Adenylylcyclase** synthetisiert aus ATP zyklisches AMP und **Guanylylcyclase** aus GTP zyklisches GMP. Die zyklischen Botenstoffe werden von Phosphodiesterasen gespalten. Die cAMP-abhängigen Phosphodiesterasen hydrolysieren cAMP zu AMP und cGMP-abhängige Phosphodiesterasen hydrolysieren cGMP zu GMP. Die Phosphodiesterasen begrenzen durch ihre Aktivität intrazelluläre Konzentrationen und Wirkungen der zyklischen Nucleotide.

Zyklisches AMP aktiviert in den meisten Zellen cAMP-abhängige Proteinkinasen (PKA). Eine Kinase, PKA I, befindet sich im Cytosol, während eine zweite Kinase, PKA II, über Ankerproteine an Kern-, Mitochondrien- und Plasmamembranen sowie an Mikrotubuli gebunden ist. Beide Kinasen sind Tetramere aus je zwei regulatorischen und zwei katalytischen Untereinheiten. Die katalytischen Untereinheiten werden erst nach Assoziation von cAMP an die regulatorischen Untereinheiten aktiv. Sie dissoziieren von den regulatorischen Untereinheiten und phosphorylieren Serin- und Threoninreste in Signal- und Effektorproteinen. Veränderungen der intrazellulären cAMP-Konzentration können sich sehr schnell, innerhalb von Sekunden und Minuten, oder auch nach erst nach Stunden

3′, 5′-zyklisches Adenosinmonophosphat (zyklisches AMP, cAMP)

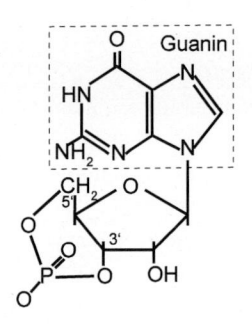

3′, 5′-zyklisches Guanosinmonophosphat (zyklisches GMP, cGMP)

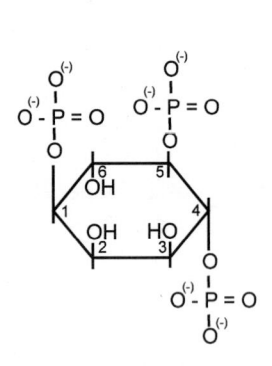

Inositol-1, 4, 5 - trisphosphat (IP$_3$)

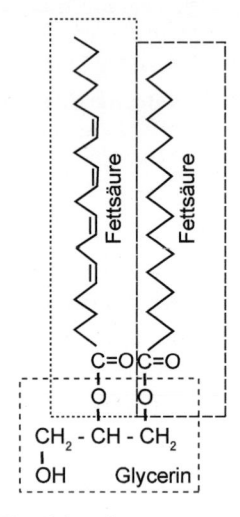

Diacylglycerin

Abb. 3.18 Intrazelluläre Botenstoffe

auf Zellfunktionen auswirken. Änderungen der Funktion metabolischer Enzyme im Cytoplasma erfolgen schnell. Änderungen der Transkription von Genen erfordern längere Zeit, weil die katalytischen Untereinheiten erst aus dem Cytosol in den Zellkern diffundieren müssen. Die Untereinheiten phosphorylieren in Kernen das Transkriptionsprotein CREB. Phosphoryliertes CREB bindet an „cAMP-reaktive Elemente" (CRE) der DNA und assoziiert gleichzeitig ein CREB-bindendes Protein (CBP). Der Komplex aus CREB und CBP aktiviert CRE-abhängige Gene.

Zyklisches AMP aktiviert nicht nur Kinasen. Die Botensubstanz bindet auch an spezifische Ionenkanäle und bewirkt ihre Öffnung. In einigen Zelltypen aktiviert cAMP einen Guaninnucleotid-Austauschfaktor (GEF), der die monomere GTPase Rap1 stimuliert. Rap 1 aktiviert Integrine in Zellmembranen und bewirkt eine festere Adhäsion von Zellen an die extrazelluläre Matrix.

3.6 Proteinfunktion IV: Signalübertragungen

Die Botensubstanz **zyklisches GMP** stimuliert cGMP-abhängige Proteinkinasen (cGMP-PK), die wie cAMP-abhängige Kinasen Serin- und Threoninreste in Zielproteinen phosphorylieren. In glatten Muskelzellen phosphoryliert eine cGMP-PK z. B. das Enzym Myosin-Phosphatase und leitet dadurch die Relaxation der Zellen ein. Zyklisches GMP kontrolliert auch spezifische cGMP-gesteuerte Ionenkanäle. So öffnen und schließen sich Ionenkanäle in Stäbchenzellen der Retina in Abhängigkeit von der intrazellulären cGMP-Konzentration. Wenn Lichtquanten auf das Rezeptorprotein **Rhodopsin** treffen, aktiviert dieses über das trimere G-Protein **Transducin** eine **cGMP-abhängige Phosphodiesterase**. Die Phosphodiesterase hydrolysiert cGMP und bewirkt durch Verringerung der intrazellulären cGMP-Konzentration das Schließen cGMP-abhängiger Ionenkanäle in äußeren Membranen von Stäbchenzellen. Nachfolgende Ladungsveränderungen an den Membranen wirken sich auf die Freisetzung von Transmittersubstanzen aus. Es werden weniger *hemmende* Transmitter abgegeben, wodurch eine Erregung postsynaptischer Membranen ausgelöst wird. Die Erregung wird an das Sehzentrum im Gehirn weitergeleitet.

Die intrazellulären Botenstoffe **Inositol-1,4,5-trisphosphat (IP3)** und Diacylglycerin (Abb. 3.18) entstehen bei der Hydrolyse von Phosphatidylinositol-4,5-bisphosphat durch Phospholipase C-β. Das wasserlösliche IP_3 diffundiert im Cytosol und bindet an IP_3-Rezeptoren in Membranen des endoplasmatischen Reticulum (ER). Die Rezeptoren sind Ca^{2+}-Kanäle, die sich nach Bindung von IP_3 öffnen und Ca^{2+}-Ionen aus dem ER in das Cytosol passieren lassen. Weitere Ca^{2+}-Ionen gelangen durch Ca^{2+}-abhängige Ca^{2+}-Kanäle aus dem ER in das Cytosol. Bei Zellaktivierungen strömen außerdem Ca^{2+}-Ionen aus dem extrazellulären Milieu und aus Mitochondrien in das Cytoplasma. Diese Ca^{2+}-Bewegungen sind unabhänig von IP_3. Die verschiedenen Ca^{2+}-Einströme lassen die cytosolische Ca^{2+}-Konzentration von ca. 10^{-7} M auf das Zehn- bis Zwanzigfache ansteigen. In der Folge werden Ca^{2+}-abhängige Proteine, darunter Proteinkinasen, metabolische Enzyme und Transportproteine aktiviert. Vermittelt werden die Aktivierungen oft durch **Calmodulin**, ein Ca^{2+}-bindendes Protein, das in allen Zellen vertreten ist. Das Protein enthält zwei Domänen mit je zwei Bindungsorten für Ca^{2+}-Ionen und wechselt bei Bindung von Ca^{2+}-Ionen in eine aktive Konformation. Ca^{2+}-Calmodulin-Komplexen aktivieren andere Proteine, darunter Ca^{2+}- und Calmodulin-abhängige Proteinkinasen (CAM-Kinasen). Eine in Synapsen lokalisierte CAM-Kinase, CAM-Kinase II, phosphoryliert neben anderen Proteinen auch sich selbst. Die Autophosphorylierung erhöht die Aktivität der Kinase, ein Effekt, der auch nach Abfall der Ca^{2+}-Konzentration und Dissoziation von Calmodulin über längere Zeit anhält.

Jede Veränderung intrazellulärer Ca^{2+}-Konzentrationen ist immer nur vorübergehend. Ca^{2+}-Ionen, die in das Cytosol gelangten, werden durch Ca^{2+}-ATPasen in Reticulum- und Zellmembranen wieder daraus entfernt. In Nerven- und Muskelzellen wird ein Teil der Ca^{2+}-Ionen auch durch ein Na^+/Ca^{2+}-Austauscherprotein aus dem Cytosol in das extrazelluläre Milieu befördert. Die Ca^{2+}-Speicher der Reticulummembranen werden andererseits nicht nur durch Aufnahme von Ca^{2+}-Ionen aus dem Cytosol, sondern auch durch direkten Einstrom von Ca^{2+}-Ionen aus dem extrazellulären Milieu an Kontaktstellen von Plasmamembran und Reticulummembranen aufgefüllt. Auch Mitochondrien tragen mit ihren Ca^{2+}-Transportsystemen zur Begrenzung von Ca^{2+}-Konzentrationen im Cytoplasma bei (siehe Abschn. 4.1).

Diacylglycerin, das neben IP$_3$ bei der Hydrolyse von Phosphatidylinositol-4, 5-bis-phosphat gebildet wird, verbleibt in Plasmamembranen. Der Botenstoff aktiviert Ca^{2+}- und Phosphatidylserin-abhängige Proteinkinasen, die auch **Proteinkinasen C** genannt werden. Die Kinasen befinden sich bei niedrigen intrazellulären Ca^{2+}-Konzentrationen im Cytoplasma. Wenn die Ca^{2+}-Konzentration steigt und Ca^{2+}-Ionen an Proteinkinasen C assoziieren, binden die Kinasen an die innere Seite von Plasmamembranen und werden hier durch Diacylglycerin und Phosphatidylserin stimuliert.

Diacylglycerin wird durch Lipasen in Fettsäuren und Glycerin zerlegt. Dabei wird u. a. **Arachidonsäure** frei, von der verschiedene Derivate, sogenannte **Eicosonoide** synthetisiert werden. Zu den Eiconosoiden gehören **Prostaglandine, Thromboxane** und **Leukotriene,** die alle ebenfalls Signalmoleküle mit unterschiedlichen Wirkungen sind. Einige Prostaglandine stimulieren die Kontraktion glatter Muskelzellen des Uterus, andere lösen Fieber, Entzündungen und Schmerzen aus. Thromboxane fördern u. a. die Aggregation von Thrombocyten. Leukotriene bewirken Kontraktionen glatter Muskelzellen in Bronchien und können Verkrampfungen und Entzündungen verstärken.

Enzymgekoppelte Rezeptoren

Enzymgekoppelte Rezeptoren verfügen über eigene enzymatische Aktivität oder sie assoziieren Enzyme. Die meisten sind *single-pass*-Membranproteine. Ihre Bindungsorte für Signalmoleküle liegen extrazellulär und die katalytischen Domänen oder Enzym-Bindungsdomänen intrazellulär. In Abhängigkeit von ihrer Struktur und Spezifität werden drei Typen von enzymgekoppelten Rezeptoren unterschieden: 1) Rezeptor-Tyrosinkinasen (RTK), 2) Tyrosinkinase-assoziierende Rezeptoren und 3) Rezeptor-Serin-/Threoninkinasen. Rezeptor-Tyrosinkinasen und Rezeptor-Serin-/Threoninkinasen phosphorylieren sich selbst und andere Proteine an Tyrosin- bzw. Serin- oder Threoninresten. Tyrosinkinase-assoziierende Rezeptoren haben keine eigene enzymatische Aktivität. Sie binden Tyrosin-phosphorylierende Proteinkinasen und weitere Proteine.

Rezeptor-Tyrosinkinasen (RTK) steuern Wachstum, Teilungen und Differenzierungen von Zellen. Die Rezeptoren werden durch lösliche extrazelluläre Signalproteine und membrangebundene Proteine benachbarter Zellen aktiviert. Liganden sind u. a. epidermaler Wachstumsfaktor (*epidermal growth factor*, EGF), thrombocytärer Wachstumsfaktor (*platelet-derived growth factor*, PDGF), Nervenwachstumsfaktor (*nerve growth factor*, NGF), Makrophagen-Kolonie-stimulierender Faktor (*macrophage colony stimulating factor*, MCSF), vaskulär-endothelialer Wachstumsfaktor (*vascular endothelial growth factor*, VEGF), Fibroblastenwachstumsfaktoren (*fibroblast growth factors*, FGFs), Insulin und Insulin-ähnliche Wachstumsfaktoren (*Insulin-type growth factors*, IGFs).

Die Aktivierung der ca. 60 verschiedenen RTK erfolgt nach einem mehr oder weniger einheitlichem Schema: Nach Bindung extrazellulärer Liganden assoziieren monomere RTK-Moleküle in Membranen zu Dimeren. Die intrazellulär gelegenen katalytischen Domänen der Rezeptoren phosphorylieren sich in den Dimeren gegenseitig an Tyrosinresten, wobei die Phosphorylierung erster Reste die katalytische Aktivität noch verstärkt und die

3.6 Proteinfunktion IV: Signalübertragungen

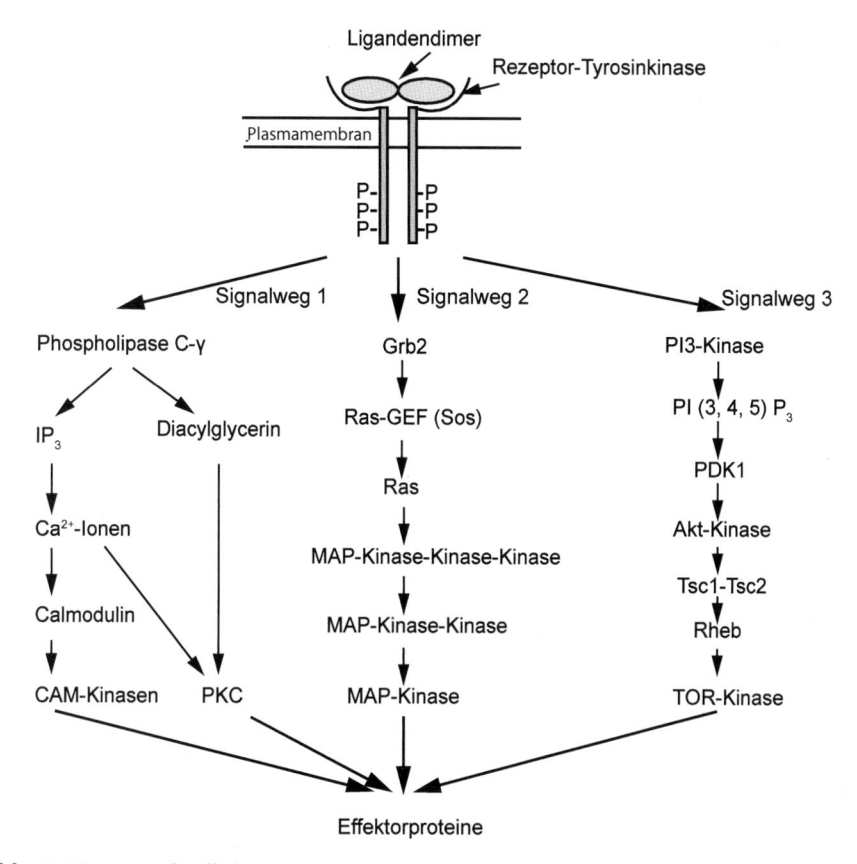

Abb. 3.19 Unterschiedliche Rezeptor-Tyrosinkinasen aktivieren drei verschiedene Signalwege (modifiziert nach Alberts et al., Molecular Biology of the Cell, 2008)

Phosphorylierung weiterer Tyrosinreste fördert. An phosphorylierte Peptidschleifen binden in der Folge intrazelluläre Signalproteine, die die erhaltenen Informationen zu spezifischen Signalwegen leiten. Die Signalproteine können direkt an phosphorylierte Sequenzen von RTK anlagern oder über Adapterproteine an RTK assoziieren.

Die Rezeptoren für Insulin und Insulin-ähnliche Wachstumsfaktoren bilden bereits in Abwesenheit von Liganden Tetramere. Nach Assoziation von Insulin oder IGF phosphorylieren sich die Kinasedomänen der Monomere gegenseitig, und sie binden und phosphorylieren als Signalprotein das Insulin-Rezeptor-Substrat-1 (IRS1).

Drei Hauptwege intrazellulärer Wirkungen von RTK sind: 1) die Aktivierung von **Phospholipase C-γ**, 2) die Aktivierung von **Ras-Proteinen** und **MAP-Kinase-Modulen** und 3) die Aktivierung der Kinasen **Akt** und **mTOR** (Abb. 3.19).

Phospholipase C-γ bindet an aktivierte RTK und hydrolysiert Inositolphospholipide. Die Lipide enthalten einen phosphorylierten Inositolring (siehe Abb. 3.18). Sie werden alternativ auch Phosphoinositide genannt. Phospholipase C-γ wirkt wie Phospholipase C-β, die durch G-Proteine aktiviert wird (siehe oben). Beide Enzyme setzen aus Inositolphospholipiden die Botenstoffe IP_3 und Diacylglycerin frei.

Tab. 3.3 Die Ras-Superfamilie

Proteinfamilie	ausgewählte Proteine	Funktionen
Ras	H-, K- und N-Ras	Signalübertragung von RTK
	Rheb	Aktivierung von mTOR
	Rep1	Aktivierung von Integrinen
Rho	Rho, Rac, Cdc42	Weitergabe von Signalen an Proteine des Cytoskeletts
ARF	ARF1, ..., ARF6	Lokalisation von Proteinen auf intrazellulären Membranvesikeln
Rab	Rab1, Rab2, ..., Rab60	Regulation des Transports intrazellulärer Membranvesikel
Ran	Ran	Regulation der Bildung der mitotischen Spindel
		Regulation des Transports von mRNA und Proteinen durch Kernmembranen

Die Ras-Superfamlie monomerer GTPasen enthält neben Ras-Proteinen auch Rho-, ARF-, Rab- und Ran-Proteine (Tab. 3.3), und nur die eigentlichen Ras-Proteine, H-, K- und N-Ras, sowie Rho-Proteine werden durch RTK nach Bindung von Wachstumsfaktoren aktiviert. Die Rezeptor-Tyrosinkinasen assoziieren intrazellulär das Adapterprotein **Grb2** und den Ras-spezifischen Guaninnucleotid-Austauschfaktor **Sos**, der GDP in membranassoziierten Ras-Proteinen gegen GTP tauscht. Ras-Moleküle mit gebundenem GTP aktivieren MAP-Kinase-Module (*mitogen activated protein kinase moduls*). Es handelt sich um drei Proteinkinasen, MAP-Kinase-Kinase-Kinase (MAPKKK oder Raf), MAP-Kinase-Kinase (MAPKK oder Mek) und MAP-Kinase (MAPK oder Erk). Die drei Kinasen werden in einer „Kaskade" aktiviert. Ras aktiviert Raf, und Raf phosphoryliert und aktiviert Mek. Aktiviertes Mek phosphoryliert dann die Kinase Erk, die ihrerseits mehrere Effektorproteine im Cytosol und im Zellkern phosphoryliert. Das Enzym aktiviert u. a. Transkriptionsfaktoren für „unmittelbar frühe Gene", deren Proteinprodukte den Start von Zellteilungszyklen auslösen (siehe Abschn. 4.2).

Monomere GTPasen der Rho-Familie werden durch einen Rho-spezifischen Guaninnucleotid-Austauschfaktor aktiviert. Spezifische RTK binden diesen Faktor und regulieren über ihn und Rho-Proteine die Struktur des Cytoskeletts, Prozesse der Genexpression, Membrantransporte und Prozesse des Zellzyklus.

Der dritte Weg der Signalübertragung führt von RTK über **Akt-Kinase** zu der **Kinase mTOR**, die in Zellen auf zwei Komplexe verteilt ist, **mTOR-Komplex-1 (mTORC1)** und **mTOR-Komplex-2 (mTORC2)**. Der erste Komplex steuert das Wachstum von Zellen. Der zweite Komplex ist Teil des Regulationssystems für mTORC1 und trägt zur Aktivierung von Akt-Kinase bei.

Insulin und Insulin-ähnlicher Wachstumsfaktor 1 (IGF-1) aktivieren mTORC1 über das G-Protein **Rheb**, das in aktivem Zustand mit gebundenem GTP unmittelbar mTORC1 stimuliert. Der Signalweg verläuft von Rezeptor-Tyrosinkinasen, die Insulin und IGF-1 binden, über mehrere Signalproteine. Die Rezeptoren assoziieren und phosphorylieren

3.6 Proteinfunktion IV: Signalübertragungen

Aktivierung bei
Nährstoffangebot
- über Insulin und IGF1 - Akt-Kinase - Rheb-GTP
- durch andere Wachstumsfaktoren - Ras/MAP-Kinasen - Rheb-GTP
- durch Aminosäuren - Ragulator/RAG-GTPasen - Lokalisierung mTORC1 an Lysosomen

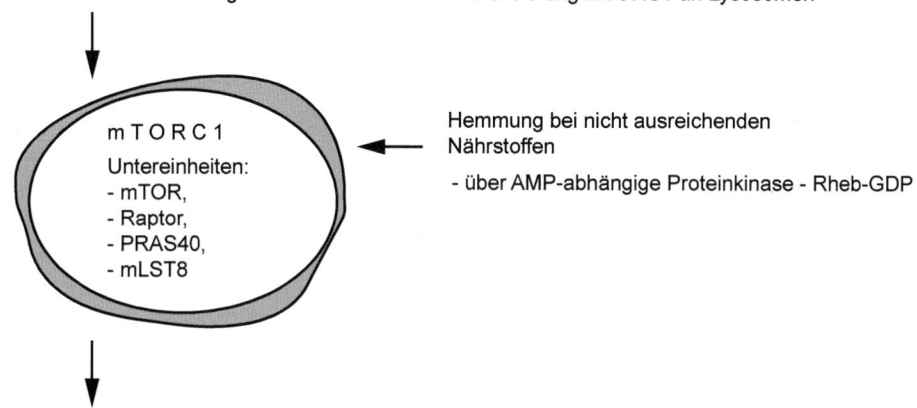

↓

mTORC1
Untereinheiten:
- mTOR,
- Raptor,
- PRAS40,
- mLST8

← Hemmung bei nicht ausreichenden Nährstoffen
- über AMP-abhängige Proteinkinase - Rheb-GDP

↓

Wirkungen durch Phosphorylierung von Proteinen
- Stimulierung Proteinsynthese,
- Aktivierung Lipidsynthese,
- Hemmung kataboler Reaktionen,
- Hemmung autophager Prozesse
- bei chronischer Aktivierung von mTORC1: Entzündungen, Zellseneszenz

Abb. 3.20 Regulationen und Wirkungen des Kinasekomplexes mTORC1

intrazellulär **Insulin-Rezeptor-Substrat-1**. An den Komplex lagert **Phosphoinositid-3-Kinase** (PI-3-Kinase) an und überträgt Phosphatreste auf Phosphoinositide in Plasmamembranen. Dabei entsteht Phosphatidylinositol-3, 4, 5-trisphosphat (PI(3, 4, 5)P_3), das **Phosphoinositid-abhängige Proteinkinase 1** (PDK1) und **Akt-Kinase** an Membranen bindet. Letztere wird von PDK1 und mTORC2 phosphoryliert und aktiviert. Aktive Akt-Kinase dissoziiert wieder von den Membranen und phosphoryliert mehrere Substrate, darunter Transkriptionsfaktoren und das Protein Tsc2 im Proteinkomplex **Tsc1-Tsc2**. Der Komplex stimuliert üblicherweise die GTPase-Aktivität von Rheb und verhindert dadurch die Aktivierung von mTORC1. Nach Phosphorylierung durch Akt-Kinase wird Tsc1-Tsc2 inaktiv, und Rheb wechselt in den aktiven Zustand mit gebundenem GTP und stimuliert mTORC1.

Der Kinasekomplex mTORC1 ist in allen Zellen vertreten und wird nicht nur durch Insulin und IGF-1, sondern durch viele weitere Faktoren reguliert (Abb. 3.20). Er hat eine Schlüsselfunktion im Zellstoffwechsel und phosphoryliert unmittelbar Translationsfaktoren, Faktoren der Bildung von Autophagosomen und weitere Proteine. Wenn mTORC1 aktiv ist, wird die Synthese von Proteinen und Lipiden stimuliert, gleichzeitig werden Abbaureaktionen und autophage Prozesse unterdrückt.

Tyrosinkinase-assoziierende Rezeptoren binden nach Aktivierung durch Liganden **Src-Kinasen**, **Januskinasen** und weitere Tyrosinkinasen, die sich und andere Proteine phosphorylieren. Zu der Rezeptorgruppe gehören Rezeptoren für Antigene, **Cytokine** und einige Hormone. Cytokine sind lösliche Proteine, die von Zellen freigesetzt werden und auf andere Zellen wirken, wie Interferone, Interleukine, Erythropoetin und Tumornekrosefaktor α.

Antigenrezeptoren assoziieren Tyrosinkinasen der **Src-Familie**, darunter Src-, Fyn-, Blk-, Lyn- und Syk-Kinasen. Die Enzyme enthalten jeweils neben ihrer katalytischen Domäne weitere Domänen für Wechselwirkungen mit Rezeptoren und anderen Proteinen. Sie sind durch Protein-Protein-Bindungen oder kovalent gebundene Lipide an der inneren Seite von Plasmamembranen lokalisiert und werden hier nach Rezeptoraktivierung wirksam.

Antigenrezeptoren von B-Lymphocyten, die aus einem Antikörpermolekül und einem assoziierten Komplex aus zwei Polypeptiden, Igα und Igβ, zusammengesetzt sind, haben z. B. eine Src-Kinase (Fyn-, Blk- oder Lyn-Kinase) an Igβ angelagert. Wenn die Rezeptoren ein spezifisches Antigen binden, assoziieren sie in Membranen, und die gebundene Src-Kinase phosphoryliert sowohl Igα als auch Igβ. An phosphorylierte Sequenzen der zwei Polypeptide bindet Syk-Kinase und leitet das Signal der Antikörperbindung weiter.

Cytokinrezeptoren und die Rezeptoren einiger Hormone, darunter Wachstumshormon und Prolactin, assoziieren nach Aktivierung eine **Tyrosinkinase der Janusfamilie**, JAK1, JAK2, JAK3, JAK4 oder Tyk2. Die Kinasen phosphorylieren sich gegenseitig, und sie phosphorylieren auch Tyrosinreste der Rezeptoren. An phosphorylierte Peptidabschnitte binden latente genregulierende Proteine, die man als **Signalüberträger und Aktivatoren der Transkription** (*signal transducers and activators of transcription*, STATs) bezeichnet. Die Proteine STAT1, STAT2, ..., STAT5 und STAT6 werden ebenfalls von Januskinasen phosphoryliert. Sie dissoziieren nach Phosphorylierung wieder von den Rezeptor-Januskinase-Komplexen und lagern sich zu Homo- oder Heterodimeren zusammen. Die Dimere werden in den Kern von Zellen transportiert und binden hier zusammen mit anderen Transkriptionsfaktoren an regulierende Sequenzen spezifischer Gene. Wachstumshormon regt z. B. über phosphorylierte STAT1/STAT5-Dimere die Synthese von Insulin-ähnlichem Wachstumsfaktor 1 (IGF-1) an, und Prolactin aktiviert über phosphorylierte STAT5-Dimere Gene für Milchproteine. Nach Abklingen der Rezeptorstimulierung werden phosphorylierte STAT-Proteine, Januskinasen und Rezeptoren durch Phosphoprotein-Phosphatasen wieder dephosphoryliert.

Eine weitere Gruppe von Rezeptoren, die intrazelluläre Tyrosinkinasen assoziieren, sind **Integrine**. Die Adhäsionsmoleküle verbinden Zellen mit der extrazellulären Matrix und benachbarten Zellen (siehe Abschn. 4.4). Sie bestehen aus zwei transmembranalen Polypeptiden, Integrin α und Integrin β. Die extrazellulären Bereiche der Proteine binden an Matrixproteine oder Membranproteine, während die intrazellulären Domänen Ankerproteine assoziieren, die eine Verbindung zum Cytoskelett von Zellen herstellen. Integrine assoziieren in Zell-Matrix-Kontakten und leiten die Bildung fokaler Adhäsionen (*focal adhesions*) zwischen Zellen und extrazellulärer Matrix ein. Intrazellulär binden sie die Tyrosinkinase **Fokale Adhäsionskinase** und eine Src-Kinase. Die Kinasen leiten Informationen über Zell-Matrix-Kontakte an Cytoskelettproteine und Transkriptionsfaktoren weiter.

Rezeptor-Serin-/Threoninkinasen phosphorylieren genregulierende Proteine der Smad-Familie. Ihre Liganden sind die **transformierenden Wachstumsfaktoren β** (*transforming growth factors β*, TGFβ), insgesamt über 30 Faktoren, zu denen neben den eigentlichen TGFβ-Proteinen auch **Activine** und **knochenmorphogenetische Proteine** (*bone morphogenetic proteins*, BMP) gehören. TGFβ-Proteine steuern während der Embryogenese das Wachstum, die Spezifikation und die Differenzierung von Zellen. Sie wirken als **Morphogene**, d. h. sie regen Zellen in Abhängigkeit von ihrer Lokalisation zu unterschiedlicher Differenzierung an. Die Faktoren beeinflussen auch die Adhäsion und die Migration von Zellen. Im erwachsenen Organismus kontrollieren TGFβ-Proteine Funktionen des Immunsystems und Regenerationsprozesse in Geweben.

Die Rezeptoren für TGFβ, Activine und BMP sind Dimere aus zwei identischen *single-pass*-Membranpolypeptiden. Sie treten in zwei Varianten auf, Typ-I-Dimere und Typ-II-Dimere. TGFβ-Moleküle sind ebenfalls Dimere. Sie binden gleichzeitig ein Typ-I- und ein Typ-II-Rezeptormolekül und vereinigen die Moleküle in einem Komplex, in dem die Kinasedomäne des Typ-II-Moleküls das Typ-I-Molekül phosphoryliert. Der aktivierte Komplex bindet und phosphoryliert Signalproteine der **Smad-Familie**. Zu der Familie gehören acht Proteine, von denen fünf, die **R-Smad-Proteine** Smad 1, 2, 3, 5 und 8, latente genregulierende Proteine sind. Smad 2 und Smad 3 binden an TGFβ-Rezeptoren und Activinrezeptoren, Smad 1, Smad 5 und Smad 8 an Rezeptoren für BMP. R-Smad-Proteine dissoziieren nach ihrer Phosphorylierung wieder von den Rezeptorkomplexen und bilden mit einem weiteren Smad-Protein, Smad 4, Dimere, die in den Zellkern wandern und die Transkription spezifischer Gene anschalten. Smad 4 kann mit jedem R-Smad-Protein Komplexe bilden, und die R-Smad Proteine pendeln zwischen den Rezeptoren, an denen sie phosphoryliert werden, und den Zellkernen, in denen sie zeitabhängig wieder dephosphoryliert werden, hin und her. Smad-Heterodimere binden zusammen mit Cofaktoren an DNA, und ihre Wirkungen auf die Genexpressionen sind abhängig von den in verschiedenen Zelltypen vorhanden Cofaktoren. Zwei weitere Smad-Proteine, Smad 6 und Smad 7, vermitteln negative Rückkopplungen. Die Proteine binden ebenfalls an aktivierte Rezeptoren der TGFβ-Superfamilie. Sie werden phosphoryliert und assoziieren mit Smad 4. Die heterodimeren Komplexe wirken aber nicht als Transkriptionsfaktoren. Da Smad 6 und Smad 7 mit R-Smad-Proteinen um Bindungsorte an TGFβ-Rezeptoren konkurrieren und auch Smad 4 binden, behindern sie R-Smad-Proteine. Smad 6 und Smad 7 vermitteln außerdem über eine Ubiquitin-Ligase den proteolytischen Abbau von TGFβ-Rezeptoren und Smad 4.

Aktivierung latenter genregulierender Proteine durch Proteolyse

Von Rezeptoren können Fragmente abgespalten werden, die als intrazelluläre Signalmoleküle wirken. Ein Signalweg dieser Art ist der **Notch-Signalweg**, der wichtige Regulationen in der Entwicklung von Zellen vermittelt. Sowohl die Rezeptoren, Notch 1–4, als auch ihre Liganden **Delta-like** (Dll1, Dll3, Dll4) und **Jagged** (Jag1, Jag2) sind Membranproteine. Sie können auf der Oberfläche von Zellen in *cis* und *trans* in Wechselwirkung treten. Wenn ein

Ligand und ein Rezeptor der gleichen Zelle aneinander binden, wird Notch nicht aktiviert, sondern inaktiviert. Wenn dagegen Delta/Jagged-Liganden einer Zelle an Notch-Rezeptoren einer Nachbarzelle binden, werden die Rezeptoren aktiviert. Eine Metalloprotease trennt dann von Notch-Protein einen extrazellulären Teil ab, der zusammen mit dem Ligandenmolekül in Endosomen der Nachbarzelle aufgenommen und anschließend abgebaut wird. Der verbleibende Teil von Notch wird innerhalb der Zellmembran durch die membranständige Protease **γ-Sekretase** gespalten. Die freigesetzte intrazelluläre Domäne (*Notch intracellular domain*, NICD) wandert in den Zellkern und assoziiert an das DNA-bindende Protein CSL. CSL steht mit mehreren Proteinen in Wechselwirkung. In Abwesenheit von Notch-Fragment bildet es den Kern von Repressorkomplexen, die kompakte Chromatinstrukturen aufrechterhalten. Wenn die intrazelluläre Domäne von Notch an CSL bindet, entstehen Komplexe mit Histon-Acetyltransferase, die Chromatinabschnitte für Transkriptionen zugänglich machen. Die Genexpression der Zellen wird verändert.

Die Aktivierung von Notch-Rezeptoren erfolgt über kurze Distanz, von einer Zelle zur anderen. Zellen mit mehr Delta/Jagged-Liganden als Notch-Rezeptoren senden Signale, Zellen mit mehr Notch-Rezeptoren als Delta/Jagged-Liganden empfangen Signale. Die Vielseitigkeit des Signalweges beruht auf jeweils mehreren Typen von Notch-Rezeptoren und Liganden, die zudem unterschiedlich modifiziert sein können. Dazu kommen zellspezifische Cofaktoren und Wechselwirkungen des Notch-Signalsystems mit anderen Regulationssytemen.

In den Signalwegen von **Wnt-Proteinen** und **Hedgehog-Proteinen**, die als lokale Mediatoren und Morphogene unterschiedliche Gruppen von Genen anschalten, treten ebenfalls Proteolysereaktionen auf.

Wnt-Proteine, beim Menschen insgesamt 19 verschiedene Proteine, die eine kovalent gebundene Fettsäure enthalten, binden an **Frizzled-Rezeptoren** und Corezeptoren, darunter die **Low-Density-Lipoprotein-Rezeptor-ähnlichen Proteine 5** und **6**. Ihre genregulierende Wirkung wird durch das intrazelluläre Protein **β-Catenin** vermittelt. β-Catenin koppelt in Zell-Zell-Verbindungen transmembranale Cadherinmoleküle mit Actinfilamenten (siehe Abschn. 4.4). Wenn das Protein alternativ in den Zellkern gelangt, wirkt es als Transkriptionsaktivator. In Abwesenheit von Wnt-Proteinen wird β-Catenin im Cytosol kontinuierlich abgebaut. Wnt-Proteine unterdrücken über Frizzled- und Corezeptoren die Proteolyse von β-Catenin. Das Protein akkumuliert im Cytosol von Zellen und diffundiert in den Zellkern, wo es ausgewählte Gene, darunter das Gen für das Protein *c-Myc*, aktiviert. Neben dem ß-Catenin-abhängigen Signalweg initiieren Wnt-Proteine alternativ auch Signalwege der Freisetzung von Ca-Ionen aus intrazellulären Speichern und der Aktivierung monomerer G-Proteine RhoA und Rac1. Die spezifischen Wirkungen hängen von den jeweiligen Wnt-Proteinen, ihren Antagonisten, Rezeptoren und Corezeptoren, sowie zusätzlichen Faktoren in Zellen ab.

Hedgehog-Proteine haben ebenfalls eine Fettsäure und zusätzlich Cholesterin kovalent gebunden. Sie assoziieren an die Rezeptoren **Patched** und **iHog** und heben eine inaktivierende Wirkung der Rezeptoren auf **Smoothened-Proteine** auf. Smoothened-Proteine sind 7-*pass*-Membranproteine, die Signale in das Zellinnere leiten. Hedgehog-Proteine verhindern auch den Abbau der latenten genregulierenden Proteine Gli1, Gli2 und Gli3. Die Proteine werden bei Einwirkung von Hedgehog auf Zellen nicht hydrolysiert und wirken als Transkriptionsfaktoren.

Weitere latente genregulierende Proteine befinden sich im Cytoplasma von Zellen in Komplexen mit Inhibitorproteinen und werden bei Proteolyse der Inhibitorproteine frei. Eine Gruppe von Proteinen dieser Art sind die **NFκB**-Proteine Rel A, Rel B, c-Rel, NFκB1 und NFκB2. Die Faktoren vermitteln als Homo- und Heterodimere Signale von Enzündungsmediatoren und Signale des angeborenen Immunsystems. In nichtstimulierten Zellen befinden sich Proteine der NFκB-Gruppe in Komplexen mit den Inhibitoren IκBα, IκBß oder IκBε. Stimulierende Signalmoleküle wie **Tumornekrosefaktor α** und **Interleukin-1** bewirken nach Bindung an Zellmembranrezeptoren den Abbau der Inhibitorproteine. In der Folge gelangen NFκB-Proteine in den Zellkern und wirken auf ihre Zielgene.

Intrazelluläre Rezeptorproteine

Alle bisher beschriebenen Rezeptoren befinden sich in Zellmembranen und leiten extrazelluläre Signale in das Zellinnere. Neben Zellmembranrezeptoren gibt es intrazelluläre Rezeptoren, die im Zellkern oder Cytosol lokalisiert sind und Signalmoleküle in diesen Kompartimenten binden. **Zellkernrezeptoren** (*nuclear receptors*) sind Liganden-abhängige Transkriptionsfaktoren und als solche gleichzeitig Rezeptoren und Effektoren. Sie ändern bei der Bindung von Liganden ihre Konformation und ihre Wechselwirkungen mit anderen Proteinen und der DNA. Zu ihren Liganden gehören hydrophobe Signalmoleküle, die durch Membranen diffundieren können und Signalmoleküle, die in metabolischen Reaktionen gebildet werden. Als membrangängige Liganden wirken Steroidhormone, darunter Glukokortikoide, Östrogene und Androgene. Auch Schilddrüsenhormone, Vitamin A-Derivate und Vitamine D sind Liganden von Zellkernrezeptoren.

Die Rezeptorproteine des Zellkerns gehören alle zu einer Superfamilie von Proteinen mit ähnlicher Struktur. Sie enthalten eine Liganden- und eine DNA-bindende Domäne und zusätzlich eine Transaktivierungsdomäne (*N-terminal activating function domain-1*, AF-1). Die Rezeptoren binden als Homo- und Heterodimere an DNA-Sequenzen in Promoter- und Enhancerregionen von Genen. Ihre Erkennungssequenzen an der DNA haben palindromische Symmetrie, d. h. die zwei komplementären DNA-Stränge sind, wenn sie in der gleichen Richtung gelesen werden, von 5' nach 3' oder von 3' nach 5', identisch. Jedes Rezeptorprotein bzw. jede Untergruppe von Rezeptorproteinen hat eine andere Erkennungssequenz und die Mechanismen ihrer Wirkung variieren ebenfalls. Manche Rezeptoren sind an Inhibitorproteine gebunden, von denen sie erst dissoziieren müssen. Andere sind im Cytoplasma lokalisiert und werden erst nach Ligandenbindung und Exposition eines Kernlokalisierungssignals in den Zellkern transferiert. Wieder andere binden bereits in Abwesenheit von Liganden an DNA, werden aber erst nach Bindung von Liganden aktiv. Die verschiedenen Regulationen der Expression von Genen durch Zellkernrezeptoren hängen darüber hinaus von Chromatin-modellierenden Komplexen, Histon-modifizierenden Enzymen, Coaktivator- und Corepressorproteinen ab, mit denen die Rezeptoren in Wechselwirkung treten.

Zwei gut charakterisierte Liganden-abhängige Transkriptionsfaktoren sind die **Östrogenrezeptoren** ERα und ERβ. Beide Rezeptoren binden endogenes 17β-Östradiol und andere Östrogene und vermitteln deren Wirkungen. Die DNA-Bindungsdomänen der Rezeptoren sind ähnlich. Sie assoziieren beide an die Erkennungssequenz 5'-GGTCANNNTGACC-3'. Die genregulierenden Wirkungen von ERα und ERβ sind aber nicht identisch, weil ihre N-terminalen AF-1-Domänen verschieden sind und unterschiedliche regulierende Proteine binden.

Eine andere Unterfamilie von Zellkernrezeptoren sind **Peroxisom-Proliferator-aktivierte Rezeptoren** (*peroxisome proliferator-activated receptors,* PPARs). Die Rezeptorproteine PPAR-α, PPAR-γ und PPAR-δ weisen wie andere Zellkernrezeptoren eine N-terminale Transaktivierungsdomäne, eine Liganden- und eine DNA-Bindungsdomäne auf. Sie bilden mit einem zweiten Rezeptorprotein, dem Rezeptor für 9-cis-Retinsäure, Heterodimere und lagern sich in dieser Form an regulierende DNA-Sequenzen an.

PPAR-kodierende Gene werden zellspezifisch exprimiert. Während PPAR-δ mehr oder weniger in allen Zellen vorhanden ist, findet sich PPAR-α vorzugsweise in Zellen mit potentiell intensiver β-Oxidation von Fettsäuren wie Leber-, Skelett- und Herzmuskelzellen. PPAR-γ wird in Fettzellen und Monozyten synthetisiert und wirkt in der Differenzierung von Fettzellen und in Entzündungsprozessen. Das Rezeptorprotein ist darüber hinaus an vielen Vorgängen beteiligt, die durch spezifische Coaktivatoren eingeleitet werden. Drei **Coaktivatoren von PPAR-γ** sind PPAR-γ-Coaktivator-1α (*PPAR-γ coactivator-1α,* PGC-1α), PPAR-γ-Coaktivator-1β (PGC-1β) und PGC-ähnlicher Coaktivator (*PGC-1 related coactivator,* PRC-1). Die Coaktivatoren bilden allerdings nicht nur mit PPAR-γ Transkriptionskomplexe, sondern auch mit anderen Transkriptionsfaktoren, darunter Östrogenähnlichen Rezeptoren (*estrogen-related receptors,* ERRs), Kernatmungsfaktoren (*nuclear respiratory factors,* NRFs) und Myozyten-aktivierenden Faktoren (*myocyte-enhancing factors,* MEFs). Sie vermitteln vielfältige Signale der Regulation des Wachstums, der Differenzierung und des Stoffwechsel von Zellen und tragen auch zu veränderten Genexpressionen bei Kälteeinwirkung und körperlichem Training bei (siehe Abschn. 4.5). Über PGC-1α werden die Transkriptionen von Genen der oxidativen Phosphorylierung und der ATP-Synthese in Mitochondrien aktiviert. Wenn die Faktoren aktiv sind, nehmen die Zahl und die ATP-Synthesekapazität der Mitochondrien in Zellen zu. PGC-1α aktiviert auch die Synthese von Enzymen der β-Oxidation von Fettsäuren und von Enzymen, die reaktive Sauerstoffverbindungen inaktivieren. Ein weiterer Effekt von PGC-1α ist die erhöhte Synthese eines Membranproteins, von dem Fragmente mit Wirkungen auf Zellen anderer Gewebe freigesetzt werden (siehe Abschn. 4.5). Der Coaktivator PRC-1 fördert die Biogenese von Mitochondrien vorzugsweise in der frühen Embryonalentwicklung.

Zelluläre Signalwege in Stichworten

In Tab. 3.4 sind Klassen von Signalmolekülen wie Hormone, Wachstumsfaktoren, Cytokine, Antigene u. a. und ihre Rezeptoren zusammengestellt. Auch wichtige Signalproteine

Tab. 3.4 Hauptkomponenten zellulärer Signalwege

Extrazelluläre Signale	Rezeptorproteine	Signalproteine
Neurotransmitter, Peptid- und Proteohormone, Geruchs- und Geschmacksstoffe, Lichtquanten	G-Protein-gekoppelte Rezeptoren	Guaninnucleotid-bindende Proteine (G-Proteine),
		Adenylylcyclase, Guanylylcyclase, Phosphodiesterase,
		Guaninnucleotid-Austauschfaktoren, cAMP- und cGMP-abhängige Proteinkinasen
Steroidhormone, Schilddrüsenhormone, Retinoide, Vitamine D	Zellkernrezeptoren	Rezeptorproteine wirken als Liganden-abhängige Transkriptionsfaktoren
Wachstumsfaktoren (EGF, PDGF, NGF, MCSF, VEGF, FGF, IGF), Insulin	Rezeptor-Tyrosinkinasen	Ras-Proteine, MAP-Kinase-Module, Rho-Proteine,
		Akt-Kinase, mTOR-Kinase
Antigene, Cytokine, Integrine, Wachstumshormon, Prolactin	Tyrosinkinase-assoziierende Rezeptoren	Src-Kinasen, Fokale Adhäsionskinase,
		Januskinasen, STAT-Proteine
TGFβ-Proteine, Activin, knochenmorphogenetische Proteine (BMP)	Rezeptor-Serin/Threoninkinasen	Smad-Proteine
Delta-Proteine (Delta-like und Jagged)	Notch	Intrazelluläre Domäne von Notch, CSL-Komplex
Wnt-Proteine	Frizzled, Low-Density-Lipoprotein-Rezeptor-ähnliche Proteine	β-Catenin
Hedgehog-Proteine	Patched, iHog	Smoothened, Gli-Proteine

verschiedener Signalwege sind aufgeführt. Die Liste ist keineswegs vollständig. Es gibt weit mehr Signalmoleküle, Rezeptoren und Signalproteine. Dazu kommt eine große Zahl von Effektorproteinen, die erst die Änderungen von Zellfunktionen bewirken. Verschiedene Signalwege sind auch nicht unabhängig voneinander. Sie verzweigen sich, und zwischen den Komponenten von Signalwegen bestehen vielfache Wechselwirkungen.

Literatur

Lehrbücher

Alberts B, Johnson A, Lewis J, Raff M, Roberts K, Walter P (2011) Molekularbiologie der Zelle, 5. Aufl. Wiley-VCH, Weinheim
Berg JM, Tymoczko JL, Stryer L (2013) Stryer Biochemie, 7. Aufl. Springer Spektrum, Heidelberg
Branden C, Tooze J (1999) Introduction to protein structure, 2nd Aufl. Garland, New York
Fersht A (1984) Enzyme structure and mechanism, 2 Aufl. Freeman, New York
Whiteford D (2005) Proteins: structure and function. Wiley, Chichester

Proteinstruktur

Aguzzi A, O'Connor T (2010) Protein aggregation diseases: pathogenicity and therapeutic perspectives. Nat Rev Drug Discov 9:237–248
Bartlett AI, Radford SE (2009) An expanding arsenal of experimental methods yields an explosion of insights into protein folding mechanisms. Nat Struct Mol Biol 16:582–588
Bedford L et al (2010) Assembly, structure, and function of the 26 S Proteasome. Trends Cell Biol 20:391–401
Fersht A (2008) From the first protein structure to our current knowledge of protein folding: delights and scepticisms. Nat Rev Mol Cell Biol 9:650–654
Fink AL (2005) Natively unfolded proteins. Curr Opin Struct Biol 15:35–41
Hartl FU et al (2011) Molecular chaperones in protein folding and proteostasis. Nature 475:324–332
Koga N et al (2012) Principles for designing ideal protein structures. Nature 491:222–227
Toyama BH, Hetzer MW (2013) Protein homeostasis: live long, won't prosper. Nat Rev Mol Cell Biol 14:55–61
Worth CL et al (2009) Structural and functional constraints in the evolution of protein families. Nat Rev Mol Cell Biol 10:709–720

Enzymkatalyse

Herschlag D, Natarajan A (2013) Fundamental challenges in mechanistic enzymology: progress towards understanding the rate enhancements of enzymes. Biochemistry 52:2050–2067
Ringe D, Petsko GA (2008) How enzymes work. Science 320:1428–1429

Energieumwandlungen und Bewegungen

Bublitz M et al (2013) Ion pathways in the sarcoplasmic reticulum Ca^{2+}-ATPase. J Biol Chem 288:10759–10765
Iino R, Noji H (2013) Operation mechanism of F(0) F(1)-adenosine triphosphate synthase revealed by its structure and dynamics. IUBMB Life 65:238–246
Moller JV et al (2010) The sarcoplasmic Ca^{2+}-ATPase: design of a perfect chemi-osmotic pump. Q Rev Biophys 43:501–566
Rolfe DF, Brown GC (1997) Cellular energy utilization and molecular origin of standard metabolic rate in mammals. Physiol Rev 77:731–758
Toyoshima C et al (2011) First crystal structures of Na^+,K^+-ATPase: new light on the oldest ion pump. Structure 19:1732–1738

Proteine in der Signalübertragung

Harrison DA (2012) The JAK/STAT pathway. Cold Spring Harb Perspect Biol 4:1–3 (a011205)
Holland JD et al (2013) Wnt signaling in stem and cancer cells. Curr Opin Cell Biol 25:254–264
Kopan R (2012) Notch signaling. Cold Spring Harb Perspect Biol 4:1–4 (a011213)
Rosenbaum DM et al (2009) The structure and function of G-protein-coupled receptors. Nature 459:356–363
Venkatakrishnan AJ et al (2013) Molecular signatures of G-protein-coupled receptors. Nature 494:185–194

4 Zellen

4.1 Wie Zellen aufgebaut sind: Zellhülle, Zellorganellen und Cytoskelett

Gewebe und Organe bestehen aus sehr verschiedenen Zellen. In menschlichen Geweben kann man allein nach morphologischen und funktionellen Gesichtspunkten mehrere Hundert Zelltypen unterscheiden. Alle Zellen haben jedoch gemeinsame Strukturmerkmale. Sie sind von einer **Plasmamembran** umgeben und enthalten in ihrem Inneren membranumschlossene Organellen, darunter den **Zellkern**, das **endoplasmatische Reticulum (ER)**, die **Golgi-Membranen**, die **Lysosomen**, die **Mitochondrien** und die **Peroxisomen** (Abb. 4.1).

Zellmembranen bestehen überwiegend aus Phospholipiden, speziell Glycerophospholipiden, deren Moleküle aus Glycerin, zwei langkettigen Fettsäuren, einer Phosphatgruppe und einer polaren Gruppe, meist Cholin, Serin oder Ethanolamin, zusammengesetzt sind. Phospholipide ordnen sich in wässrigem Milieu zu Doppelschichten, in denen die hydrophoben Fettsäureketten innen und die polaren Kopfgruppen außen lokalisiert sind (Abb. 4.2). **Lipiddoppelschichten** bilden Barrieren: Plasmamembranen trennen das extrazelluläre Milieu vom Zellinnern, intrazelluläre Membranen trennen die Inhalte der verschiedenen Organellen vom Cytosol, einer wässrigen Lösung von RNA-Molekülen, Proteinen, Kohlenhydraten, Nucleotiden, Aminosäuren, Fettsäuren, diversen anderen Metaboliten und Ionen. Nur wenige nichtpolare Moleküle diffundieren durch Membranen. RNA, Proteine, die meisten niedermolekularen Substanzen und Ionen müssen von spezifischen Transportproteinen durch Membranen befördert werden, oder sie gelangen durch Poren und Kanäle, die ebenfalls von Proteinen gebildet werden, hindurch. Membranfragmente können als Vesikel abgeschnürt und zu anderen Membranen transportiert werden.

Alle Zellen verfügen über ein **Cytoskelett** aus Proteinpolymeren, das ihre innere Struktur stabilisiert und Spannungen, Dehnungen und Drücke ausgleicht, denen Zellen in Geweben ausgesetzt sind. Das Cytoskelett unterstützt auch Verbindungen von Zellen mit anderen Zellen und der extrazellulären Matrix. Es ist darüber hinaus an vielen zellulären Vorgängen beteiligt.

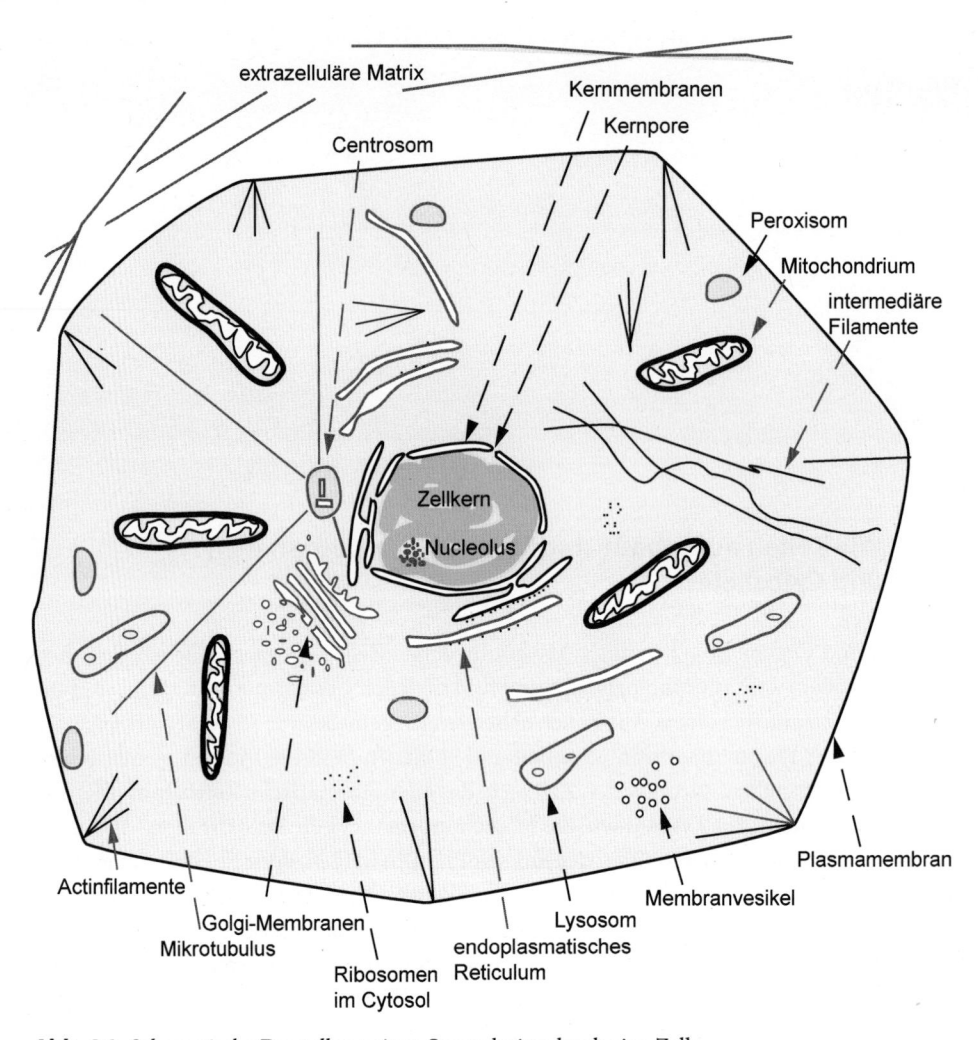

Abb. 4.1 Schematische Darstellung eines Querschnitts durch eine Zelle

Zellen bestehen zu ca. 70 % aus Wasser. Der hohe Wassergehalt bedeutet jedoch nicht, dass es sich bei der Zellflüssigkeit um eine sehr verdünnte Lösung handelt. Die Konzentration von Proteinen im Cytosol beträgt über 100 mg/ml und die Konzentration aller Makromoleküle ca. 400 mg/ml. Proteine, Nucleinsäuren, Lipide und Kohlenhydrate lagern sich zudem in Komplexen zusammen. **Proteasomen** bestehen nur aus Proteinen. **Ribosomen** sind aus Proteinen und RNA-Molekülen zusammengesetzt. Auch Enzyme des Stoffwechsels und Signalproteine sind in Komplexen angeordnet.

Die Plasmamembran

Die äußere **Zellmembran** grenzt das Zellinnere gegen das extrazelluläre Milieu und andere Zellen ab. Sie ist mit komplexen Kohlenhydraten von Glykoproteinen und Glykolipiden

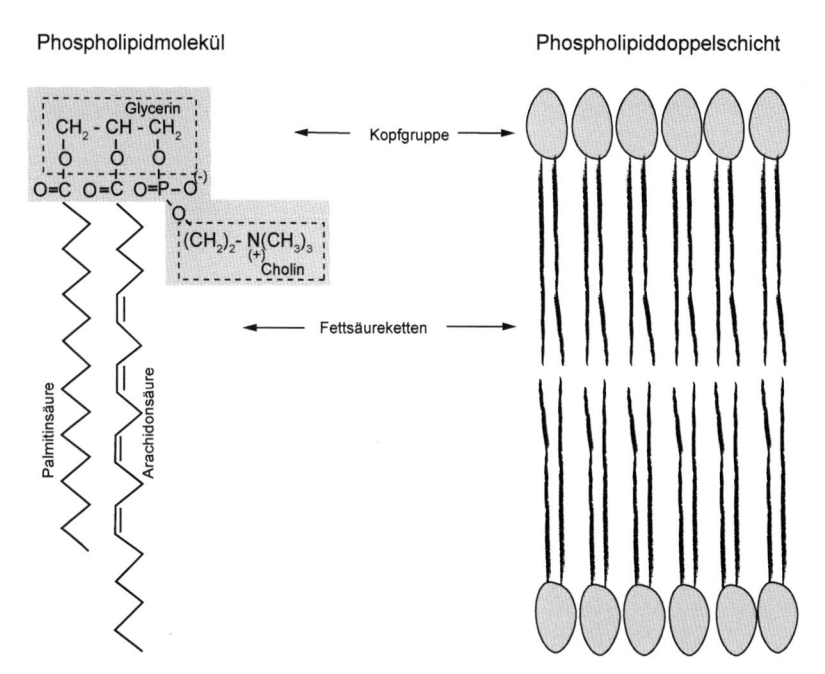

Abb. 4.2 Phospholipidmolekül und Doppelschicht aus Phospholipiden. Die Moleküldarstellung zeigt Phosphatidylcholin mit den Fettsäuren Palmitinsäure und Arachidonsäure

bedeckt und enthält **integrale** und **periphere Membranproteine**. Integrale Membranproteine sind in Membranen eingebettet. Sie ragen durch Membranen hindurch und können intrazellulär und/oder extrazellulär Liganden binden. Rezeptor-, Adhäsions-, Transport- und Kanalproteine sind z. B. integrale Membranproteine. Rezeptorproteine leiten Signale, die an der Zellperipherie eintreffen, in das Zellinnere. Adhäsionsproteine vermitteln Kontakte von Zellen mit anderen Zellen und der extrazellulären Matrix. Transportproteine befördern Makromoleküle, Metaboliten und Ionen durch Membranen. Kanalproteine bilden Durchgänge für Ionen und niedermolekulare Substanzen. Neben integralen Membranproteinen sind weitere Proteine mit einem Lipidanker an Plasmamembranen gebunden. Integrale und Lipidanker-gebundene Membranproteine, aber auch Lipid- und Kohlenhydratkomponenten der Plasmamembran, assoziieren periphere Membranproteine.

Die Zusammensetzung von Oberflächenmembranen unterscheidet sich von Zelltyp zu Zelltyp, auch einzelne Abschnitte der Membran einer Zelle können in ihren Proteinen, Lipiden und Kohlenhydraten differieren. So weist die **basale**, dem Gewebe zugewandte Plasmamembran von Epithelzellen eine andere Zusammensetzung auf als die gegenüberliegende **apikale Plasmamembran**.

Äußere Zellmembranen befinden sich in ständiger Veränderung. Begrenzte Areale lösen sich und bilden Membranvesikel, die zu intrazellulären Membranen transportiert werden und mit diesen fusionieren. Gleichzeitig werden Vesikel von intrazellulären Membranen zur Plasmamembran transportiert und in die Membran eingefügt.

Die Konzentrationen von Ionen und chemischen Verbindungen auf der extrazellulären und der intrazellulären Seite von Plasmamembranen sind verschieden. Na^+-, Ca^{2+}- und Cl^--Konzentrationen sind auf der extrazellulären Seite der Membranen höher, K^+-Konzentrationen dagegen niedriger als im Cytosol. Die Unterschiede werden durch Ionentransportproteine aufrechterhalten. Sie bedingen ein elektrisches Potenzial mit einer negativen Ladung an der inneren und einer positiven Ladung an der äußeren Seite von Plasmamembranen.

Der Zellkern

Der **Zellkern** enthält die Chromosomen mit der DNA und assoziierten Proteinen. Hier finden DNA-Replikation, DNA-abhängige RNA-Synthesen und Modifizierungen von RNA statt. In einer besonderen Struktur, dem **Nucleolus**, sind vorzugsweise Chromosomenabschnitte mit multiplen Genen für ribosomale RNA lokalisiert. Die synthetisierten rRNA-Moleküle werden nach ihrer Synthese mit Proteinen, die aus dem Cytosol in den Kern transportiert werden, in Vorstufen von Ribosomen verpackt.

Zellkerne sind von zwei Membranen, einer äußeren und einer inneren, umgeben. Die äußere Kernmembran steht in direktem Kontakt mit Membranen des endoplasmatischen Reticulums (ER) und bildet mit diesen ein Kontinuum, sodass der Raum zwischen innerer und äußerer Kernmembran mit dem Lumen des ER verbunden ist. Die innere Kernmembran enthält Proteine, die an Chromatin und die **Kernlamina**, ein Geflecht aus Laminproteinen, binden. Äußere und innere Kernmembranen werden in Poren der Kernhülle zusammengeführt. In den Poren befinden sich **Porenkomplexe**, durch die RNA, Proteine und RNA-Protein-Komplexe aus dem Kern in das Cytosol und Proteine aus dem Cytosol in den Kern transportiert werden. Porenkomplexe bestehen aus multiplen Kopien von über 30 verschiedenen Polypeptiden, die eine Ringstruktur mit oktagonaler Symmetrie bilden. Ungeordnete Bereiche der Polypeptide formen im Innern der Porenkomplexe einen Filter, durch den kleinere Moleküle ($M_r < 5$ kDa) schneller und größere Moleküle (M_r 5–60 kDa) langsamer diffundieren. Makromoleküle mit einer Molekülmasse über 60 kDa gelangen nur mithilfe von **Kernimport**- bzw. **Kernexportrezeptoren** (*nuclear transport factors*, NTF) durch die Poren. Kernimportrezeptoren transportieren Proteine, die ein **Kernlokalisierungssignal** aufweisen, in den Zellkern. Die Rezeptoren binden an die Lokalisierungssequenz und bewegen sich mit ihrer Fracht durch wiederholte Bindung *an* und Dissoziation *von* Proteinen der Kernporenkomplexe durch die Porenkanäle. Im Zellkern geben sie die gebundenen Proteine frei und bewegen sich zurück in das Cytosol. Exporte aus dem Zellkern in das Cytoplasma verlaufen in analoger Weise: Exportrezeptoren binden an **Kernexportsignale** von Proteinen und gleichzeitig an Komponenten von Porenkomplexen. Sie transportieren die gebundenen Makromoleküle durch die Poren und geben sie im Cytosol ab. Einige Proteine enthalten sowohl Kernlokalisierungs- als auch Kernexportsignale und werden in beide Richtungen durch Kernmembranen transportiert.

Kernimporte und -exporte sind an eine monomere **Ran-GTPase** gekoppelt, die wie andere GTPasen zwischen zwei Zuständen, einem Zustand mit gebundenem **GDP** und einem Zustand mit gebundenem **GTP**, wechselt (siehe Abb. 3.17). Das Protein wird zwischen Cytosol und Kern hin und her transportiert. Im Cytosol befindet sich Ran-GTPase überwiegend im Zustand mit gebundenem GDP, weil hier ein GTPase-aktivierendes Protein die Hydrolyse von GTP zu GDP fördert. Im Kern tauscht ein Chromatin-assoziierter Guaninnucleotid-Austauschfaktor GDP gegen GTP aus, und Ran-GTP bindet sowohl an Importrezeptoren, die mit ihrer Proteinfracht aus dem Cytosol kommen, als auch an Exportrezeptoren, die sich bereits im Kern befinden. Ran-GTP wird mit beiden Rezeptortypen wieder aus dem Kern transportiert:

- Die Bindung von Ran-GTP an proteinbeladene Importrezeptoren bewirkt die Freisetzung der Proteinfracht von den Rezeptoren, und diese bewegen sich mit gebundenem Ran-GTP zurück in das Cytosol.
- Die Bindung von Ran-GTP an Exportrezeptoren fördert die gleichzeitige Bindung von Proteinen mit Kernexportsignalen, und der Drei-Komponenten-Komplex nimmt ebenfalls den Weg durch die Kernporen.

Bei Zellteilungen zerfällt die Kernmembran in Fragmente. Die Auflösung der Kernhülle wird durch Phosphorylierungen von Proteinen der Kernlamina und der inneren Kernmembran eingeleitet. Membranproteine der äußeren Kernmembran verteilen sich anschließend in Membranen des ER, und die Fragmente der Kernhülle werden durch Motorproteine vom Chromatin weggezogen. Auch die Kernporenkomplexe dissoziieren in ihre Bestandteile, und einzelne Komponenten binden an Importrezeptoren, von denen sie bei Bildung neuer Kernmembranen wieder freigegeben werden. Neue Kernmembranen werden in der späten Mitosephase nach Trennung der doppelten Chromosomensätze gebildet. Zunächst werden Lamine und weitere Proteine der Kernhülle wieder dephosphoryliert und einzelne oder mehrere Chromosomen von einer Membran umgeben. Die Membranpakete fusionieren in der Folge zu vollständigen Kernhüllen mit Kernporen und Porenkomplexen.

Das endoplasmatische Reticulum (ER)

Unmittelbar an die Kernmembran schließt das verzweigte Membransystem des ER an und breitet sich von hier über das gesamte Zellinnere aus. Die Oberfläche des ER ist etwa so groß wie die Oberfläche aller anderen Zellmembranen zusammen, die Hohlräume können bis zu 10% des Zellvolumens einnehmen.

An Membranen des ER werden alle transmembranalen Proteine und nahezu alle aus Zellen freigesetzten Proteine sowie lösliche Proteine des ER, des Golgi-Komplexes und der Lysosomen synthetisiert. Auch die meisten Lipide werden hier gebildet. Die Membranen tragen darüber hinaus zur Regulation der cytoplasmatischen Konzentration von Ca^{2+}-Ionen bei.

Die Proteinsynthesen finden an dem „rauen" ER statt, das im Unterschied zum „glattem" ER mit Ribosomen besetzt ist. Ribosomen binden immer nur vorübergehend an ER-Membranen. Ihre Bindung wird durch Signalsequenzen neusynthetisierter Proteine vermittelt. Sobald die Signalsequenz eines Proteins an einem Ribosom synthetisiert ist, bindet ein **Signalsequenz-Erkennungspartikel** (*signal recognition particle*, SRP) an die Sequenz und gleichzeitig an den Ribosomenort für die Anlagerung von Elongationsfaktoren. Die Proteinsynthese wird dadurch unterbrochen. Die SRP-Ribosomen-Komplexe assoziieren in der Folge an **SRP-Rezeptoren** in ER-Membranen, wobei die Ribosomen so positioniert werden, dass sie mit **Proteintranslokatoren** (*protein translocators*) der Membranen in Wechselwirkung treten. Die Translokatoren binden Signalsequenzen Ribosomengebundener Polypeptide, und die SRP werden frei. Anschließend setzen die Ribosomen die Proteinsynthese fort, wobei sie die wachsende Polypeptidkette als Schleife durch den jeweiligen Translokator schieben. Wenn die Synthese beendet ist, wird die Signalsequenz durch eine **Signalpeptidase** abgespalten. Lösliche Proteine gelangen in das Lumen des ER. Integrale Membranproteine mit hydrophoben Sequenzen bewegen sich seitlich aus den Translokatoren in die ER-Membranen hinein.

SRP bestehen aus sechs verschiedenen Proteinen und einem RNA-Molekül, SRP-Rezeptoren aus zwei integralen Membranproteinen und Proteintranslokatoren aus vier Proteinkomplexen Sec61 mit je drei Untereinheiten. Die Sec61-Komplexe bilden wassergefüllte Poren in ER-Membranen, durch welche Proteinketten bei ihrer Synthese geschoben werden. Die Poren sind üblicherweise geschlossen und öffnen sich nur nach Bindung von Ribosomen. Bei der Passage neusynthetisierter Polypeptidketten durch Translokatoren bleibt das ER-Lumen vom Cytosol getrennt. Die Poren können sich jedoch seitlich öffnen und Proteine mit hydrophoben Sequenzen in die umgebende Membran freigeben.

Viele am ER synthetisierte Proteine werden anschließend modifiziert. SH-Gruppen werden zu Disulfidbrücken oxidiert, und an Seitenketten von Aminosäureresten werden Kohlenhydrate und Lipide gekoppelt. Modifizierungen mit Kohlenhydraten betreffen vor allem die Übertragung vorgefertigter Oligosacharideinheiten aus N-Acetylglucosamin-, Mannose- und Glucoseresten auf Aminogruppen von Asparaginresten in Peptidsequenzen Asn-X-Ser/Thr, in denen X ein beliebiger Aminosäurerest mit Ausnahme von Pro sein kann. Die Reaktion wird durch membranständige **Oligosaccharid-Transferasen** katalysiert und **N-Glykosylierung** genannt. N-Glykosylierungen sind weit verbreitet (>90% aller Glykosylierungen). Weitaus seltener sind Glykosylierungen von Proteinen an Serin-, Threonin- oder Hydroxylysinresten, sogenannte **O-Glykosylierungen**. Letztere finden nicht im ER, sondern im Golgi-Komplex statt.

Eine verbreitete Lipidmodifizierung ist die Fixierung von **Glykosylphosphatidylinositol (GPI)** an ausgewählte Polypeptide mit spezifischen C-terminalen hydrophoben Sequenzen. Die jeweilige hydrophobe Sequenz wird erst abgespalten, bevor eine GPI-Gruppe an den neuen C-Terminus gekoppelt wird. GPI-Gruppen verankern Proteine in Membranen. Die Verankerung kann durch Phospholipasen, die GPI spalten, wieder gelöst werden.

Nur ein geringer Teil aller Proteine, die an ER-Membranen synthetisiert werden, verbleibt im ER. Die meisten Proteine werden aus dem ER zu anderen Organellen und zur Plasmamembran geleitet und aus Zellen sekretiert.

Wenn Proteine im ER nicht richtig falten, werden sie aus dem ER in das Cytosol befördert und in Proteasomen abgebaut. Gleichzeitig werden zelluläre Stressreaktionen ausgelöst. Die Zellen synthetisieren dann verstärkt Chaperone, Transportproteine für ungefaltete Proteine und Proteasen.

Auch die Synthese von Phospholipiden findet auf der cytosolischen Seite von ER-Membranen statt. Fettsäurebindungsproteine transportieren Fettsäuren aus dem Cytosol zu den Membranen, wo sie an das Trägermolekül **Coenzym A** gekoppelt und aktiviert werden. Zwischen Fettsäuren und Coenzym A wird eine energiereiche Thioesterbindung gebildet, die leicht wieder gelöst werden kann. Spezifische Acyltransferaseenzyme übertragen die Fettsäuren von Coenzym A auf Glycerinphosphat. Dabei entstehen Phosphatidsäuren, die durch Anfügen der Kopfgruppen Phosphocholin, Phosphoserin oder Phosphoethanolamin in Phospholipide umgewandelt werden (Abb. 4.2). Die Phospholipide werden nach ihrer Synthese von Phospholipid-Translokationsproteinen auf beide Seiten der ER-Membranen verteilt.

Membranen des ER nehmen Ca^{2+}-Ionen aus dem Cytoplasma auf und geben sie bei Eintreffen spezifischer Signale wieder ab. Die Konzentration von Ca^{2+}-Ionen im Cytoplasma wird üblicherweise durch aktive Transporte der Ionen in intrazelluläre Organellen und Ca^{2+}-Auswärtstransporte in das extrazelluläre Milieu niedrig gehalten. ER-Membranen tragen mit einer spezifischen Ca^{2+}-ATPase zum Abtransport von Ca^{2+}-Ionen aus dem Cytoplasma bei. Sie akkumulieren Ca^{2+}-Ionen in ihrem Lumen, von wo sie durch **Inositoltrisphosphat**, das an Rezeptoren in ER-Membranen bindet, wieder freigesetzt werden können. Auch ein plötzlicher Anstieg der cytoplasmatischen Ca^{2+}-Konzentration bewirkt eine Abgabe von Ca^{2+}-Ionen aus dem ER.

Der Golgi-Komplex

In der Nähe des Zellkerns befindet sich ein weiteres Membransystem, der **Golgi-Komplex**. Je vier bis sechs membranumschlossene diskusförmige Hohlräume, sogenannte **Zisternen**, liegen nahe beieinander und sind miteinander verbunden. Auf beiden Seiten der Membranstapel schließen sich lockere Membrangebilde, die *cis*- und *trans*-**Golgi-Membranen** (*cis and trans Golgi networks*), an.

Über das Golgi-System verlaufen diverse Lipid- und Proteintransporte (Abb. 4.3). Membranvesikel bringen Lipide und Proteine vom ER zu *cis*-Golgi-Membranen. Die Vesikel befördern neben integralen Membranproteinen auch lösliche Proteine, die an transmembranale **Frachtproteine** gebunden sind. Von *cis*-Membranen werden Lipide und Proteine zu *cis*-Zisternen und weiter über mittlere Zisternen und *trans*-Zisternen zu *trans*-Golgi-Membranen bewegt. Innerhalb des Golgi-Systems wird Material möglicherweise auch durch Reifung der Zisternen, in deren Verlauf aus *cis*-Zisternen erst mittlere und dann *trans*-Zisternen werden, übertragen. Parallel zu Transporten vom ER zum Golgi-Komplex finden Transporte in umgekehrter Richtung statt. Die Transporte führen Frachtproteine und auch einen Teil assoziierter löslicher Proteine wieder zum ER zurück.

Abb. 4.3 Membrantransporte in Zellen: synthetisch-sekretorischer Weg und Rücktransporte. Endocytosewege sind gestrichelt dargestellt

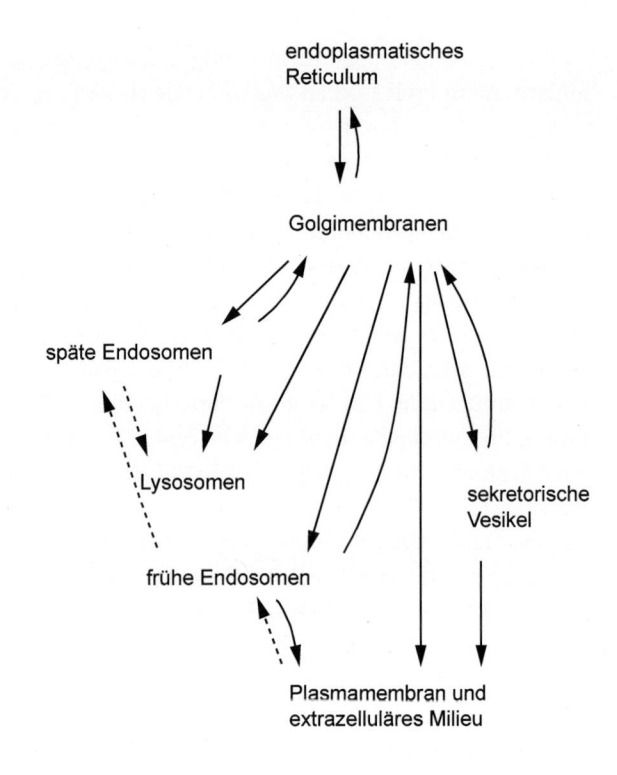

```
                        endoplasmatisches
                        Reticulum
                             ⇅
                        Golgimembranen
                     ↙ ↙ ↑ ↓ ↓ ↘
        späte Endosomen
              ↑↖
               ↘ Lysosomen             sekretorische
                                        Vesikel
                   frühe Endosomen
                         ↑
                         ⇡
                    Plasmamembran und
                    extrazelluläres Milieu
```

Frachtproteine haben die C-terminale Sequenz Lys-Lys-X-X und lösliche Proteine, die im ER verbleiben sollen, die C-terminale Sequenz Lys-Asp-Glu-Leu. Von Golgi-Membranen werden außerdem Proteine weiter zu Endosomen, Lysosomen und zur Plasmamembran befördert. Mit Rücktransporten treffen Proteine und Lipide von Endosomen, Lysosomen und Plasmamembran auch wieder im Golgi-System ein.

Proteine werden in Golgi-Membranen nicht nur sortiert und zu anderen Organellen weitergeleitet. In den Zisternen des Komplexes finden auch Modifizierungen von Proteinen statt. Oligosaccharide, die bereits im ER an Asparaginreste von Proteinen angefügt wurden, werden hier abgewandelt. Außerdem werden Oligosaccharide an OH-Gruppen ausgewählter Serin- und Threoninreste angefügt. Die Modifizierungen werden durch **Glykosidasen** und **Glykosyltransferasen** katalysiert. Es handelt sich überwiegend um *single-pass*-Membranenzyme, die in den Zisternen verteilt sind und deren aktive Zentren in das Lumen der Zisternen weisen. Die Enzyme modifizieren Proteine in dem Maße, wie diese durch die Hohlräume transportiert werden.

Die Struktur des Golgi-Systems wird durch Mikrotubuli und Gerüstproteine zwischen Golgi-Zisternen und zwischen Zisternen und *cis*- und *trans*-Golgi-Membranen stabilisiert. Bei Zellteilungen werden einzelne Gerüstproteine durch Proteinkinasen phosphoryliert, und die Membranen zerfallen in Fragmente, die sich auf die Tochterzellen verteilen. In den Tochterzellen werden die Gerüstproteine wieder dephosphoryliert, und die Membranfragmente finden sich zu neuen Golgi-Komplexen zusammen.

Lysosomen

Lysosomen enthalten über 40 hydrolytische Enzyme, die Moleküle in Fragmente zerlegen, darunter Proteasen, Nucleasen, Glykosidasen, Lipasen, Phospholipasen, Phosphatasen und Sulfatasen. Die meisten Enzyme werden als inaktive Proformen am ER synthetisiert und erst später durch proteolytische Spaltung aktiviert. Sie gelangen nach Markierung mit **Mannose-6-phosphat (M6P)** zu den Lysosomen. Die M6P-Markierung wird an Oligosaccharide N-glykosylierter Proteine angefügt, wenn die Proteine zusätzlich einen **Signalfleck**, eine spezifische Anordnung von Aminosäureresten, aufweisen. M6P-markierte Proteine binden im Lumen der *trans*-Golgi-Membranen an **M6P-Rezeptor-Frachtproteine** und werden mit diesen zu Lysosomen geleitet. Die hydrolytischen Enzyme verbleiben in den Lysosomen, während die M6P-Rezeptoren zum Golgi-Komplex zurückkehren.

Lysosomale Hydrolasen sind nur bei den in Lysosomen vorherrschenden niedrigen pH-Werten von pH 4,5–5,0 aktiv. Die niedrigen pH-Werte werden durch eine vakuoläre H^+-ATPase gewährleistet, die unter ATP-Verbrauch Protonen in die Organellen transportiert. Es handelt sich um eine V-Typ-ATPase mit ähnlicher Struktur wie die F-Typ-ATP-Synthase in Mitochondrien. H^+-ATPasen senken den pH-Wert auch in Endosomen, sekretorischen und synaptischen Vesikeln.

Lysosomen können mit Endosomen, Phagosomen und Autophagosomen fusionieren und deren Material aufnehmen. **Endosomen** werden durch Vesikelabschnürungen der Plasmamembran gebildet. Sie enthalten Komponenten der Plasmamembran und des extrazellulären Milieus. **Phagosomen** entstehen, wenn Makrophagen und Neutrophile durch Einstülpung ihrer äußeren Membran Fremdmaterial aufnehmen. In **Autophagosomen** werden „verbrauchte" intrazelluläre Organellen wie Mitochondrien und Peroxisomen, Teile der Organellen und auch Cytoplasma mit einer zusätzlichen Membran umgeben. Der größte Teil des aus Endosomen, Phagosomen und Autophagosomen in Lysosomen aufgenommenen Materials wird in Bestandteile zerlegt, die wieder für Synthesen verwendet werden. Unverdaute Reste werden aus Zellen ausgeschieden.

Vesikeltransporte zwischen Membranen

Intrazelluläre Membranen tauschen untereinander und mit der Plasmamembran Membranvesikel aus (Abb. 4.3). Transporte zwischen ER, Golgi-Membranen und Lysosomen wurden oben schon beschrieben. Von *trans*-Golgi-Membranen lösen sich auch ständig Vesikel und bewegen sich an Mikrotubuli zur Plasmamembran. Bei der Fusion der Vesikel mit der Membran werden nicht nur Membranfragmente mit assoziierten Proteinen in die Zellhülle eingefügt, sondern auch lösliche Proteine, die in den Vesikeln eingeschlossen sind, aus Zellen freigegeben. Dieser **synthetisch-sekretorische Transport** findet in allen Zellen statt. In sekretorischen Zellen, wie z. B. Zellen endokriner Drüsen, gibt es zusätzlich einen **regulierten sekretorischen Transport**. Proteine, die für eine signalabhängige Sekretion aus Zellen vorgesehen sind, agglomerieren im Lumen der *trans*-Golgi-Membranen. Sie werden zusammen mit assoziierten niedermolekularen Verbindungen in Vesikel eingeschlossen und zur Plasmamembran geleitet. Die Vesikel verharren hier zunächst in einer Randzone. Nur ein Teil von ihnen koppelt so an die Zellmembran, dass eine schnelle Fusion möglich ist. Ausgelöst wird die Fusion durch Signale, die einen Anstieg der intrazellulären Ca^{2+}-Konzentration bewirken.

In Nervenzellen gibt es außerdem noch kleinere **synaptische Vesikel**, die aus dem Cytosol Transmittersubstanzen wie Acetylcholin oder Glutamat aufnehmen. Die Vesikel sind vorzugsweise vor präsynaptischen Membranen lokalisiert. Sie fusionieren mit den Membranen bei deren Depolarisation und geben die eingeschlossenen Transmitter in den synaptischen Spalt frei.

Über sekretorische Transporte gelangt eine größere Menge Lipiddoppelschicht zu Plasmamembranen. Der Überschuss wird durch Rücktransporte von Membranvesikeln zu intrazellulären Membranen wieder ausgeglichen. In den Prozessen der **Endocytose** wird durch Einstülpung der Plasmamembran und Abschnürung von Vesikeln auch extrazelluläres Material in Zellen aufgenommen. Eine wichtige Rolle spielen dabei Endosomen, eine heterogene Population von Membranröhren und -sphären. Vesikel der Plasmamembran fusionieren zunächst an der Zellperipherie mit **frühen Endosomen**. Von diesen führen Vesikeltransporte zu **späten Endosomen**, die weiter im Zellinneren, in der Nähe des Golgi-Komplexes lokalisiert sind, und zu **multivesikulären Körpern** (*multivesicular bodies*), die sich durch Einstülpungen der äußeren Hülle und interne Vesikel auszeichnen. Späte Endosomen und multivesikuläre Körper fusionieren mit Lysosomen oder Golgi-Membranen.

Eine kontinuierliche Abschnürung kleiner Membranvesikel von Plasmamembranen, die **Pinocytose**, findet mit unterschiedlicher Intensität in allen Zellen statt. Makrophagen nehmen z. B. innerhalb einer Stunde eine Membranfläche von der Größe ihrer Oberflächenmembran in interne Membranen auf. Andere Zellen sind weniger aktiv. Unabhängig von der Pinocytose findet eine Liganden-regulierte Aufnahme von Arealen der Plasmamembran, die Rezeptoren enthalten, statt. Die betreffenden Membranbereiche werden im Allgemeinen nur nach Bindung von Liganden an vorhandene Rezeptoren internalisiert, wobei die Rezeptorproteine von frühen Endosomen wieder zur Plasmamembran zurückgeführt werden können. Ein „zyklisierender" Rezeptor ist z. B. der Rezeptor für „Low-Density-Lipoprotein" (LDL). Rezeptor-LDL-Komplexe dissoziieren in Endosomen. Die LDL-Partikel werden zu Lysosomen geleitet, wo ihre Cholesterin-Fettsäure-Ester in Cholesterin und Fettsäuren zerlegt werden. Die Rezeptormoleküle gelangen dagegen mit Vesikeln wieder zur Plasmamembran. Andere Rezeptoren, wie der Rezeptor für epidermalen Wachstumsfaktor, werden nach Ligandenbindung und Aufnahme in Endosomen zu Lysosomen transportiert und hydrolysiert.

Alle Membrantransporte sind selektiv und verändern die Unterschiede zwischen den verschiedenen Zellmembranen nicht. Vesikel werden nur an spezifischen, mit **Hüllproteinen** bedeckten Membranarealen gebildet. Die Hüllproteine, darunter Clathrin-, COPI- und COPII-Proteine, formen netzartige Strukturen an Membranflächen und leiten die Bildung von Vesikeln ein. Clathrinproteine bewirken Vesikelbildungen an Plasmamembranen und *trans*-Golgi-Membranen, COPI-Proteine fördern Vesikelbildungen an *cis*-Golgi-Membranen und COPII-Proteine sind an ER-Membranen aktiv. Die Membranbindung von Clathrinproteinen wird durch Adapterproteine vermittelt, die an Phosphatidylinositol-4, 5-bisphosphat (PI(4, 5)P$_2$) und Frachtproteine anlagern. Da PI(4, 5)P$_2$-Moleküle unterschiedlich in Membranen verteilt sind, tragen sie zur Selektivität der Bindung von Adapter- und Clathrinproteinen bei. COPI- und COPII-Proteine werden über monomere GTPasen an Membranen fixiert. Die GTPasen befinden sich im Cytosol mit gebundenem GDP in einer inaktiven Konformation. Erst nach Bindung von GTP exponieren sie eine amphiphile Helix mit deren lipophiler Seite sie an Membranen anlagern. Dabei assoziieren sie gleichzeitig COPI- oder COPII-Hüllproteine. Nach Hydrolyse von GTP dissoziieren die GTPasen wieder von den Membranen und geben die Hüllproteine frei. Membranvesikel verlieren ihre Proteinhüllen nach ihrer Abschnürung von Membranen.

Gerichtete Vesikeltransporte zwischen verschiedenen Membransystemen werden durch eine größere Zahl weiterer Proteine, darunter monomere **Rab-GTPasen**, reguliert. Über 60 verschiedene Rab-Schalterproteine befinden sich wie die Hüllprotein-bindenden GTPasen im Cytosol in inaktiver Konformation und binden erst nach Aktivierung durch membranassoziierte Guaninnucleotid-Austauschfaktoren an Membranvesikel und an Plasma- und Organellenmembranen. Die Rab-Schalterproteine können weitere Proteine assoziieren: 1) Motorproteine, die Vesikel entlang von Cytoskelettfilamenten transportieren, 2) Verbindungsproteine, die Vesikel- und Zielmembranen aneinanderkoppeln, und 3) SNARE-Proteine, die Fusionen von Vesikeln mit Zielmembranen einleiten. SNARE-Proteine treten in komplementären Paaren auf. V-SNARE-Proteine binden an Membranvesikel und t-SNARE-Proteine an Zellmembranen. Bei genügender Annäherung von Vesikeln an Zellmembranen, assoziieren v- und t-SNARE-Proteine. Dabei winden sich helicale Bereiche der Proteine umeinander und ziehen die Membranareale, mit denen sie assoziiert sind, so eng zusammen (< 1,5 nm), dass diese miteinander fusionieren. SNARE-Proteine in Zielmembranen sind oft mit Inhibitorproteinen assoziiert, die erst dissoziieren müssen, bevor eine Wechselwirkung mit einem SNARE-Partnerprotein erfolgen kann. Die Dissoziation der Inhibitorproteine wird durch Signale wie z. B. erhöhte intrazelluläre Ca^{2+}-Konzentrationen ausgelöst. Nach Membranfusion werden die Proteinkomplexe aus v- und t-SNARE-Proteinen durch eine ATPase, die NSF-ATPase, wieder aufgelöst.

Neben clathrinumhüllten Membranvesikeln werden an Plasmamembranen auch Vesikel mit **Caveolinproteinen** abgeschnürt. Die **Caveolae-Vesikel** werden an Mikrodomänen der Membranen mit hohem Gehalt an Cholesterin, Glykosphingolipiden und GPI-Ankerproteinen gebildet. Caveolae fusionieren nicht mit Endosomen, sondern mit **Caveosomen**, die u. a. Material von einer Region der Plasmamembran zu einer anderen transportieren.

Mitochondrien

In **Mitochondrien** finden wichtige Stoffwechselprozesse statt, und der größte Teil des zellulären Energieäquivalents **Adenosintriphosphat (ATP)** wird hier synthetisiert. Die Organellen werden deshalb zu Recht als die „Kraftwerke" von Zellen bezeichnet. Zellen mit hohem Energiebedarf, wie z. B. Herzmuskelzellen, enthalten mehr Mitochondrien als Zellen mit geringem Energiebedarf.

Mitochondrien sind wie Zellkerne von zwei Membranen umgeben, einer inneren und einer äußeren. Die innere Membran hat eine große Oberfläche mit Faltungen, sogenannten *Cristae*, und ist für hydrophile Substanzen undurchlässig. Die äußere Membran enthält Poren, die niedermolekulare Verbindungen und Substanzen mit einer Molekülmasse bis zu ca. 5 kDa passieren lassen. Mitochondrien verändern sich kontinuierlich in ihrer äußeren Form. Sie teilen sich und fusionieren miteinander.

Die Stoffwechselenzyme der Mitochondrien sind überwiegend in ihren inneren Membranen und in dem von ihnen umschlossenem Raum, der *Matrix*, lokalisiert. Zwei zentrale Reaktionswege wurden bereits im Überblick zum Energiehaushalt von Zellen in Abschn. 3.5 beschrieben: 1) Der **Citratzyklus** und 2) die **Elektronentransportkette**. Dazu kommen weitere metabolische Reaktionen wie Umwandlungen und Abbaureaktionen von Aminosäuren und die **β-Oxidation von Fettsäuren**.

Im Citratzyklus, der überwiegend in der Mitochondrienmatrix stattfindet, werden Stoffwechselprodukte von Kohlenhydraten, Eiweißen und Fetten oxidiert. Von den Substanzen werden Elektronen und Protonen abgezogen und auf die Elektronenträger **Nicotinamidadenindinucleotid (NAD)** und **Flavinadenindinucleotid (FAD)** übertragen. Diese übergeben die Elektronen an Elektronenträger in inneren Mitochondrienmembranen. Die Elektronen werden innerhalb einer Kette von Trägern weitergeleitet und am Ende auf Sauerstoffmoleküle übertragen. Der reduzierte Sauerstoff verbindet sich mit Protonen zu Wassermolekülen.

In der Elektronenkette bewegen sich die Elektronen freiwillig von höheren zu niedrigeren Energieniveaus. Die frei werdende Energie wird für den Transport von Protonen aus der Mitochondrienmatrix in den Raum zwischen inneren und äußeren Mitochondrienmembranen genutzt. Dabei entsteht ein Protonengradient mit einer höheren Protonenkonzentration an der Außenseite der inneren Mitochondrienmembran im Vergleich zur Innenseite. Der Protonengradient ist die treibende Kraft für die Synthese von ATP durch das Enzym **ATP-Synthase**. Das aktive Zentrum des Enzyms, dessen Wirkungsweise in Abschn. 3.5 vorgestellt wurde, befindet sich an der Innenseite der inneren Membran, und ATP wird in der Mitochondrienmatrix gebildet. Die Substanz gelangt erst im Austausch gegen ADP in den Raum zwischen inneren und äußeren Membranen und von hier in das Cytosol. Der Austausch wird durch ein ADP/ATP-Austauscherprotein der inneren Membranen vermittelt.

Als Nebenprodukte von Oxidationsreaktionen entstehen in Mitochondrien reaktive Sauerstoffradikale, die mit Nucleinsäuren, Proteinen und Lipiden reagieren und diese ungünstig verändern. Die reaktiven Radikale werden durch Enzyme in weniger reaktive Substanzen umgewandelt. Wenn nicht genügend deaktivierende Enzyme vorhanden sind, akkumulieren Sauerstoffradikale und schädigen Zellen.

Mitochondrien nehmen Ca^{2+}-Ionen aus dem Cytosol auf, wenn die intrazelluläre Ca^{2+}-Konzentration durch Freisetzung der Ionen aus dem ER und Ca^{2+}-Einströme aus dem extrazellulären Milieu ansteigt, und sie geben Ca^{2+}-Ionen ab, wenn die intrazelluläre Ca^{2+}-Konzentration niedrig ist. Die Aufnahme von Ca^{2+}-Ionen wird durch das negative Membranpotenzial an den inneren Mitochondrienmembranen bewirkt und durch zwei

Proteine vermittelt, ein Ca^{2+}-Uniporterprotein (MCU) mit mittlerer Affinität für Ca^{2+}-Ionen und ein Ca^{2+}/H^+-Austauscherprotein (LETM1) mit hoher Affinität für die Ionen. Die Abgabe von Ca^{2+}-Ionen aus Mitochondrien erfolgt über ein Na^+/Ca^{2+}-Austauscherprotein und eine mitochondriale Permeabilität-Übergangspore (mPTP). Ca^{2+}-Ionen aktivieren in Mitochondrien metabolische Enzyme und die Synthese von ATP. Übermäßige Akkumulationen von Ca^{2+}-Ionen in Mitochondrien sind jedoch schädlich und begünstigen Reaktionswege des programmierten Zelltodes (siehe Abschn. 4.5).

Nach gegenwärtigen Vorstellungen existierten Mitochondrien ursprünglich in kernlosen Zellen und wurden zu einem frühen Zeitpunkt der Evolution zusammen mit diesen in kernhaltige Zellen aufgenommen. Die Annahme wird nicht zuletzt durch ein eigenes Genom der Mitochondrien unterstützt. Die mitochondriale DNA ist klein, wie in Abschn. 2.4 ausgeführt. Jedes Mitochondrium enthält nur wenige Kopien eines DNA-Moleküls von 16.569 Nucleotidpaaren. Es sind nahezu ausschließlich codierende Sequenzen ohne längere regulierende Abschnitte. Ihre Vererbung erfolgt nicht nach Mendel'schen Regeln, da nur Mitochondrien der Eizelle an die nächste Generation weitergegeben werden. Mitochondrien enthalten neben eigener DNA auch eigene Enzyme der DNA-, RNA- und Proteinsynthese, die sich von den entsprechenden Enzymen im Kern unterscheiden. Sie werden aber nicht durch die DNA der Mitochondrien, sondern wie der größte Teil der übrigen Mitochondrienproteine durch spezielle Abschnitte der Kern-DNA codiert. Die Proteine werden an cytoplasmatischen Ribosomen synthetisiert und anschließend in Mitochondrien importiert. Mitochondrien importieren auch den größten Teil ihrer Lipide. Die Lipide werden überwiegend an Kontaktstellen mit dem ER aufgenommen. Ein spezifisches Lipid, Cardiolipin, wird von den Organellen selbst produziert.

Peroxisomen

Peroxisomen sind kleine Organellen, in denen Substrate mit molekularem Sauerstoff oder Wasserstoffperoxid oxidiert werden. Die Organellen tragen zum Abbau von Fettsäuren bei. Sie ergänzen die β-Oxidation von Fettsäuren in Mitochondrien.

Peroxisomen entstehen wahrscheinlich durch Abschnürung von Membranen des ER, und sie vermehren sich möglicherweise auch durch Wachstum und Teilung. Die Organellen importieren viele Proteine und Lipide und synthetisieren selbst eine Gruppe spezifischer Phospholipide, die **Plasmalogene**.

Das Centrosom

Die meisten Zellen enthalten in der Nähe des Zellkerns ein „Zellkörperchen" oder **Centrosom**. Im Innern des Körperchens befinden sich zwei kurze, senkrecht zueinander stehenden zylindrische Strukturen, die **Centriolen**, und eine fibrilläre Matrix, in der **Mikrotubuli** verankert sind (siehe unten „Das Cytoskelett"). Bei Zellteilungen werden Centrosomen verdoppelt. Aus einem Centrosom entstehen zwei, die zu entgegengesetzten Seiten des Zellkerns wandern und die Pole der mitotischen Spindel bilden.

Das Cytoskelett

Das **Cytoskelett** ist ein Netzwerk verschiedener Filamente und Tubuli, die alle aus Proteinpolymeren zusammengesetzt sind. Die Strukturen stabilisieren Zellen und verleihen ihnen Elastizität und Widerstandsfähigkeit gegenüber Zug und Druck. Sie bewirken Kontraktionen von Zellen und Zellbereichen und ziehen Abschnitte der Plasmamembran nach innen oder stülpen sie nach außen. An Filamenten und Tubuli werden Makromoleküle, Membranvesikel und Organellen transportiert. Die wichtigsten Strukturen des Cytoskeletts sind: 1) Mikrotubuli, 2) Actinfilamente, 3) Intermediärfilamente und 4) Septinfilamente und -bündel.

Mikrotubuli sind lang gestreckte Hohlzylinder von ca. 25 nm Durchmesser, deren Wand durch seitliche Assoziation polymerer Tubulinfilamente gebildet wird. **Tubulin α** und **Tubulin β** assoziieren zu Dimeren und diese zu linearen Protofilamenten. Die Protofilamente beginnen an einem Ende mit α-Tubulin. Das Ende wird als „Minus-Ende" bezeichnet. Sie enden an dem entgegengesetztem „Plus-Ende" mit β-Tubulin. Die Assoziation und Dissoziation von Tubulin-Dimeren erfolgt an Plus-Enden schneller als an Minus-Enden. Die Polymerisationsvorgänge werden außerdem durch GTP, das an beide Tubulinuntereinheiten bindet, beeinflusst. Während gebundenes GTP der α-Untereinheit stabil ist, wird GTP der β-Untereinheit in Mikrotubuli zu GDP hydrolysiert. Tubulindimere mit GDP in β-Tubulin dissoziieren schneller von Mikrotubuli-Enden als Dimere mit GTP in beiden Tubulinuntereinheiten. Wenn bei der Assoziation von Tubulindimeren noch wenig GTP der β-Untereinheiten zu GDP hydrolysiert ist, bleibt das betreffende Tubulinende relativ stabil. Die Dissoziation verläuft hier langsam. Wenn dagegen Tubulindimere mit gebundenem GDP in der β-Untereinheit überwiegen, setzt an dem Ende eine schnelle Dissoziation der Dimere ein. Die unterschiedliche Kinetik der Assoziation und Dissoziation von Tubulindimeren an Minus- und Plus-Enden von Mikrotubuli und ihre Abhängigkeit von gebundenem GTP bzw. GDP in der β-Untereinheit bewirken zwei Phänomene: 1) Ein „Tretmühle"-Verhalten und 2) eine dynamische Instabilität. Mit „Tretmühle"-Verhalten ist die Verlängerung eines Mikrotubuli-Endes bei gleichzeitigem Schrumpfen des anderen Endes gemeint. Dynamische Instabilität bedeutet ein plötzliches Umschlagen von einer Wachstumsphase zu einer drastischen Verkürzung von Tubuli. Beide Phänomene bewirken kontinuierliche Veränderungen der Mikrotubuli in Zellen.

Die meisten Mikrotubuli sind in Centrosomen verankert. Sie polymerisieren an spezifischen Proteinstrukturen, den γ-Tubulin-Ring-Komplexen. Erste Tubulindimere, die an γ-Tubulin-Ring-Komplexe anlagern, bilden das Minus-Ende von Mikrotubuli. Die Plus-Enden wachsen dann sternförmig aus den Centrosomen heraus. Die Anlagerung weiterer Tubulindimere wird durch spezifische Proteine beeinflusst, die an die Enden binden. Andere Proteine, die „Mikrotubuli-assoziierten Proteine" (MAP), darunter **tau** und **MAP-2**, koppeln Mikrotubuli seitlich aneinander zu Bündeln. Auch Motorproteine der Kinesin- und Dyneinfamilien binden an Mikrotubuli. Die Motorproteine bewegen sich ohne oder mit Fracht an Mikrotubuli entlang. Einzelne Motorproteine können gleichzeitig zwei verschiedene Mikrotubuli binden und diese gegeneinander verschieben.

Actinfilamente haben einen Durchmesser von nur 5–9 nm und sind flexibler als Mikrotubuli. Die Filamente bestehen aus zwei Protofilamenten, die in einer rechtsgängigen Helix umeinander verdreht sind (siehe Abb. 3.4). Actinprotofilamente enthalten durchschnittlich 200 bis 500 Actinmonomere, die alle in der gleichen Weise angeordnet sind. Die Filamente sind deshalb wie die Mikrotubuli polarisiert, und ihre Enden werden ebenfalls als Minus- und Plus-Ende bezeichnet. Actinmonomere binden ATP, das in den Filamenten zu ADP hydrolysiert wird. Monomere mit gebundenem ADP dissoziieren schneller von den Filamenten als Monomere mit gebundenem ATP. Dieses Verhalten der Actinmonomere ist ähnlich dem Verhalten von Tubulindimeren mit gebundenem GTP oder GDP. Auch die Phänomene der „Tretmühle" und der dynamischen Instabilität treten bei Actinfilamenten in analoger Weise wie bei Mikrotubuli auf.

Die Polymerisation von Actinfilamenten beginnt in der Nähe der Plasmamembran unter Mitwirkung von zwei Gruppen von Proteinen. **Forminproteine** initiieren lang gestreckte Actinfilamente, **Actin-verwandte Proteine** (*actin-related proteins*, ARP) begünstigen dagegen die Bildung verzweigter Netze von Actinfilamenten. Formine bestehen aus zwei Untereinheiten, die beide je ein Actinmonomer assoziieren. Die assoziierten Actinmonomere bilden das Minus-Ende eines neuen Filaments. An sie werden weitere Actinmonomere angefügt. Dabei bewegen sich die Forminproteine mit den wachsenden Plus-Enden von den Polymerisationskeimen fort. Jeweils eine Untereinheit eines Forminproteins bleibt mit dem Actinfilament verbunden, während die andere Untereinheit das nächste Actinmonomer bindet und an die wachsende Actinkette heranführt. Die Forminuntereinheiten wechseln dann ihre Funktion. Die Untereinheit, die das letzte Actinmonomer übergeben hat, bleibt am Filament assoziiert, während die Partneruntereinheit ein nächstes Monomer bindet. Dann folgt wieder ein Wechsel und so fort. Actin-verwandte Proteine binden ebenfalls zwei Actinmonomere, an die weitere Monomere angelagert werden. ARP-Komplexe assoziieren an bereits vorhandene Actinfilamente und initiieren Verzweigungen der Filamente. Dabei entstehen netzartige Strukturen mit vielen Querverbindungen.

Actinfilamente werden durch assoziierende Proteine stabilisiert oder destabilisiert. **Tropomyosin** bindet an sieben aufeinanderfolgende Actinmonomere und hält sie zusammen. Die langlebigen Actinfilamente in Skelettmuskelzellen sind an ihren Plus-Enden durch das Protein **CapZ** und an ihren Minus-Enden durch **Tropomodulin** geschützt. Das Protein **Cofilin** destabilisiert dagegen Actinfilamente und Proteine der **Gelsolinfamilie** zerlegen Actinfilamente in kürzere Fragmente. Eine Reihe von Proteinen, darunter **Fimbrin**, **α-Actinin**, **Filamin** und **Spektrin**, vernetzen Actinfilamente miteinander und mit anderen Proteinen.

Intermediärfilamente mit einem Durchmesser von ca. 10 nm sind aus unterschiedlichen Polypeptiden zusammengesetzt. In Epithelzellen sind es verschiedene **Keratine**, in Nervenzellen Neurofilamentproteine, in Gliazellen ein fibrilläres saures Protein, in Muskelzellen **Desmin**. Es handelt sich durchweg um lang gestreckte helicale Moleküle, die sich parallel aneinander fügen und Dimere bilden. Je zwei Dimere lagern sich antiparallel und gegeneinander versetzt zu Tetrameren zusammen. Die Tetramere assoziieren zu Protofilamenten. Intermediärfilamente sind seilartige Bündel aus acht Protofilamenten. Sie sind üblicherweise in Zell-Zell-Kontakten, den **Desmosomen**, und Zell-Matrix-Kontakten, den **Hemidesmosomen**, verankert und können durch **Plektrin** miteinander oder mit Mikrotubuli, Actinfilamenten und Proteinen der Plasmamembran vernetzt sein. Im Zellkern gibt es Intermediärfilamente aus **Laminproteinen**. Die Laminfilamente stabilisieren die Kernmembran und dienen als Bindungsgerüst für Chromosomen und Komponenten von Kernporenkomplexen.

Septinproteine werden in mehreren Varianten exprimiert. Sie enthalten alle eine unikale Sequenz aus 53 Aminosäureresten, eine Region mit vielen basischen Aminosäureresten und eine GTP-bindende Domäne. Septinproteine bilden oligomere Komplexe, die sich zu Filamenten, Bündeln und Käfigen zusammenlagern können. Die Strukturen treten mit Mikrotubuli, Actinfilamenten und Membranen in Wechselwirkung. Sie dienen als Gerüste und Diffusionsbarrieren.

4.2 Die Teilung von Zellen: der Zellzyklus

Neue Zellen entstehen durch Teilung vorhandener Zellen. Die Zellen wachsen im Allgemeinen erst und nehmen in Größe und Masse zu, bevor sie sich teilen. Der Teilungsprozess wird **Zellzyklus** genannt und in die vier Phasen G_1, S, G_2 und M unterteilt. G_1 und G_2 sind Zwischenphasen (*gap phases*), S ist die Phase der DNA-Synthese und M die Phase der Kernspaltung (Mitose, *mitosis*) und eigentlichen Zelltrennung (Cytokinese, *cytokinesis*). Ein Zellzyklus beginnt mit der Phase G_1, dann folgen S-Phase, G_2-Phase und M-Phase (Abb. 4.4). G_1-, S- und G_2-Phase bezeichnet man zusammen auch als **Interphase**, und im Ablauf der Kernspaltung unterscheidet man **Prophase**, **Prometaphase**, **Metaphase**, **Anaphase** und **Telophase**. Die Interphase nimmt weit mehr Zeit in Anspruch als die M-Phase. Ihre Dauer variiert in Abhängigkeit vom Zelltyp und äußeren Bedingungen. Alle Zyklusphasen unterliegen vielfachen Regulationen durch das **Zellzyklus-Kontrollsystem**.

Die Hauptphasen des Zellzyklus

Zellen befinden entweder im Ruhezustand, auch G_0-**Phase** genannt, oder in einer der vier Hauptphasen des Zellzyklus. Der Ruhezustand kann endgültig oder nur vorübergehend sein. Vollständig differenzierte Nerven- und Muskelzellen können z. B. noch wachsen, aber sie teilen sich nicht mehr. Andere Zellen, wie Fibroblasten und Lymphocyten, gehen aus dem Ruhezustand zu Teilungen über. Sie beginnen mit der G_1-**Phase** und prüfen zunächst die intra- und extrazellulären Vorraussetzungen für eine Teilung. Eine intrazelluläre Vorbedingung ist die Vollständigkeit der DNA. Als extrazelluläre Faktoren wirken **Mitogene**,

4.2 Die Teilung von Zellen: der Zellzyklus

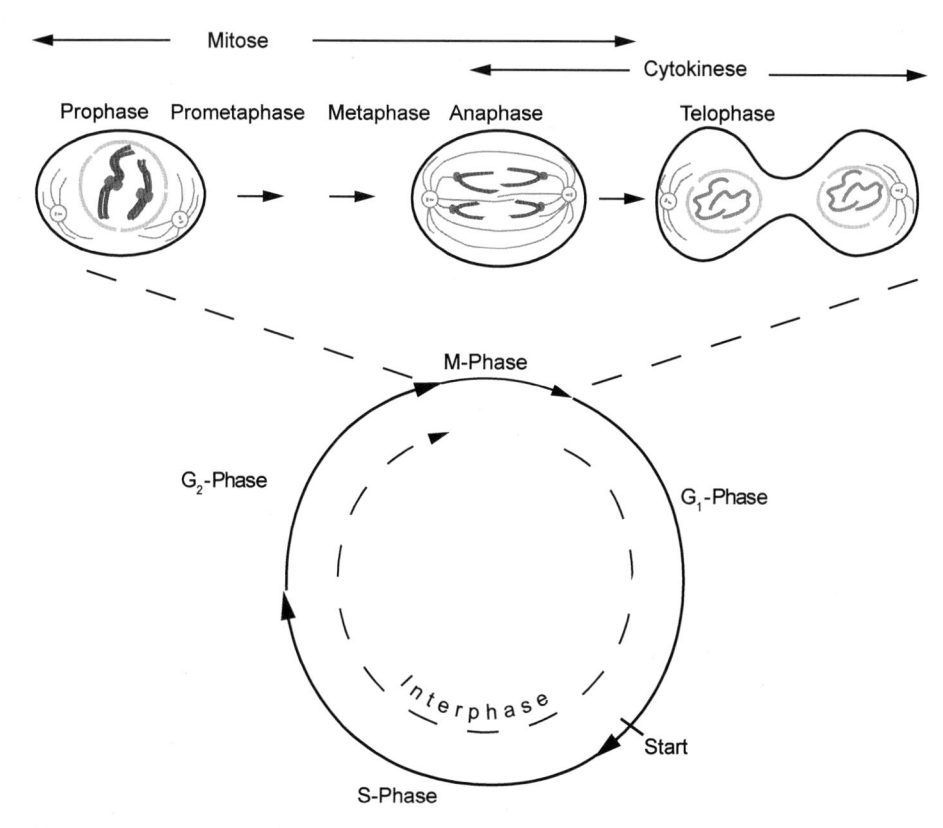

Abb. 4.4 Phasen des Zellzyklus

wie der thrombocytäre Wachstumsfaktor (PDGF) und der epidermale Wachstumsfaktor (EGF), die beide sowohl das Wachstum als auch die Teilung von Zellen fördern. Wenn die Vorraussetzungen für eine Zellteilung gegeben sind, wird ab einem bestimmten Zeitpunkt der Vorbereitung das weitere Programm des Zellzyklus in Gang gesetzt. Der kritische Punkt wird „Restriktionspunkt" oder „Start" genannt. Mit dem Überschreiten des Restriktionspunktes sind Zellen auf die Replikation von DNA festgelegt und beginnen mit der **S-Phase**.

In der S-Phase wird die DNA kopiert, und beide Doppelstränge werden wieder mit Proteinen verpackt. Das Centrosom wird verdoppelt, und die Zellen synthetisieren Histone und weitere Proteine.

Die DNA-Replikation beginnt an Replikationsursprüngen, die bereits in der frühen G_1-Phase Ursprung-Erkennungskomplexe (*origin-recognition complexes*, ORC) und weitere Proteine assoziieren. Die Präreplikationskomplexe sind Vorraussetzung für eine DNA-Synthese. Sie werden nach Überschreiten des Restriktionspunktes erst in Präinitiationskomplexe und dann in Initiationskomplexe der Replikation mit aktiver Helicase und DNA-Polymerase α umgewandelt (siehe Abschn. 2.2). Die Umwandlungen werden durch das Zellzyklus-Kontrollsystem eingeleitet und gesteuert (siehe weiter unten). Die DNA-Synthese beginnt zunächst im Euchromatin und erfasst später auch das Heterochromatin.

Zum Ende der S-Phase ist die gesamte DNA kopiert. Die Zellkerne enthalten dann Doppelchromosomen, in denen die zwei DNA-Doppelhelix-Moleküle an den Synthesegabeln noch miteinander verflochten sind. An die DNA assoziieren wieder Histone und Nichthistonproteine, darunter **Cohesine**. Cohesine bestehen aus mehreren Untereinheiten, die sich zu einem Ring um Schwesterchromatiden lagern und sie zusammenhalten.

Nach Verdopplung der Chromosomen in der S-Phase werden in der Phase G_2 die Kernteilung und die Trennung der Zelle in zwei Tochterzellen vorbereitet. **DNA-Topoisomerasen** entflechten die DNA-Doppelstränge an den Synthesegabeln. Sie schneiden jeweils einen Doppelstrang, sodass der zweite entweichen kann. Die geschnittenen Stränge werden anschließend wieder zusammengefügt. In der G_2-Phase werden auch weitere Proteine synthetisiert, und die Zelle wächst als Ganzes. Am Ende der Phase regelt ein Kontrollpunkt den Übergang in die M-Phase. Wenn Teile der DNA fehlen oder größere Fehler aufweisen, wird der Zellzyklus unterbrochen und erst fortgesetzt, wenn die DNA vollständig ist.

In der **Mitosephase** wird die DNA verdichtet, und die Chromosomen nehmen ihre kompakteste Form an. In dem Prozess spielen **Condensinproteine**, die wie Cohesinproteine aus mehreren Untereinheiten bestehen und Ringstrukturen bilden, eine wichtige Rolle. Während Cohesinringe um zwei Schwesterchromatiden herumreichen und diese zusammenhalten, klammern Condensinringe nur jeweils Teile eines Chromatids, wahrscheinlich mehrere Nucleosomenschleifen, zusammen. Die Verdichtung der Chromatiden durch Condensin geht Hand in Hand mit der Auflösung eines Teils der Cohesinkomplexe um Chromatidenpaare. Die Schwesterchromatiden erscheinen in dieser Phase in den **centromeren Regionen** besonders eng aneinandergekoppelt (Abb. 4.5).

In Centromeren von Chromosomen überwiegen DNA-Wiederholungssequenzen. Die Nucleosomen enthalten neben Standardhiston H3 die H3-Variante **CENP-A** und assoziieren unter Vermittlung des Proteins CENP-C und weiterer Proteine Kinetochore. **Kinetochore** sind große Proteinkomplexe mit einer dreischichtigen Struktur, die Mikrotubuli der **mitotischen Spindel** binden. Jedes Chromatid assoziiert in seinem centromeren Bereich einen Kinetochorkomplex als Haltepunkt für Spindelmikrotubuli.

Die mitotische Spindel ist eine bipolare Anordnung von Mikrotubuli, die nur vorübergehend in der M-Phase des Zellzyklus gebildet wird. Die Mikrotubuli positionieren sich in dieser Phase ausgehend von den zwei Centrosomen, die durch Verdopplung eines Centrosoms in der S-Phase entstanden sind, neu. Aus beiden Centrosomen wachsen Plus-Enden von Mikrotubuli, die man drei Typen zuordnen kann (Abb. 4.6):

- **Polmikrotubuli** überlagern sich mit ihren Plus-Enden am Spindeläquator und treten über Motorproteine miteinander in Kontakt.
- **Kinetochormikrotubuli** loggen mit ihren Plus-Enden in Ankerstellen von Kinetochoren ein. Sie verbinden die zwei Kinetochore jedes Doppelchromosoms mit entgegengesetzten Spindelpolen. An die Plus-Enden der Kinetochormikrotubuli können weitere Tubulindimere anlagern, und Tubulindimere können von den Enden auch wieder dissoziieren.
- **Astralmikrotubuli** ragen seitlich aus der Spindel heraus und treten mit Actinfilamenten in Kontakt. Sie stabilisieren die Lage der Spindel in der Zelle.

Abb. 4.5 Kondensiertes dupliziertes Chromosom in der Mitosephase (Zeichnung nach einer rasterelektronenmikroskopischen Aufnahme in Alberts et al., Molecular Biology of the Cell, 2008)

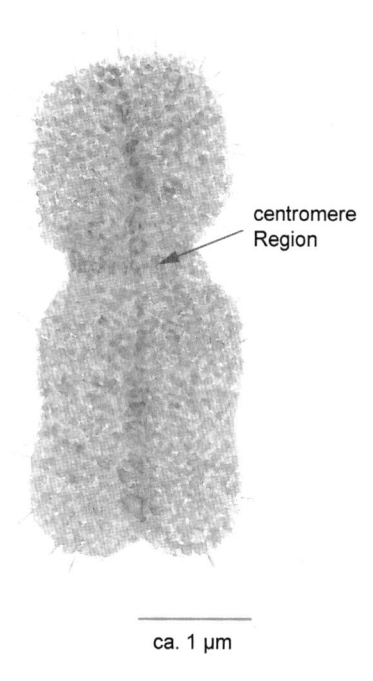

centromere Region

ca. 1 µm

Die Verdopplung von Chromosomen findet innerhalb des Zellkerns statt, die Anlagerung der Doppelchromosomen an Spindelmikrotubuli kann dagegen erst nach Auflösung der Kernmembranen erfolgen. Die Chromosomen nehmen dann aktiven Einfluss auf die Anordnung der Spindel. In Abwesenheit von Centrosomen können sie allein die Bildung einer Spindel bewirken.

Zwischen Chromosomen und mitotischer Spindel wirken in der Folge Zug- und Druckkräfte, die die Chromosomen am Spindeläquator ausrichten. Zugkräfte entstehen durch Verkürzung der Plus-Enden von Kinetochormikrotubuli in den Ringstrukturen der Kinetochore. Außerdem drücken Kinesin-5-Motorproteine überlappende Plus-Enden von Polmikrotubuli auseinander. Die Centrosomen werden dadurch weiter voneinander entfernt und zur Zellperipherie verschoben. Entgegengesetzt wirkende Druckkräfte werden durch die Motorproteine Kinesin-4 und -10 ausgeübt, die gleichzeitig an Mikrotubuli und an Chromosomen binden. Die Motorproteine schieben die Chromosomen in Richtung der Plus-Enden von Mikrotubuli.

In der Anaphase der Mitose dominieren nach einem Anstieg der intrazellulären Ca^{2+}-Konzentration die Zugkräfte auf Chromosomen. Sie ziehen die Schwesterchromatiden auseinander und zu entgegengesetzten Spindelpolen. Die zwei Chromosomensätze werden hier von neuen Kernmembranen umgeben. Kernmembranfragmente assoziieren erst an einzelne Chromosomen. Anschließend fusionieren sie zu vollständigen Kernhüllen. Innerhalb der Kerne breiten sich Laminproteine aus, und die Poren der Kernmembranen werden mit Porenkomplexen gefüllt. Die Chromosomen ordnen sich in Bereiche von Euchromatin und Heterochromatin.

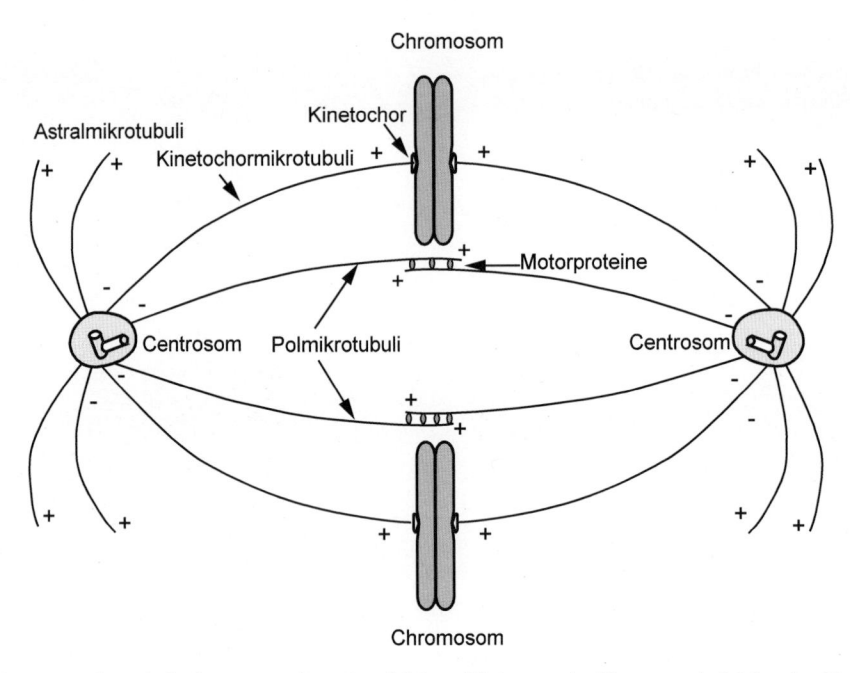

Abb. 4.6 Mikrotubuli der mitotischen Spindel (modifiziert nach Alberts et al., Molecular Biology of the Cell, 2008)

Üblicherweise werden die Vorgänge der Mitose in fünf Phasen eingeteilt. In der ersten Phase, der **Prophase**, kondensieren die verdoppelten Chromosomen im Zellkern. Aus zwei Centrosomen, die zu beiden Seiten des Zellkerns positioniert sind, wachsen Mikrotubuli der mitotischen Spindel. Die **Prometaphase** beginnt mit dem Zerfall der Kernmembran und der Anlagerung von Chromosomen an Mikrotubuli der Spindel. Kinetochore verbinden die Schwesterchromatiden jedes Chromosomenpaares mit entgegengesetzten Spindelpolen. In der **Metaphase** werden die Paare am Spindeläquator ausgerichtet und in der **Anaphase** getrennt. In der abschließenden **Telophase** erreichen die getrennten Chromosomensätze die Spindelpole und werden in neue Kernmembranen eingeschlossen. Mit der Ausbreitung der Chromosomen innerhalb der Kerne ist die Kernspaltung abgeschlossen.

Die Teilung einer Zelle in zwei Tochterzellen, die **Cytokinese**, beginnt mit dem Auseinanderdriften der Schwesterchromatiden in der Anaphase und dauert bis kurz nach der Telophase. Unterhalb der Plasmamembran, meist in der Mitte zwischen den Spindelpolen – bei asymmetrischen Teilungen auch in anderen Lagen – bildet sich ein Ring aus Actin- und Myosinfilamenten, der kontrahiert und die Plasmamembran einschnürt. Die Bildung und die Funktion des Ringes werden durch die monomere GTPase **RhoA** reguliert. Die aktive Form von RhoA bindet Forminproteine, welche die Bildung von Actinfilamenten einleiten und fördern. RhoA stimuliert gleichzeitig RhoA-abhängige Proteinkinasen, die leichte Ketten von Myosin II phosphoryliert und dadurch die Wechselwirkungen zwischen den kontraktilen Proteinen verstärkt. Actin- und Myosinfilamente interagieren ähnlich wie in Muskelzellen und ziehen die Zellmembran nach innen. In der Membran entsteht eine Spaltfurche. Die zusätzliche Membranfläche der Furche wird durch Fusion mit intrazellulären Membranvesikeln aufgefüllt. Der kontraktile Ring zieht sich mehr und mehr zusammen, bis nur noch ein schwaches Verbindungsstück zwischen den Zellhälften übrig bleibt, der **Mittelkörper**, der schließlich auch verschwindet.

Im Verlauf der Cytokinese werden nicht nur zwei Chromosomensätze voneinander getrennt. Auch alle anderen Zellkomponenten wie Mitochondrien, ER- und Golgi-Membranen, Lysosomen und das Cytosol werden auf die Tochterzellen aufgeteilt. Mitochondrien verdoppeln sich während des Zellzyklus, und auch die ER-Membranen nehmen in der Interphase zu. Bei der Zelltrennung erhalten beide Tochterzellen ihre Anteile an den Membranen. Der Golgi-Apparat zerfällt bei der Mitose in Fragmente, die an die Spindelpole assoziieren und mit diesen aufgeteilt werden. Aus den Tubuli der mitotischen Spindel werden in den Tochterzellen neue Mikrotubuli gebildet.

Das Zellzyklus-Kontrollsystem

Der Zellzyklus wird durch zyklische Änderungen in der Synthese, der Modifizierung und im Abbau von regulierenden Proteinen gesteuert. Eine überragende Rolle spielen **cyclinabhängige Kinasen** (*cyclin-dependent kinases*, Cyclin-Cdk) und Proteolysereaktionen, die von dem **Anaphase-fördernden Komplex** (*anaphase-promoting complex, cyclosom*, APC/C) eingeleitet werden. Cyclin-Cdk sind heterodimere Enzyme aus einer katalytischen Einheit und einem Cyclinprotein. Die katalytischen Einheiten sind nur in Komplexen mit Cyclinen aktiv, deren Konzentrationen sich im Verlauf jedes Zellzyklus ändern. Die Cyclinkonzentrationen steigen und fallen, und mit ihnen steigen und fallen die Aktivitäten der Kinasen (Abb. 4.7). Cyclin-abhängige Kinasen werden selbst auch durch Phosphorylierungen reguliert (Abb. 4.8), und ihre Aktivität wird durch spezifische Inhibitorproteine gehemmt. Vier Hauptklassen von Cyclinen aktivieren unterschiedliche Cdk (Tab. 4.1).

Cycline der G_1-Phase werden verstärkt nach Einwirkung von Mitogenen gebildet. Ihre Synthese wird u. a. über den Ras-Signalweg initiiert (Abschn. 3.6). Ras-Proteine aktivieren die MAP-Kinase-Kaskade und „unmittelbar frühe" Gene, darunter das *myc*-Gen. **MYC-Protein** stimuliert in der Folge die Expression von Genen der „verzögerten Reaktion", zu denen auch G_1-Cyclin-Gene gehören. Mit steigenden Konzentrationen von G_1-Cyclinen werden G_1-Cyclin-Kinasen (G_1-Cdk) aktiv und phosphorylieren **Retinoblastomprotein** und Corepressorproteine P107 und P130. Die Proteine bilden Komplexe mit genregulierenden **E2F-Proteinen**. Nach Phosphorylierung gibt Retinoblastomprotein E2F-Aktivatorproteine frei, und diese stimulieren die Expression von G_1/S- und S-Cyclinen (Abb. 4.9). Retinoblastomprotein kontrolliert neben E2F-Proteinen weitere Transkriptionsfaktoren, und E2F-Proteine aktivieren nicht nur die Expression von G_1/S- und S-Cyclinen, sondern auch ihre eigene Synthese und die Synthese weiterer Proteine der DNA-Replikation.

Die nächsten Schritte des Zellzyklus werden durch G_1/S- und S-Cdk bestimmt. Die Kinase G_1/S-Cdk leitet durch ihre Aktivität Zellen über den Restriktionspunkt der G_1-

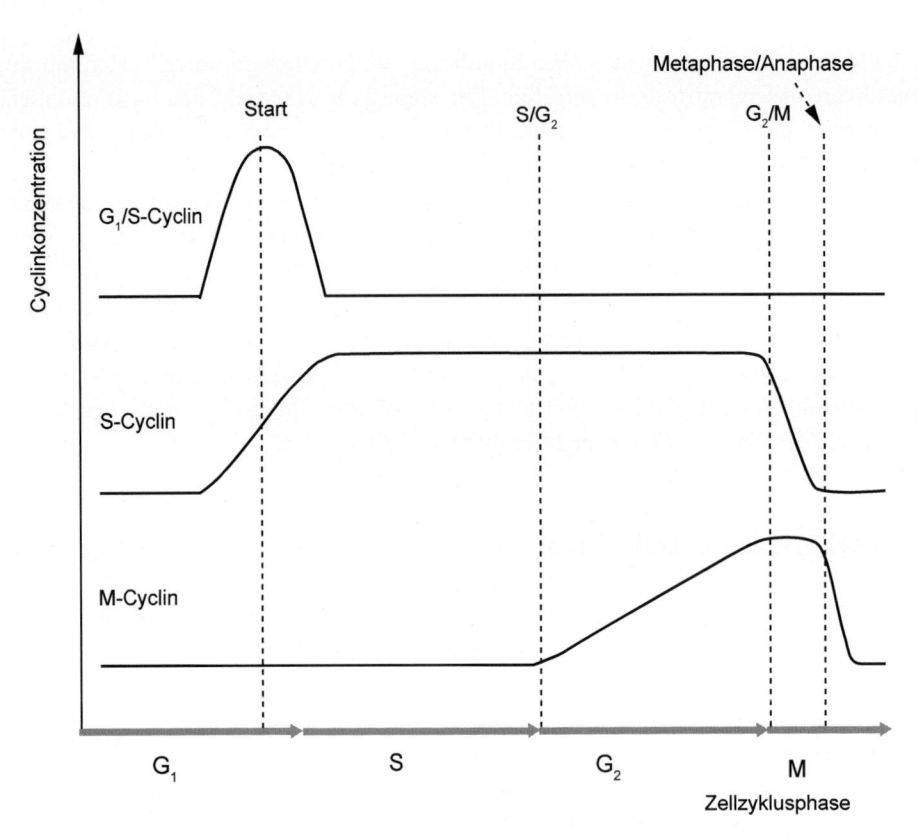

Abb. 4.7 Änderungen der Konzentrationen von G_1/S-, S- und M-Cyclinen im Verlauf eines Zellzyklus (modifiziert nach Alberts et al., Molecular Biology of the Cell, 2008)

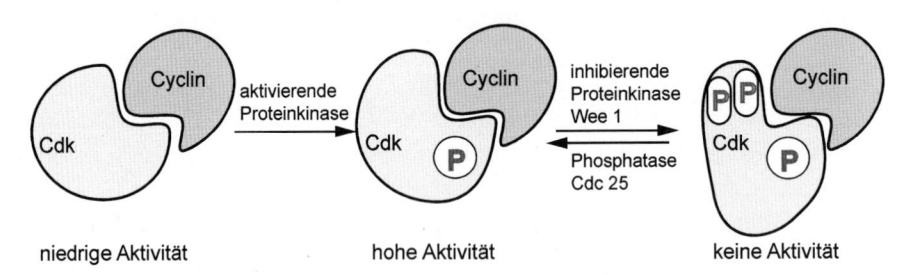

Abb. 4.8 Regulation cyclinabhängiger Proteinkinasen (Cyclin-Cdk) durch Phosphorylierung und Dephosphorylierung

Phase, und die Kinase S-Cdk steuert die Initiation der DNA-Replikation. G_1/S-Cdk phosphoryliert Proteine von Präreplikationskomplexen, die bereits zu Beginn der G_1-Phase an Startorten der DNA-Synthese gebildet wurden. In den Komplexen enthaltene Ursprung-Erkennungskomplexe werden durch Phosphorylierung inaktiviert. Ein anderes Protein

Tab. 4.1 Cycline und cyclinabhängige Proteinkinasen (Cyclin-Cdk)

Cycline	Kinasen	Cyclin-Cdk	Proteine, die durch Cyclin-Cdk phosphoryliert werden	Proteininhibitoren
G_1-Cycline (Cycline D)	Cdk 4, Cdk6	G_1-Cdk	Retinoblastomprotein	P16
G_1/S-Cyclin (Cyclin E)	Cdk2	G_1/S-Cdk	Ursprung-Erkennungskomplexe, Protein Cdc6	P21, P27
S-Cyclin (Cyclin A)	Cdk2, Cdk1	S-Cdk	Proteine von Replikationskomplexen	P21, P27
M-Cyclin (Cyclin B)	Cdk1	M-Cdk	Separase, Condensin, Phosphatase Cdc25, Mikrotubuli-assoziierte Proteine, Proteine der Kernlamina und der Kernmembran, chromosomaler Passagierkomplex	

Mitogene binden an Rezeptoren in Zellmembranen und aktivieren G-Proteine Ras

⇩

Ras-Proteine aktivieren Kinasen der MAP-Kinase-Kaskade. Das letzte Glied der Kaskade ist die Kinase Erk

⇩

Erk aktiviert Transkriptionsfaktoren für „unmittelbar frühe Gene"

⇩

Proteine „unmittelbar früher Gene" aktivieren Gene für G1-Cycline

⇩

G1-Cyclin-abhängige Kinase phosphoryliert Retinoblastomproteine.

⇩

E2F-Proteine dissoziieren von phosphorylierten Retinoblastomproteinen und aktivieren Gene für G1/S-Cyclin, S-Cyclin und weitere Gene der Replikation von DNA

Abb. 4.9 Wie Mitogene Zellteilungen stimulieren

der Komplexe, Cdc6, wird nach Phosphorylierung abgebaut. Die Reaktionen bereiten die Umwandlung von *Präreplikationskomplexen* in *Präinitiationskomplexe* vor. Sie verhindern eine wiederholte Bildung von Präreplikationskomplexen während des laufenden Zellzyklus und gewährleisten, dass die DNA innerhalb eines Zyklus nur einmal kopiert wird. In Präinitiationskomplexen werden mehrere neue Proteine, darunter Mcm10, TopBP1, Treslin, Cdc45 und GINS, an Startorte der Replikation angelagert und die Helicase Mcm2–7 aktiviert. Die Vorgänge werden durch zwei Kinasen, S-Cdk und **Dbf4-abhängige Kinase**, gesteuert. S-Cdk reguliert die Assoziation der neuen Proteine und Dbf4-abhängige Kinase die Aktivierung von Mcm2–7. Die Cyclinkinase phosphoryliert das Protein Treslin, das nur in phosphorylierter Form an TopBP1-Protein bindet und zusammen mit diesem die Ankopplung von Cdc45, einem Cofaktor der Helicase, gewährleistet. Dbf4-abhängige Kinase, die zum Beginn der S-Phase nach Anstieg der Konzentration des Cofaktors Dbf4 maximale Aktivität erreicht, phosphoryliert eine inhibitorische Untereinheit von Mcm2–7. Die hemmende Wirkung der Untereinheit wird dadurch aufgehoben, und die Helicase windet mit Unterstützung von Protein Cdc45 doppelsträngige DNA an Replikationsursprüngen auf. Nach Bindung von Replikationsproteinen A und DNA-Polymerase α beginnt an DNA-Einzelsträngen die DNA-Synthese.

G_1/S-Cdk und S-Cdk haben zusätzliche Funktionen: G_1/S-Cdk initiiert die Duplikation des Centrosoms, und S-Cdk steuert neben der DNA-Synthese auch die Synthese von Histonen und weiteren Chromatinproteinen.

In der G_2-Phase wird verstärkt M-Cyclin gebildet. Die Aktivität von M-Cdk bleibt aber aufgrund einer inaktivierenden Phosphorylierung der katalytischen Einheit zunächst niedrig. Erst zum Ende der G_2-Phase und Beginn der M-Phase erlangt M-Cdk hohe Aktivität. Das Enzym koordiniert im Zusammenwirken mit anderen Kinasen die Kondensation von Chromosomen, die Bildung der mitotischen Spindel, den Zerfall der Kernhülle, die Anlagerung von Chromosomen an Spindelmikrotubuli, die Fragmentierung des Golgi-Apparats und die Reorganisation des Actincytoskeletts. Substrate von M-Cdk sind u. a. die Protease **Separase**, Condensinproteine, Mikrotubuli-assoziierte Proteine, Kernlamina- und Kernporenproteine und der „**chromosomale Passagierkomplex**" (*chromosomal passenger complex*, CPC). Die Protease Separase spaltet eine Untereinheit von Cohesin und öffnet dadurch Cohesinringe. Das Enzym wird durch M-Cyclin-abhängige Phosphorylierung gehemmt und dadurch erst später, in der Anaphase, wenn auch das Separase-Inhibitorprotein **Securin** abgebaut ist, aktiv. Die Phosphorylierung von Condensinproteinen fördert die Kondensation der Chromosomen, und die Phosphorylierung Mikrotubuli-assoziierter Proteine destabilisiert vorhandene Mikrotubuli, die zerfallen und sich als mitotische Spindel neu formieren können. M-Cdk-katalysierte Phosphorylierungen von Proteinen der Kernlamina und der Kernporen leiten den Zerfall von Kernmembranen ein, und die Phosphorylierung des chromosomalen Passagierkomplexes fördert die Bindung des Komplexes an Centromere von Chromosomen. Der Passagierkomplex trägt hier zur bidirektionalen Orientierung der Schwesterchromatiden an Mikrotubuli entgegengesetzter Spindelpole bei (siehe unten).

Die weiteren Vorgänge, beginnend mit dem Übergang von der Metaphase in die Anaphase, werden weniger von Cyclin-Cdk als vielmehr von dem **Anaphase-fördernden**

Komplex (**APC/C**) bestimmt. Der Komplex ist eine Ubiquitin-Ligase, die den Abbau von Proteinen durch Markierung mit Ubiquitin einleitet. Die Ligase ist nur in den Phasen M und G_1 aktiv. Am Beginn der M-Phase wird APC/C durch M-Cyclin-abhängige Phosphorylierung und die anschließende Bindung von **Protein Cdc20** aktiviert. Bevorzugte Substrate von APC/C in dieser Phase sind S-Cyclin, M-Cyclin und das Inhibitorprotein Securin. Die Proteine werden durch APC/C mit Ubiquitin modifiziert und in Proteasomen abgebaut. In dem Maße, wie die Konzentrationen von S- und M-Cyclin abnehmen, verringern sich die Aktivitäten von S- und M-Cyclin-abhängigen Kinasen. Ihre phosphorylierten Substrate werden durch Phosphoprotein-Phosphatasen wieder dephosphoryliert, und Regulationen, die durch die Phosphorylierungen eingeleitet wurden, werden zurückgestellt. Mit dem Abbau von Securin wird Separase aktiv und spaltet Cohesinproteine.

Ab der Anaphase wird APC/C durch ein anderes Aktivatorprotein, das Protein **Cdh1**, stimuliert. Cdh1 ist bis zu diesem Zeitpunkt aufgrund einer cyclinabhängigen Phosphorylierung nicht wirksam. Wenn Cdh1 dephosphoryliert wird, bindet es an APC/C, und der Komplex Cdh1-APC/C markiert weitere Proteine für proteolytischen Abbau, darunter das APC/C-Aktivatorprotein Cdc20. G_1- und G_1/S-Cycline werden im Unterschied zu S- und M-Cyclinen nicht von APC/C markiert, und die von ihnen abhängigen Kinasen G_1-Cdk und G_1/S-Cdk bleiben aktiv. Die Enzyme phosphorylieren und inaktvieren in der späten G_1-Phase Cdh1-APC/C. Sie verhindern dadurch den Abbau von S-Cyclin, das in dieser Phase bereits wieder verstärkt synthetisiert wird.

Neben APC/C wirkt im Zellzyklus ein weiterer Ubiquitin-Ligase-Komplex mit der Bezeichnung **SCF**. Dieser Komplex markiert Inhibitorproteine von Cdk für proteolytischen Abbau.

Cylinabhängige Kinasen und Ubiquitin-Ligase-Komplexe sind Hauptregulatoren des Zellzyklus, aber bei weitem nicht alle. Viele zusätzliche regulierende Proteine, darunter der weiter oben erwähnte chromosomale Passagierkomplex (CPC), tragen zum zeitlich und räumlich koordinierten Ablauf des Zyklus bei. CPC ist in der frühen und späten Mitose und auch in der Cytokinese wirksam. Der Komplex enthält als aktive Einheit die Proteinkinase **Aurora B** und drei zusätzliche Untereinheiten, INCENP, Borealin und Survivin, die unterschiedliche Lokalisierungen des Komplexes in verschiedenen Stadien der Mitose vermitteln. Die Untereinheit INCENP beeinflusst auch unmittelbar die Aktivität von Aurora B. Interaktionen zwischen INCENP und Aurora B bewirken eine geringe Kinaseaktivität, die ausreicht, beide Komponenten, Aurora B und INCENP, zu phosphorylieren und dadurch eine hohe Kinaseaktivität zu erlangen. In der frühen Mitose ist CPC an Centromeren der Chromosomen lokalisiert und reguliert über die Phosphorylierung von Proteinen der Kinetochore Wechselwirkungen zwischen Kinetochoren und Mikrotubuli der Spindel. Die Phosphorylierungen schwächen fehlerhafte Verbindungen, wie z. B. Kontakte eines Kinetochors zu Mikrotubuli beider Spindelpole, und lösen sie auf. In der späten Mitose wird CPC von Centromeren der Chromosomen zu Mikrotubuli der Spindelmitte verlagert und stabilisiert durch die Phosphorylierung spindelassoziierter Proteine die Spindel. In der Cytokinese fördert CPC den Aufbau des kontraktilen Ringes und die Abschnürung mitotischer Zellen in zwei Tochterzellen.

Von besonderer Bedeutung für die Regulation des Zellzyklus sind Kontrollpunkte, an denen der Zyklus bei Unregelmäßigkeiten unterbrochen wird. Solche Kontrollpunkte gibt es in allen Zyklusphasen. In den Phasen G_1-, S- und G_2 sind die Unversehrtheit und Vollständigkeit der DNA Kriterien für ein Anhalten oder die Fortsetzung des Zyklus. Am G_1-Kontrollpunkt wird die DNA vor der Replikation überprüft. Gegebenenfalls werden vorhandene Schäden erst repariert, bevor der Restriktionspunkt überschritten wird. In der S-Phase kann die Replikation nach Beginn der DNA-Synthese an „frühen" Replikationsstartorten abgebrochen werden. An „späten" Replikationsstartorten finden dann keine Synthesen statt. Am Kontrollpunkt der G_2-Phase muss die DNA vollständig kopiert und bereits teilweise verpackt sein, bevor die M-Phase eingeleitet wird. In der Mitose entscheidet die exakte Anordnung der Doppelchromosomen am Spindeläquator über die Kontinuität des Zyklus. Die Chromosomensätze werden erst voneinander getrennt, wenn alle Chromosomenpaare am Spindeläquator aufgereiht und die Schwesterchromatiden jedes Paares über ihre Kinetochore mit Mikrotubuli entgegengesetzter Spindelpole verbunden sind.

Die Regulationen an den Kontrollpunkten basieren auf unterschiedlichen Mechanismen. In den Phasen G_1, S und G_2 spielen Kinasen der „DNA-Schadensantwort" (*DNA-damage response*, DDR) eine wichtige Rolle. Die Kinase **ATR** und die verwandte Kinase **ATM** lagern mit Unterstützung weiterer Proteine an Schadstellen in DNA-Molekülen an und leiten durch ihre Aktivität Unterbrechungen des Zellzyklus ein. ATR assoziiert vorzugsweise an DNA-Einzelstrangbrüche und ATM an DNA-Doppelstrangbrüche. Die beiden Kinasen phosphorylieren über 20 verschiedene Substratproteine, darunter die Proteinkinasen **Chk1** und **Chk2**, die ihrerseits auch wieder Proteine phosphorylieren. Zu den phosphorylierten Effektorproteinen gehören P53, Replikationsproteine und die Phosphoprotein-Phosphatase Cdc25.

Die Phosphorylierung von P53 führt zu einem Arrest des Zellzyklus am Restriktionspunkt der G_1-Phase. P53 stimuliert als Transkriptionsaktivator die Synthese von Proteininhibitoren der Kinasen G_1/S- und S-Cdk. Bei störungsfreiem Verlauf des Zellzyklus wird P53 kontinuierlich mit Ubiquitin markiert und in kontrollierter Weise abgebaut. Wenn P53 phosphoryliert wird, verläuft die Ubiquitinierung und in der Folge der Abbau des Proteins langsamer. Die Konzentration von P53 und damit auch die Konzentration des Inhibitorproteins P21 für G_1/S- und S-Cdk nehmen zu. Ohne ausreichende Aktivität von G_1/S- und S-Cdk kann der Restriktionspunkt der G_1-Phase nicht überschritten werden.

Freie Chromosomenenden, die ihre Telomere verloren haben, und übermäßige Teilungen von Zellen können ebenfalls eine P53-abhängige Unterbrechung des Zellzyklus auslösen. Telomerfreie Chromosomenenden assoziieren wie DNA-Doppelstrangbrüche die Kinase ATM, und häufige Zellteilungen induzieren das Protein **Arf**, das die Ubiquitinierung und damit auch den Abbau von P53 unterdrückt.

In der S-Phase kann der Zellzyklus durch die Phosphorylierung von Proteinen der Initiationskomplexe der Replikation unterbrochen werden.

In der G_2-Phase unterbrechen Phosphorylierungen von Phosphoprotein-Phosphatase Cdc25 den Zellzyklus. Die Phosphatase dephosphoryliert und aktiviert M-Cdk. Wenn das Phosphataseenzym durch die Kinase Chk1 phosphoryliert wird, verringert sich seine

Aktivität, und M-Cdk wird nicht dephosphoryliert. Die M-Cyclin-abhängige Kinase verbleibt dann mit hemmenden Phosphatgruppen in einer inaktiven Konformation, und alle Prozesse, die die Kinase üblicherweise einleitet, finden nicht statt.

Mutationen in ATM, ATR und nachgeschalteten Kinasen und Effektorproteinen können alle beschriebenen Regulationen außer Kraft setzen. Die betroffenen Zellen teilen sich dann ungeachtet vorhandener DNA-Schäden. Mit zunehmender Zahl von Teilungen akkumulieren Verluste und Veränderungen der DNA, und die Zellen sterben ab oder entarten.

Die verwirrende Vielfalt von Komponenten und Regelkreisen des Zellzyklus-Kontrollsystems kommt nicht von ungefähr. Das System koordiniert nicht nur schlechthin die verschiedenen Vorgänge der Vermehrung von Zellen, sondern hält – wie oben dargestellt – auch Ausweichlösungen und Gegenregulationen bei Abweichungen vom normalen Verlauf bereit. Die einzelnen Etappen der Zellteilung und die wichtigsten regulierenden Proteine sind in Abb. 4.10 zusammengestellt.

Wie zelltypspezifische Eigenschaften bei Zellteilungen aufrechterhalten werden

Wenn Gewebezellen sich symmetrisch teilen, entstehen Tochterzellen mit mehr oder weniger gleichen Eigenschaften. So führen Teilungen von Epithelzellen wieder zu Epithelzellen und Teilungen von Endothelzellen zu neuen Endothelzellen. Ausgangszellen und Tochterzellen haben vergleichbare Chromatinstrukturen und Genexpressionsmuster. Die Kontinuität von Zelllinien wird durch die ausgewogene Aufteilung von Komponenten der Ausgangszellen auf Tochterzellen und epigenetische Mechanismen gewährleistet. Eine wichtige Rolle spielen DNA-bindende Proteine, regulierende RNA, DNA-Methylierungen und Histonmodifizierungen.

DNA-bindende Proteine wie Transkriptionsfaktoren und Chromatin-modellierende Komplexe, die auf Tochterzellen aufgeteilt werden, assoziieren in Tochterzellen an ihre Bindungsorte und üben hier die gleichen Wirkungen aus wie in Ausgangszellen. Übergeordnete Transkriptionsfaktoren, die oft ihre eigene Synthese stimulieren, gewinnen schnell wieder an Dominanz. Sie kontrollieren die Aktivität vieler Gene und legen Zellen auf einen spezifischen Zelltyp fest. Auch nichtcodierende RNA-Spezies, die an Tochterzellen weitergegeben werden, beeinflussen die Genexpression in Tochterzellen in gleicher Weise wie in Ausgangszellen.

DNA-Methylierungen sind abhängig von der Zugänglichkeit der DNA und werden ebenfalls von weitergegebenen Faktoren beeinflusst. So sind Bindungsorte für Transkriptionsfaktoren in Zellen, in denen die Transkriptionsfaktoren vorhanden sind und an DNA binden, weniger methyliert als in Zellen, die die Transkriptionsfaktoren nicht aufweisen. Methylierungen in CpG-Inseln werden von DNA-Methyltransferasen reproduziert, die methylierte CpG-Dinucleotide in DNA-Vorlagesträngen erkennen und komplementäre Dinucleotide in neusynthetisierten Strängen in gleicher Weise modifizieren.

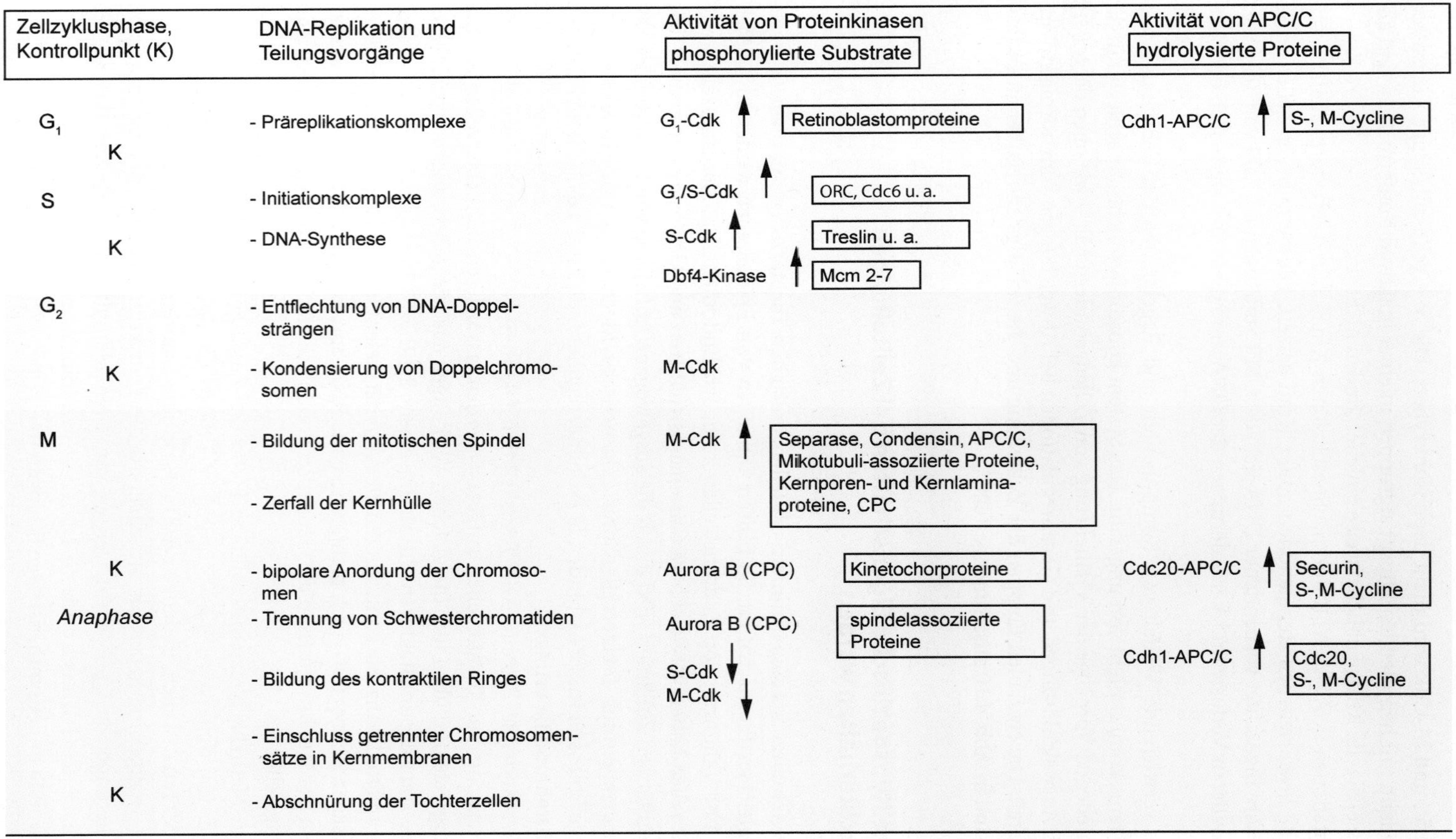

Zellzyklusphase, Kontrollpunkt (K)	DNA-Replikation und Teilungsvorgänge	Aktivität von Proteinkinasen	phosphorylierte Substrate	Aktivität von APC/C	hydrolysierte Proteine
G_1	- Präreplikationskomplexe	G_1-Cdk	Retinoblastomproteine	Cdh1-APC/C	← S-, M-Cycline
K					
S	- Initiationskomplexe	G_1/S-Cdk	← ORC, Cdc6 u. a.		
	- DNA-Synthese	S-Cdk	← Treslin u. a.		
K		Dbf4-Kinase	← Mcm 2-7		
G_2	- Entflechtung von DNA-Doppelsträngen				
	- Kondensierung von Doppelchromosomen	M-Cdk			
K					
M	- Bildung der mitotischen Spindel	M-Cdk	← Separase, Condensin, APC/C, Mikotubuli-assoziierte Proteine, Kernporen- und Kernlaminaproteine, CPC		
	- Zerfall der Kernhülle				
K	- bipolare Anordung der Chromosomen	Aurora B (CPC)	Kinetochorproteine	Cdc20-APC/C	← Securin, S-, M-Cycline
Anaphase	- Trennung von Schwesterchromatiden	Aurora B (CPC)	spindelassoziierte Proteine		
	- Bildung des kontraktilen Ringes	S-Cdk → ← M-Cdk			
	- Einschluss getrennter Chromosomensätze in Kernmembranen			Cdh1-APC/C	← Cdc20, S-, M-Cycline
K	- Abschnürung der Tochterzellen				

Abb. 4.10 Zellzyklusregulationen im Überblick

Histone assoziieren unmittelbar nach DNA-Replikation wieder an DNA und fördern die Bildung von Nucleosomen. Neben „alten", bereits modifizierten Histonen der Ausgangszellen werden neusynthetisierte Histone gebunden, die genauso modifiziert werden. Die „alten" Histone binden über ihre Modifizierungen Enzyme, die eben diese Modifizierungen bewirken und auf noch nicht modifizierte Histone übertragen.

4.3 Von Stammzellen zu differenzierten Zellen und wieder zurück zu Stammzellen

Am Anfang ist nur eine befruchtete Eizelle, die Zygote. Ein erwachsener Mensch besteht aus Billiarden Zellen. Die Zellen der ersten Teilungen, erst zwei, dann vier, dann acht Zellen, sind **totipotent**, d. h. sie haben das Potenzial, alle Körperzellen und auch die Placenta zu generieren. In den folgenden zwei Teilungen entstehen zwei unterschiedliche Zellpopulationen, eine für den eigentlichen Embryo und eine für extraembryonales Gewebe. Ab dem 32-Zell-Stadium bildet sich neben den inneren Zellen eine mit Flüssigkeit gefüllte Höhlung, und der Embryo reift zum Keimbläschen (Blastocyste). Die Zellen innerhalb des Keimbläschens sind nicht mehr totipotent, sondern nur noch **pluripotent**. Aus ihnen können alle Embryozellen und spätere Körperzellen, aber keine extraembryonalen Zellen der Außenwand der Frucht hervorgehen. Weil von ihnen alle Gewebe- und Organzellen abstammen, werden die pluripotenten embryonalen Zellen **Stammzellen** genannt, **embryonale Stammzellen (ES-Zellen)**. ES-Zellen sind nichtspezialisierte Zellen. Sie kontrahieren nicht wie Muskelzellen, sekretieren kein Insulin wie β-Zellen der Bauchspeicheldrüse, synthetisieren keine Pigmente oder Photorezeptoren. Die Zellen verfügen dafür über zwei herausragende Eigenschaften: 1) die Fähigkeit, sich durch Teilung selbst zu reproduzieren und 2) die Fähigkeit, Ausgangszellen für alle spezialisierten Zellen zu sein. In der Zellkultur können sie dauerhaft in ihrem undifferenzierten Zustand gehalten werden. Im Embryo nehmen die Regenerationsfähigkeit und die Pluripotenz der Zellen mit fortschreitenden Teilungen ab. Sie erlangen eine räumliche und zeitliche Identität. Der Ort, an dem sie sich befinden, und der Zeitpunkt ihrer Entwicklung bestimmen, was aus ihnen wird, welche spezialisierten Zellen aus ihnen hervorgehen. ES-Zellen existieren nur ganz am Anfang der Embryonalentwicklung. Bereits in einer frühen Phase bildet die innere Zellmasse des Keimbläschens drei Schichten, deren Zellen unterschiedliche Entwicklungen nehmen. Aus Zellen des **Ektoderms** entwickeln sich u. a. Zellen des Nervensystems und der Haut, aus Zellen des **Mesoderms** Zellen der Bindegewebe und des Bewegungsapparats und aus Zellen des **Entoderms** die Zellen innerer Organe wie Darm, Leber und Pankreas. Mit fortschreitenden Teilungen nimmt das Potenzial der Zellen, verschiedene Zelltypen zu generieren, weiter ab. Aus **multipotenten** Stammzellen können noch mehrere Zelltypen hervorgehen. So werden aus hämatopoetischen Stammzellen alle Blutzellen gebildet, darunter Erythrocyten, Thrombocyten, Leukocyten und Lymphocyten. **Unipotente Stammzellen** liefern nur einen spezifischen Zelltyp.

Die Entwicklung spezialisierter Zellen aus nichtspezialisierten Stammzellen verläuft über viele Stufen und wird **Differenzierung** genannt. Differenzierte Zellen eines Zelltyps unterscheiden sich von differenzierten Zellen anderer Zelltypen und von nichtdifferenzierten Zellen durch den Zustand ihres Chromatins und ihrer Gene. Die Zugänglichkeit ihrer DNA, die epigenetischen Markierungen und regulierenden Faktoren sind verschieden. Entsprechend unterschiedlich sind auch die übrigen Zellstrukturen und zellulären Prozesse.

Zellen differenzieren nicht mit einem Mal, von einem Moment zum anderen. Es handelt sich vielmehr um einen längeren Prozess, in dem nacheinander verschiedene Zustände durchlaufen werden. Ausgehend vom pluripotenten Stammzellzustand mit der Fähigkeit zu unbegrenzter Selbsterneuerung erlangen Zellen zunächst einen „kompetenten" Zustand, bevor sie auf einen bestimmten Zelltyp festgelegt sind. Als „Kompetenz" wird die zeitlich begrenzte Reaktionsbereitschaft von Zellen gegenüber bestimmten Entwicklungsreizen bezeichnet. **Kompetente Zellen** haben die Fähigkeit, in einen spezifischen Zelltyp zu differenzieren, wenn sie die dafür erforderlichen Signale erhalten. **Festgelegte Zellen** sind bereits auf einen bestimmten Zelltyp programmiert. Die weiteren Vorgänge bis zur endgültigen, „terminalen" Differenzierung verlaufen mehr oder weniger nach einem vorgegebenen Muster. Die Zellen aktivieren eine Folge von Transkriptionsprogrammen, die schließlich zu einer stabilen Expression der für den jeweiligen Zelltyp charakteristischen RNA und Proteine führt.

Änderungen der Genexpression im Verlauf der Differenzierung werden durch 1) extrazelluläre Signale, 2) zellinterne Programme und 3) asymmetrische Zellteilungen eingeleitet. Als regulierende Faktoren wirken Chromatin-modellierende Komplexe, DNA- und Histon-modifizierende Enzyme, Transkriptionsfaktoren und regulierende RNA.

Extrazelluläre Signale kommen aus benachbarten Zellen und der umgebenden Matrix. Am Beginn von Differenzierungsvorgängen wirken oft **Wnt-Proteine**, **Hedgehog-Proteine** und Proteine der **TGFß-Familie**. Eine wichtige Rolle spielen **Notch-Rezeptoren** und ihre Liganden **Delta** und **Jagged**. Auch Wachstumsfaktoren und Ephrine sind beteiligt.

Zellinterne Programme laufen so ab, dass eine Regulation andere Regulationen nach sich zieht, die den Zustand der betreffenden Zelle verändern. Wenn z. B. ein Transkriptionsaktivator die Synthese von Faktoren induziert, welche die Biosynthese des Transkriptionsaktivators unterdrücken, dafür aber die Synthese anderer Transkriptionsfaktoren fördern, verschiebt sich das Zellgeschehen in einen neuen Zustand.

Die Symmetrie der Teilung von Zellen hängt von intra- und extrazellulären Bedingungen ab. Bei symmetrischen Teilungen vergrößert sich die Zahl der Stammzellen. Bei asymmetrischen Teilungen entstehen neben Stammzellen veränderte Zellen mit einem geringerem Teilungspotenzial als Stammzellen und einer eingeschränkteren Fähigkeit, in verschiedene Zelltypen zu differenzieren.

Vollständig differenzierte Zellen zeichnen sich durch ein charakteristisches Muster der Genexpression und definierte Strukturen und Funktionen aus. Wenn sie sich teilen, dann symmetrisch. Eine Abstammungslinie von Zellen, die mit einer Stammzelle beginnt und über Zellteilungen zu differenzierten Zellen führt, wird **Zellabstammungslinie** oder einfach **Zelllinie** (*cell-lineage*) genannt. Jede klonale Zelllinie dokumentiert die Entstehungsfolge von Zellen, ihre Verwandschaft zu einer Mutterzelle, ihr abnehmendes Entwicklungspotenzial und ihre Aufgliederung in spezialisierte Zellen.

Auch die Gewebe erwachsener Organismen verfügen über Stammzellen, aus denen differenzierte Zellen hervorgehen können. Diese Zellen nennt man **gewebespezifische, somatische** oder **adulte Stammzellen** („adult" bedeutet „erwachsen"). Somatische Stammzellen verschiedener Gewebe unterscheiden sich voneinander, und aus ihnen entwickeln sich im Allgemeinen nur Zelltypen der jeweiligen Gewebe. In der Haut angesiedelte Stammzellen unterstützen die Regeneration von Hautepithel, Haarfollikeln und Talgdrüsen. Aus Stammzellen der Skelettmuskulatur werden Skelettmuskelfasern regeneriert, und hämatopoetische Stammzellen liefern Vorläuferzellen für Blutzellen. Somatische Stammzellen halten sich in gewebespezifischen morphologischen Nischen auf. Ihre Anzahl ist gering, und sie teilen sich eher selten.

Embryonale Stammzellen (ES-Zellen)

In einer befruchteten Eizelle werden erst gespeicherte mRNAs translatiert, bevor Transkriptionsvorgänge, die mit der Reifung der Eizellen aussetzten, wieder in Gang kommen. Die ersten Genaktivitäten werden dann zunächst von vorhandenen Faktoren der Kernflüssigkeit und des Cytoplasma bestimmt, ehe extrazelluläre Signale und ein komplexes Regulationssystem unter Beteiligung von Chromatin-, Transkriptions- und Translationsfaktoren wirksam werden.

Embryonale Stammzellen zeichnen sich durch eine offene Chromatinstruktur mit geringen Anteilen von Heterochromatin aus. Die offene Struktur ist wesentlich für die Pluripotenz der Zellen, ihre Fähigkeit, in verschiedene Zelltypen zu differenzieren. Sie bedeutet jedoch nicht, dass alle Gene aktiv sind. Exprimiert werden nur Gene der Selbsterneuerung und Gene, die den Zustand von Stammzellen aufrechterhalten. Gene der Differenzierung sind ausgeschaltet.

Eine Hauptfunktion haben Transkriptionsfaktoren der Pluripotenz, vorrangig der Faktor **Oct4**, der bereits im Acht-Zell-Stadium (Morulastadium) erscheint. Das Gen *oct4* ist nur in ES-Zellen aktiv, in multipotenten Zellen ist es bereits wieder inaktiviert. Weitere übergeordnete Transkriptionsfaktoren in ES-Zellen sind **Nanog** und **Sox2**. Oct4, Nanog und Sox2 binden alle drei an Kontrollsequenzen von *oct4*-, *nanog*- und *sox2*-Genen. Sie stimulieren ihre eigene Transkription und die Transkription ihrer Partner. Die Faktoren binden gleichzeitig an Hunderte weiterer Gene, von denen ein Teil *aktiviert* und der andere Teil *stillgelegt* wird. Zu den aktivierten Genen gehören nicht nur Gene für Transkriptionsfaktoren und andere regulierende Proteine, sondern auch Gene für lange nichtcodierende RNA und miRNA. Auch das Gen für Telomerase ist in ES-Zellen aktiv. Zu den stillgelegten Genen gehören „Entwicklungsgene", die für Faktoren der Differenzierung von Zellen codieren.

Aktive und stillgelegte Gene zeichnen sich jeweils durch charakteristische epigenetische Markierungen aus. CpG-Inseln in Promotorregionen aktiver Gene sind meist nicht methyliert, und die Nucleosomen enthalten Histone mit aktivierenden Modifizierungen, im Falle von H3 die Modifizierungen H3K4me2, H3K4me3, H3K9Ac und H3K27Ac. Die Zugänglichkeit der Gene wird außerdem durch Chromatin-modellierende Komplexe, vorrangig Komplexe der CHD-Familie, gefördert und aufrechterhalten. Der Komplex CHD1 assoziiert an H3K4me3 und verhindert die Demethylierung des H3-Lysinrestes. Er verhindert auch die Bindung „repressiver" Histon-Deacetylasen.

Die Nucleosomen stillgelegter Entwicklungsgene sind im Unterschied zu Nucleosomen aktiver Gene „bivalent". Ihre Histone enthalten sowohl aktivierende als auch inaktivierende Modifizierungen. Unter den Ersteren ist wieder H3K4me3, unter den Letzteren H3K27me3. Die Methylierung von H3K27 wird u. a durch den Polycombkomplex PRC2 katalysiert, der auch an H3K27 bindet (siehe Abschn. 2.5). Neben PRC2 ist Komplex PRC1, der Ubiquitin auf Histone H2A überträgt, an Nucleosomen stillgelegter Gene assoziiert.

Von Entwicklungsgenen werden in ES-Zellen keine vollständigen RNA-Moleküle synthetisiert. Die Gene befinden sich vielmehr in einem Zustand, von dem aus sie bei Differenzierung der Zellen schnell aktiviert oder inaktiviert werden können. Um Gene zu aktivieren, müssen Polycombkomplexe verdrängt und reprimierende Histonmodifizierungen aufgehoben werden. Wenn umgekehrt Histone in Nucleosomen von Entwicklungsgenen ihre aktivierenden Modifizierungen verlieren und dafür inaktivierende Modifizierungen wie H3K9me3 erhalten, werden die Gene dauerhaft inaktiviert. Die CpG-Inseln in ihren Promotoren werden dann oft zusätzlich methyliert.

Zur Stilllegung von Entwicklungsgenen in ES-Zellen tragen Besonderheiten des Teilungszyklus der Zellen bei. Der Zyklus dauert in ES-Zellen nur etwa halb so lange wie in differenzierten Zellen, ca. zwölf Stunden im Vergleich zu durchschnittlich 24 h. Insbesondere die G_1-Phase und der Übergang zur S-Phase sind in ES-Zellen verkürzt. Üblicherweise induzieren in der G_1-Phase Mitogene und Mitogen-aktivierte Proteinkinasen (MAPK) Cycline, die Cdk4 und Cdk6 aktivieren (siehe Abschn. 4.2). Die Mitogene aktivieren gleichzeitig auch Entwicklungsgene. ES-Zellen bedürfen keiner längeren Akkumulation von G_1-Cyclinen. Die Zellen gehen von der M-Phase über eine nur kurze G_1-Phase mehr oder weniger direkt in die S-Phase über und vermeiden dadurch die Aktivierung von Entwicklungsgenen. Wenn Zellen auf ein Zellschicksal festgelegt sind, verlängert sich die G_1-Phase. Die Zellen aktivieren dann MAP-Kinasen, die Gene für G_1-Cycline und gleichzeitig auch Entwicklungsgene anschalten.

Die Regulationen des Chromatins und der Transkription werden von Regulationen der Translation durch miRNA ergänzt. Zur Erinnerung: miRNA sind kleine RNA-Moleküle von 20 bis 24 Nucleotiden, die mit einer Kernsequenz an komplementäre mRNAs binden und ihre Translation unterdrücken. Die Assoziation von Stillegungskomplexen mit miRNA und Argonautenprotein (miRISC) an mRNA führt in der Regel zum Abbau der miRNA (siehe Abschn. 2.6). In ES-Zellen werden Gene für **ES-Zellzyklus-regulierende miRNAs** (*embryonic stem cell cycle regulating miRNA*, ESCC-miRNA) durch die Faktoren Oct4, Nanog, Sox2 und c-Myc aktiviert. Die miRNAs fördern die Selbsterneuerung von ES-Zellen, indem sie die Expression einer Reihe von Proteinen unterdrücken und gleichzeitig – auf indirektem Weg – die Expression anderer Proteine stimulieren. Zu Ersteren gehören Inhibitoren des Zellzyklus. Die Absenkung der Inhibitorkonzentrationen ermöglicht u. a. die kurze G_1-Phase in ES-Zellen. Zu Letzteren, d. h. zu den in Gegenwart von ESCC-miRNA verstärkt synthetisierten Proteinen, gehören der Transkriptionsfaktor c-Myc und das RNA-Bindungsprotein LIN28. Erhöhte Konzentrationen von c-Myc wirken rückkoppelnd. Sie stimulieren die Synthese von ESCC-miRNA. Das RNA-Bindungsprotein LIN-28 verhindert die Reifung einer Familie von miRNA, **let-7-miRNA**, deren Vertreter als Gegenspieler von ESCC-miRNA auftreten und Stammzellen in eine Differenzierung lenken. Let-7-miRNAs sind in pluripotenten Stammzellen kaum vorhanden, weil nur wenig ihrer Vorläufer-RNA synthetisiert und die Umwandlung von Vorläufer-RNA in let-7-miRNA durch das RNA-Bindungsprotein LIN28 unterdrückt werden. Erhöhte Konzentrationen von let-7-miRNA treten erst bei der Differenzierung von Zellen auf, wenn die Konzentrationen von ESCC-miRNA abnehmen. Let-7-miRNAs regulieren z. T. die gleichen mRNAs wie ESCC-miRNAs, aber mit entgegengesetztem Effekt. Proteine, deren Synthese durch ESCC-miRNA verstärkt wird, werden in Gegenwart von let-7-miRNA weniger gebildet, und Proteine, deren Synthese durch ESCC-miRNA reduziert wird, werden mit steigenden Konzentrationen let-7 miRNA mehr gebildet. Die antagonistischen Wirkungen von ESCC-miRNA und let-7-miRNA fördern in Zellen die Umstellung von einem Zustand wiederholter Selbsterneuerung in einen Zustand, in dem Zellen bereits auf ein Entwicklungsschicksal festgelegt sind.

ES-Zellen erhalten aus ihrer Umgebung vielfältige Signale, die intrazelluläre Regulationen beeinflussen. Einige Signale unterstützen die Selbsterneuerung von ES-Zellen, andere fördern dagegen die Festlegung und Differenzierung der Zellen. Zwischen verschiedenen Signalen und Signalwegen gibt es vielfache Wechselwirkungen, und mit fortschreitender Entwicklung des Embryos ändern sich sowohl die Signale als auch die Ansprechbarkeit der Zellen auf Signale.

Die Differenzierung von Zellen am Beispiel von Skelettmuskelzellen

Jeder Zelltyp entwickelt sich entlang eines spezifischen Differenzierungsweges. Als Beispiel können Skelettmuskelzellen dienen, deren Struktur und Funktion bereits in Abschn. 3.5 im Zusammenhang mit dem „Kraftschlag" der Myosinmoleküle vorgestellt wurden. Die Zellen der quergestreiften Muskulatur von Kopf, Rumpf und Gliedmaßen sind mit längsorientierten, in Sarkomere gegliederten Myofibrillen gefüllt (siehe Abb. 3.15) und enthalten eine Vielzahl randständig unter der Zellmembran liegender elliptischer Kerne. Ihr Ursprung liegt im embryonalen Mesoderm, genauer in Ursegmenten (Somiten) des paraxialen Mesoderms. Ursegmente sind erste hintereinanderliegende, gleichartige Gliederungen im Embryo. In ihnen bilden sich die Kompartimente **Sklerotom**, **Dermatom** und **Myotom** heraus. Von Letzterem leiten sich Zellen der sich entwickelnden Skelettmuskeln ab. Die Zellen wandern in Regionen, in denen Skelettmuskeln gebildet werden. Hier ordnen sie sich in Reihen und fusionieren zu großen Zellen mit vielen Kernen.

Zellabstammungslinie

ES-Zellen → Satelliten Stammzellen → festgelegte Satellitenzellen → Myoblasten → Skelettmuskelzellen

Spezifizierung — Festlegung — Proliferation, frühe Differenzierung — späte Differenzierung

Transkriptionsfaktoren:
- Six1, 4
- Pax3
- Pax7
- Myf5
- MyoD
- MyoG
- Mrf4

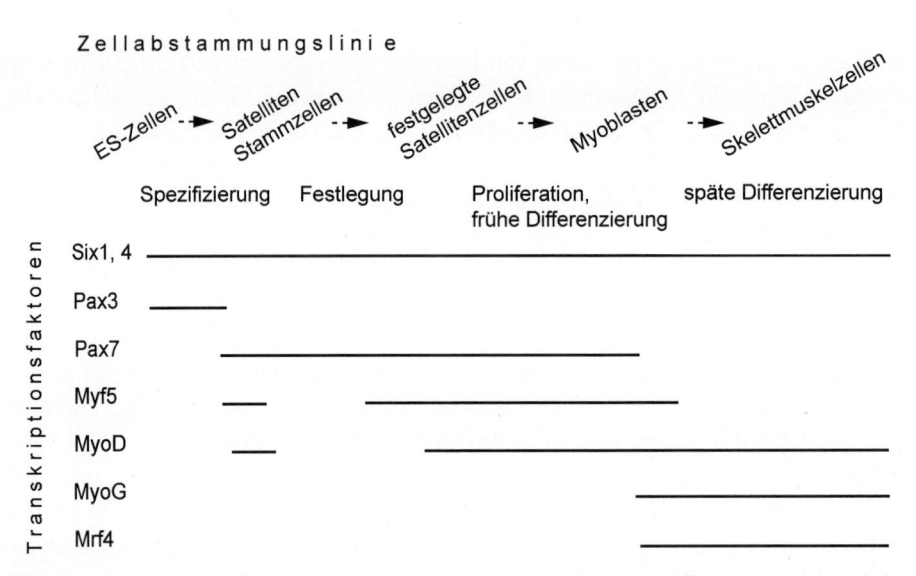

Abb. 4.11 Hierarchie der Wirkung von Transkriptionsfaktoren in der Differenzierung von Skelettmuskelzellen (modifiziert nach Bentzinger et al. 2012)

Wie bereits weiter oben beschrieben, gibt es zwischen dem Zustand von Stammzellen und dem Zustand differenzierter Zellen viele Zwischenstufen. Von Stammzellen werden zunächst **Vorläuferzellen** gebildet. Der Begriff ist nicht präzise und nur eine allgemeine Beschreibung für einen intermediären Zellzustand. Wenn man den Zustand genauer definieren kann, verwendet man spezifischere Bezeichnungen. Bei der Entwicklung von Skelettmuskelzellen spricht man von **Satelliten-Stammzellen**, **festgelegten Satellitenzellen** und **Myoblasten** (Abb. 4.11). Satelliten-Stammzellen haben weniger Stammzellcharakter als ES-Zellen. Sie sind bereits „kompetent". Wenn sie die entsprechenden Signale erhalten, schlagen sie den Weg der Differenzierung zu Skelettmuskelzellen ein. In Satelliten-Stammzellen wirken Transkriptionsfaktoren, die in ES-Zellen nicht vorhanden sind (Abb. 4.11). Festgelegte Satellitenzellen sind auf eine Entwicklung zu Skelettmuskelzellen programmiert. Sie vermehren sich, wandern an vorbestimmte Orte und entwickeln sich zu Myoblasten. Letztere sind unmittelbare Vorläufer von Skelettmuskelzellen. In ihnen sind nicht nur Gene der Zellmigration und Gene der Fusion zu Skelettmuskelzellen aktiviert, sondern auch Gene für kontraktile Proteine und andere muskelspezifische Proteine.

Die Differenzierungsprozesse in Somiten werden durch **Morphogene** eingeleitet. Damit sind Signalmoleküle gemeint, die Zellen eines Zellverbands zu unterschiedlichen Entwicklungen anregen. Zellen reagieren auf Morphogene in Abhängigkeit von ihrem Abstand von der Quelle der Morphogene und den Morphogenkonzentrationen in ihrer Umgebung. Erste Weichen für die Entwicklung von Skelettmuskelzellen werden durch extrazelluläre Signalproteine der Wnt- und Hedgehog-Familien gestellt. Wnt-Proteine, die an Frizzled-Rezeptoren binden, und Hedgehog-Proteine, die an Patched-Rezeptoren assoziieren, fördern die Bildung von Satellitenzellen. Proteine der BMP-Familie unterdrücken dagegen frühe Differenzierungsprozesse, und auch Signale, die Zellen über Notch-Rezeptoren empfangen, wirken einer Differenzierung entgegen. Die positiv und negativ wirkenden Faktoren gewährleisten, dass einerseits genügend Zellen den Weg der Differenzierung einschlagen und andererseits Reservezellen mit Stammzellcharakter bis in den adulten Organismus erhalten bleiben. Sie gewährleisten auch ausreichende Mengen von Zellen auf jeder Entwicklungsstufe. Nur wenn in jeder Stufe genügend Zellen für die nächste Stufe gebildet werden, wird die notwendige Menge terminal differenzierter Skelettmuskelzellen erreicht. Neben extrazellulären Signalproteinen spielen auch Zell-Zell-Kontakte und die Zusammensetzung und Spannung der extrazellulären Matrix eine Rolle bei der Differenzierung von Skelettmuskelzellen.

Die extrazellulären Signale verändern intrazelluläre Schaltkreise von Chromatin-modellierenden Komplexen, Transkriptionsfaktoren und regulierenden RNA-Molekülen. Charakteristische epigenetische Markierungen des Chromatins von Stammzellen werden z. T. aufgehoben und durch andere ersetzt. Polycomb- und Trithoraxkomplexe werden umgelagert. Gene der Pluripotenz und Selbsterneuerung werden stillgelegt und Histone „bivalenter" Nucleosomen mit eindeutig aktivierenden oder inaktivierenden Modifizierungen versehen. Im Ergebnis der Veränderungen werden erste skelettmuskelspezifische Transkriptionsfaktoren synthetisiert und anschließend in einer hierarchischen Folge weitere Transkriptionsfaktoren (Abb. 4.11). Ganz am Anfang stehen die Faktoren **Six1** und **Six4**. Sie binden Proteine **Eya** und aktivieren Gene für **Pax3**, **MyoD** und **MyoG** (Myogenin). Der Transkriptionsfaktor Pax3 ist charakteristisch für frühe Stadien von Muskelzellinien. Er ist auch in Subpopulationen von Satellitenzellen der adulten Skelettmuskulatur vertreten. Die Hauptfaktoren der Differenzierungsvorgänge in Myoblasten und Skelettmuskelzellen sind **Myf5**, **MyoD**, **MyoG** und **Mrf4**. Von ihnen werden Myf5 und MyoD schon früh vorübergehend in Satelliten-Stammzellen und dann auch in Myoblasten synthetisiert. MyoG und Mrf4 wirken erst in der späten Differenzierung.

Die vier „myogenen" Faktoren Myf5, MyoD, MyoG und Mrf4 bilden Heterodimere mit Proteinen **E** und binden an Promotoren vieler muskelspezifischer Gene. MyoD vermittelt außerdem die Bindung von Chromatin-modellierenden Komplexen SWI/SNF und Histon-Acetyltransferase an Chromatin und leitet Umlagerungen ein, durch die eine Reihe muskelspezifischer Gene erst zugänglich werden.

Skelettmuskelspezifische Gene werden nicht gleichzeitig, sondern in einer Reihenfolge angeschaltet, die sich aus der Reihenfolge der Umlagerungen von Chromatin und der Synthese von Transkriptionsfaktoren ergibt. In Myoblasten werden zuerst Gene für Adhäsionsproteine und Proteine der extrazellulären Matrix aktiviert. Die neusynthetisierten Proteine fördern die Migration und die Positionierung der Myoblasten. Dann folgen Gene für zusätzliche muskelspezifische Transkriptionsfaktoren und erst zuletzt Gene der Muskelfunktion, darunter Gene für Myofibrillenproteine, Cytoskeletproteine, skelettmuskelspezifische Enzyme und Rezeptoren.

Die DNA adulter Skelettmuskelzellen wird nicht vervielfältigt, und die Zellen teilen sich nicht mehr. Skelettmuskelzellen können aber durch Fusion mit Myoblasten, die aus Gewebestammzellen neu gebildet werden, in Größe und Masse zunehmen. Die Zellen vergrößern sich auch, wenn durch wiederholte Belastungen und Training mehr kontraktile Proteine synthetisiert werden.

Gewebespezifische Stammzellen: Beispiele Skelettmuskel und Haut

In der Haut, im Darm, im Blut und anderen Geweben, in denen Zellen ständig absterben, werden verlorene Zellen aus adulten Stammzellen ersetzt. In partiell regenerationsfähigen Geweben wie Skelettmuskeln liefern adulte Stammzellen neue Zellen bei Zellschäden und Zellverlusten. Im Gehirn und im Herzmuskel gibt es nur wenige Stammzellen.

Adulte Stammzellen halten sich in morphologischen Nischen auf, in denen sie geschützt sind und ihre Stammzelleigenschaften erhalten bleiben. Stammzellen der Skelettmuskulatur finden sich z. B. zwischen Oberflächenmembranen von Muskelfasern und umgebenden Basalmembranen. Stammzellen der Haut sind in der Basalschicht der Epidermis, in Haarfollikeln und in Talg- und Schweißdrüsen lokalisiert. Hämatopoetische Stammzellen verharren im Knochenmark an der Oberfläche innerer Knochenbälkchen in enger Nachbarschaft zu Osteoblasten und/oder Endothelzellen. Sie können von hier zu anderen Nischen, in den Blutkreislauf und wieder zurück wandern.

Somatische Stammzellen empfangen in ihren Nischen Signale von Nachbarzellen und der extrazellulären Matrix, die sie im Ruhezustand halten oder – wenn erforderlich – zu Teilungen anregen. Nachbarzellen wirken über direkte Kontakte oder freigesetzte Faktoren auf Stammzellen. Die extrazelluläre Matrix übt mechanische und topologische Einflüsse aus. Von Matrixmolekülen werden auch Fragmente abgespalten, die auf Stammzellen wirken. Blutkapillaren und Nervenendigungen führen weitere Faktoren zu Stammzellnischen.

Gewebespezifische Stammzellen verbleiben in ihren Nischen über längere Zeiträume im Ruhezustand und teilen sich eher selten. Wenn sie sich teilen, generieren sie in *symmetrischen* Teilungen neue Stammzellen und in *asymmetrischen* Teilungen neben Stammzellen Vorläuferzellen für spezialisierte Zellen. Die Vorläuferzellen teilen sich schneller als Stammzellen. Ihre Nachkommen wandern aus den Nischen in umgebende Geweberegionen und differenzieren.

Mit zunehmendem Lebensalter verändern sich Stammzellnischen, und die Zahl von Stammzellen in Geweben nimmt ab. Auch Krankheiten können zu Verlusten von Stammzellen führen. Mit der Zahl der Stammzellen verringert sich die Regenerationsfähigkeit der Gewebe.

Ein Beispiel der Funktion von Gewebestammzellen ist die Aktivierung von Satellitenzellen bei Verletzungen der Skelettmuskulatur. Satellitenzellen in adulten Muskeln stammen wahrscheinlich von multipotenten Zellen der Somiten, die nicht weiter differenziert, sondern auf einem Stammzellzustand verblieben sind. Sie exprimieren einen frühen Transkriptionfaktor der Entwicklung von Skelettmuskelzellen, den Faktor Pax7, einige auch Pax3. Die Zellen können in ihren Nischen zwischen Muskelfasern und umgebenden Basalmembranen lebenslang verharren. Bei Muskelverletzungen werden sie aktiviert und teilen sich asymmetrisch. Eine Tochterzelle bleibt Stammzelle, während die andere eine Vorläuferzelle für Myoblasten wird. An der Aktivierung von Satellitenzellen adulter Muskeln sind wie in der Embryonalentwicklung Proteine der Wnt-Familie beteiligt. Auch weitere Regulationen der Differenzierung von Satellitenzellen sind ähnlich denen der frühen Skelettmuskelentwicklung. Die neu gebildeten Myoblasten fusionieren miteinander oder mit

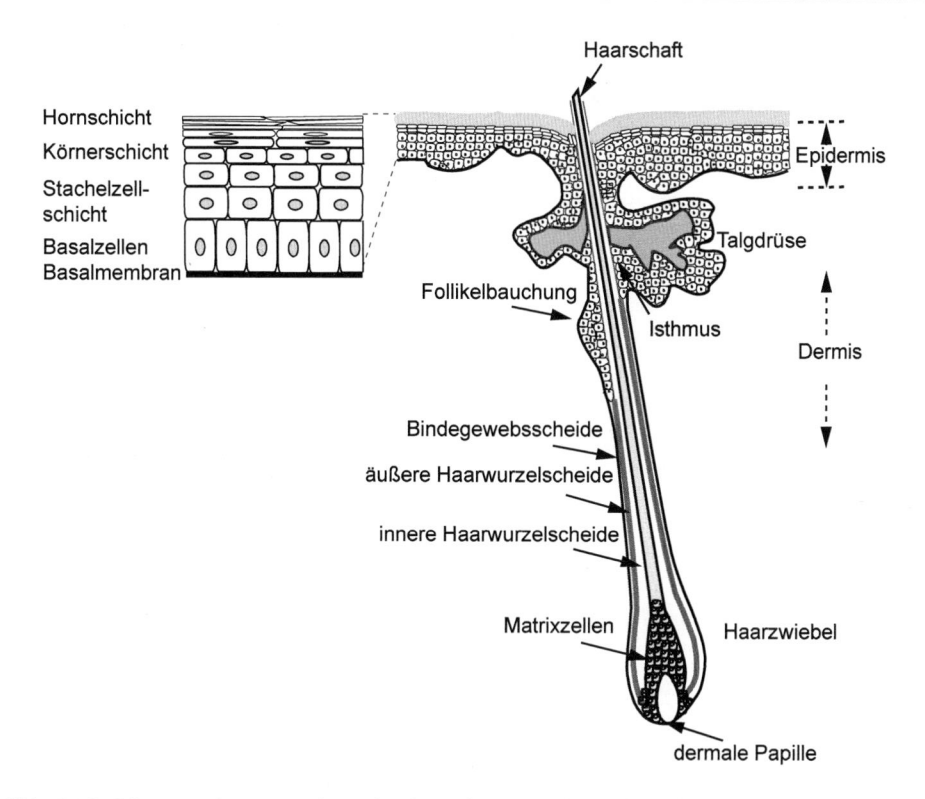

4.3 Von Stammzellen zu differenzierten Zellen... 167

Abb. 4.12 Schematischer Querschnitt durch Epidermis und Haarfollikel

vorhandenen Skelettmuskelzellen. Bei höheren Wirbeltieren sind Muskelregenerationen nach Verletzungen abhängig von verbliebenen Matrixstrukturen. Sind diese nicht vorhanden, werden keine neuen Muskelfasern gebildet.

Ein weiteres Beispiel der Funktion von Stammzellen in Geweben ist die Haut. Das größte Organ des menschlichen Körpers schützt den Körper gegen mechanische Verletzungen und Umwelteinflüsse aller Art, insbesondere auch infektiöse Mikroorganismen. Es besteht aus zwei Hauptschichten, die durch eine Basalmembran getrennt sind, der Oberhaut (Epidermis) und der darunter liegenden Lederhaut (Dermis) (Abb. 4.12). Über der Oberhaut befindet sich eine Hornschicht abgestorbener Epithelzellen, unter der Lederhaut liegen lockeres Binde- und Fettgewebe. In die Haut eingebettet sind Haarfollikel mit Talgdrüsen, sowie Tastkörper, Wärme- und Kälterezeptoren, Schmerzfasern, Schweißdrüsen und Blutgefäße.

Die Epidermis unterliegt einem hohen Verschleiß und muss ständig erneuert werden. Sie ist aus mehreren Schichten von **Keratinocyten** aufgebaut (Abb. 4.12). In der untersten Zelllage befinden sich **Basalzellen**. Die Zellen liegen auf der Basalmembran zwischen Epidermis und Dermis und teilen sich kontinuierlich. Ihre Tochterzellen wandern in die darüberliegenden Schichten und differenzieren. Sie synthetisieren dabei verstärkt Keratine und andere Filamentproteine. Wenn sie in der obersten Epidermisschicht angelangt sind, ist ihr Cytoplasma nahezu vollständig mit vernetzten Keratinen gefüllt. Sie verlieren noch ihre intrazellulären Organellen und bilden schließlich die äußere Hornschicht, von der sie als Hautschuppen abgeschilfert werden.

Verlorene Zellen der Epidermis werden immer wieder ausgehend von Basalzellen ersetzt, die sich sowohl symmetrisch als auch asymmetrisch teilen. Zur Regeneration tragen auch **Stammzellen** der Basalschicht bei, und größere Schäden der Epidermis werden mit zusätzlichen Keratinocyten aufgefüllt, die aus Stammzellen von Haarfollikeln und Schweißdrüsen gebildet werden (siehe unten).

Haarfollikel sind längliche Einstülpungen der Epidermis. Sie sind durch eine äußere Haarwurzelscheide von der umgebenden Epidermis und Dermis abgegrenzt (Abb. 4.12). In ihrem Innern befinden sich konzentrische Zellschichten der inneren Haarwurzelscheide und die Haarfaser. An ihrer Wurzel ist eine morphologisch hervortretende Zellgruppe, die **dermale Papille**, lokalisiert, um sie herum befinden sich **Matrixzellen**. Letztere sind Vorläuferzellen für Zellen der inneren Haarwurzelscheide und des Haarschaftes. Im oberen Bereich von Haarfollikeln befinden sich eine Talgdrüse und unmittelbar darunter eine Ausbuchtung der äußeren Haarwurzelscheide, die **Follikelbauchung**. Die Region zwischen Talgdrüse und Follikelbauchung nennt man **Isthmus**. Isthmus und Follikelbauchung sind Stammzellnischen. Die Stammzellen der Isthmusregion gewährleisten die Homöostase der Talgdrüse und darüberliegender Abschnitte der Haarfollikel. Die Stammzellen der Follikelbauchung generieren neue Matrixzellen.

Haarfollikel durchlaufen wiederholte Phasen des Wachstums (anagene Phase), der Rückbildung (katagene Phase) und der Ruhe (telogene Phase). In der Wachstumsphase werden aus Matrixzellen die verschiedenen Zelllinien der Haarwurzelscheide und der Haarfaser gebildet. Das Haar wächst durch die Epidermis hindurch. Wenn das Potenzial der Matrixzellen erschöpft ist, verkümmern in der katagenen Phase die unteren zwei Drittel der Haarfollikel, und die meisten Zellen dieses Bereichs sterben ab. In der Folge verkürzen sich die Haarfollikel, und die dermale Papille gelangt in die Nähe der Follikelbauchung mit Stammzellen. Signale der dermalen Papille und Signale von Dermiszellen regen die Stammzellen der Bauchung zur Bildung von Matrixzellen an. Dieser Prozess dauert einige Zeit. Es ist die Ruhephase des Haarfollikelzyklus. Wenn genügend Matrixzellen gebildet sind, teilen sie sich schnell und generieren in der nächsten Wachstumsphase die Zellen der inneren Haarwurzelscheide und des Haarschaftes.

Das Verhalten der Stammzellen in der Follikelbauchung wird ähnlich wie das Verhalten von Satellitenzellen durch **Wnt-** und **BMP-Signale** gesteuert. Wnt-Proteine aktivieren Stammzellen der Follikelbauchung. Die BMP-Proteine BMP2 und BMP4 halten sie im Ruhezustand, wobei ihre Wirkung durch das Inhibitorprotein **Noggin** abgeschwächt wird. Am Beginn der Ruhephase sind die Konzentrationen der BMP-Proteine hoch, die Konzentration von Noggin ist hingegen niedrig. Zum Ende der Ruhephase und Beginn der Wachstumsphase kehren sich die Verhältnisse um. Die Konzentrationen der BMP-Proteine sinken, und die Konzentration von Noggin steigt. Gleichzeitig werden Wnt-Proteine verstärkt wirksam und regen die Stammzellen zu asymmetrischen Teilungen an. In der späten Wachstumsphase und der Rückbildungsphase nehmen wieder die BMP-Signale zu und die Wnt-Signale ab. Die Stammzellen teilen sich dann noch symmetrisch oder gar nicht.

Abgestorbene Zellen der Talgdrüse werden kontinuierlich aus Stammzellen der Isthmusregion ersetzt. Diese Stammzellen reagieren nicht auf Wnt-Proteine. Sie werden durch andere Signale reguliert.

Reprogrammierung differenzierter Zellen in pluripotente Stammzellen

Terminal differenzierte Zellen haben ihre Entwicklung abgeschlossen. Sie üben ihre Funktionen aus, bis sie absterben. In regenerationsfähigen Geweben werden verbrauchte Zellen aus Vorläuferzellen und Stammzellen ersetzt. In vielen Geweben ist die Anzahl adulter Stammzellen jedoch begrenzt, und in lebenswichtigen Organen wie Gehirn, Herz und Nieren finden kaum Neubildungen von Zellen statt. Wenn Zellen dieser Organe ausfallen, gibt es keinen Ersatz. Schon lange wird deshalb nach Möglichkeiten einer Zellregeneration gesucht. Die eingeschlagenen Wege erkunden zwei fundamentale Eigenschaften von Zellen, das zelluläre „Gedächtnis" und die zelluläre Plastizität, d. h. die Formbarkeit von Zellzuständen. Wenn Zellen eine Schicksalsentscheidung getroffen haben, auf einen Zelltyp festgelegt sind und differenzieren, sind Rückentwicklungen in nichtdifferenzierte Zustände in der Regel nicht vorgesehen. Nur wenige Zelltypen können unter besonderen Umständen wieder mit Teilungen beginnen. Lebergewebe, das chirurgisch entfernt wurde, wächst z. B. wieder nach. Bis zu 70 % des Leberparenchyms können ohne dauerhafte Beeinträchtigung des Organs ersetzt werden! Aus dem Tierreich sind noch erstaunlichere Beispiele bekannt: Schwanzlurche regenerieren bei Verlust ganze Gliedmaßen und Zebrafische Teile des Herzventrikels. Unter den Zelltypen des menschlichen Körpers sind Leberzellen eher die Ausnahme. Die meisten menschlichen Zellen verfügen nicht über die Fähigkeit, in kontrollierter Weise zu dedifferenzieren und durch Teilungen neue, gesunde Zellen zu bilden. Entartungen differenzierter Zellen gibt es sehr wohl. Tumorgewebe bestehen aus mehreren Zelltypen und Zellen unterschiedlicher Entwicklungsstufen. Die Zellen reaktivieren z. T. Transkriptionsprogramme embryonaler Stammzellen und sie teilen sich unaufhörlich.

Eine künstliche **Reprogrammierung** adulter Körperzellen in pluripotente Stammzellen gelingt durch willkürliche Eingriffe in das Zellgeschehen. Drei unterschiedliche experimentelle Ansätze sind 1) der Kerntransfer, 2) die Zellfusion und 3) die Expression exogener Gene für **Transkriptionsfaktoren der Pluripotenz**. Bei einem Kerntransfer wird der Kern einer Gewebezelle isoliert und in eine Eizelle eingebracht, deren eigener Kern vorher entfernt wurde. Das Chromatin des Zellkerns wird in der Eizelle **reprogrammiert**, und aus den Zellen entwickeln sich Blastocysten mit pluripotenten Stammzellen. Auch bei einer Fusion von Gewebezellen mit embryonalen Stammzellen, bei der Zellen mit vier Chromosomensätzen entstehen, werden die Genaktivitäten der Zellkerne differenzierter Zellen auf das Programm pluripotenter Zellen umgestellt. Am erstaunlichsten aber ist die Reprogrammierung von Gewebezellen durch Überexpression von Trankriptionsfaktoren der Pluripotenz. Wenn Gene für die Faktoren Oct4, Sox2, Klf4 und c-Myc mit Genfähren in Fibroblasten transferiert und in den Zellen exprimiert werden, entstehen Klone pluripotenter Zellen. Man spricht dann von **induzierten pluripotenten Stammzellen (iPS-Zellen)**. Reprogrammierungen gelingen auch mit anderen Zelltypen und anderen Kombinationen von Transkriptionsfaktoren. Mehr noch: Einzelne Faktoren können durch niedermolekulare Verbindungen, die Signalwege in Zellen verändern, ersetzt werden. Oct4 bleibt aber ein Hauptfaktor für die Gewinnung von iPS-Zellen aus Körperzellen.

Kerntransfer und Zellfusion sind effektive Methoden der Reprogrammierung. Die Umstellung der Genexpression ist nicht an Zellteilungen gebunden und erfolgt innerhalb von einem bis zwei Tagen. Die Effizienz der Reprogrammierung somatischer Zellen mit **exogenen** Transkriptionsfaktoren ist dagegen gering. Von Tausenden Zellen werden nur wenige iPS-Klone gebildet. Die Klone entstehen auch nicht mit einem Male, sondern erst nach Wochen. Das ist bei den dramatischen Veränderungen, die bei der Umwandlung somatischer Zellen in Stammzellen erfolgen müssen, nicht verwunderlich. Die epigenetischen Signaturen der jeweiligen somatischen Zellen müssen erst gelöscht und durch epigenetische Faktoren und Modifikationen pluripotenter Stammzellen ersetzt werden. Viele Gene, die in somatischen Zellen aktiv sind, müssen stillgelegt und dafür Gene der Pluripotenz und weitere in Stammzellen aktive Gene angeschaltet werden. Insbesondere in der ersten Phase spielen zufallsabhängige Ereignisse, die durch die exogen zugeführten Faktoren eingeleitet werden, eine Rolle. Oct4, Sox2 und Klf4 binden an zugängliche DNA-Bereiche und auch an distale Elemente, die weniger zugänglich sind. Sie bewirken einen hyperdynamischen Zustand des Chromatins mit hoher Beweglichkeit DNA-assoziierter Proteine. Der Transkriptionsfaktor Myc bindet bei Überexpression von Oct4, Sox2 und Klf4 an zusätzliche Bindungsorte im Chromatin und fördert die Initiation der Transkription an vielen aktiven Promotoren.

Unmittelbar nach Induktion von Trankriptionsfaktoren der Pluripotenz setzen Veränderungen in der Methylierung der DNA und in Histonmodifizierungen ein. Die Promotoren und Enhancer somatischer Gene werden herunterreguliert und die Promotoren und Enhancer von Genen der Pluripotenz aktiviert. An den Veränderungen sind wieder Chromatin-modellierende Komplexe und Histon-modifizierende Enzyme beteiligt. Nur in wenigen Zellen führen die Veränderungen jedoch zu einer Aktivierung **endogener** Gene der Pluripotenz. Die meisten Zellen nehmen infolge zufallsabhängiger An- und Abschaltungen von Genen eine ganz andere Entwicklung. Sie bleiben somatische Zellen oder werden seneszent, d. h. sie teilen sich nicht mehr, oder sie fangen an, sich unkontrolliert zu teilen. Einige Zellen differenzieren in einen anderen Zelltyp und viele Zellen sterben ab. In den wenigen Zellen, in denen endogene Gene der Pluripotenz angeschaltet werden, neben *oct4*- und *sox2*-Genen insbesondere auch das Gen *nanog*, werden die Schaltkreise der endogenen Faktoren wirksam und es setzen hierarchische Vorgänge ein. Endogene Oct4-, Sox2- und Nanog-Proteine aktivieren ihre Gene gegenseitig. Sie schalten weitere Gene der Selbsterneuerung an und unterdrücken wie in ES-Zellen die Expression von Entwicklungsgenen. Gleichzeitig werden die exogen eingebrachten Genkonstrukte inaktiviert. Das Epigenom der Zellen wird weitgehend auf das Epigenom von Stammzellen umgestellt, auch das Cytoskelett wird so wie in Stammzellen ausgebildet.

In neueren Experimenten konnte man die Effektivität der Reprogrammierung von Zellen mit exogenen Transkriptionsfaktoren durch das gleichzeitige Ausschalten eines Repressorproteins der Transkription erheblich steigern.

Induzierte pluripotente Stammzellen teilen sich wie ES-Zellen unbegrenzt, und die Zellen können in verschiedene Zelltypen differenzieren, nicht nur in den Zelltyp, aus dem sie gewonnen wurden. Die Morphologie von iPS- und ES-Zellen, die Muster ihrer Genexpression und charakteristische Oberflächenmarker stimmen ebenfalls weitgehend überein. Es gibt aber auch Unterschiede. Bei der Reprogrammierung treten genetische Veränderungen auf, und die epigenetischen Markierungen sind nicht völlig identisch. Die DNA von iPS-Zellen weist z. T. noch Methylierungen des Zelltyps auf, aus denen die Zellen gewonnen wurden. Dazu kommen iPS-spezifische Methylierungen. Auch in der Transkription von Genen und in der Translation von mRNA gibt es Unterschiede. Vergleichbare Differenzen treten allerdings auch zwischen verschiedenen ES-Zelllinien auf.

Differenzierte Zellen eines Zelltyps können auch direkt, d. h. ohne den Umweg über iPS-Zellen, in Zellen eines anderen Typs umgewandelt werden. Eine solche Umwandlung, bei der charakteristische Gene eines Zelltyps ab- und Entwicklungsgene eines anderen Zelltyps angeschaltet werden, bezeichnet man als **Transdifferenzierung**. Ein Beispiel ist die Bildung von Nervenzellen aus embryonalen und postnatalen Mausfibroblasten bei forcierter Expression der drei neuronenspezifischen Transkriptionsfaktoren ASCL1, BRN2 und MYTL1. Ein anderes Beispiel ist die Umwandlung von Herzfibroblasten in Herzmuskelzellen mit den Transkriptionsfaktoren GATA4, MEF2C, TBX5 und HAND2 (Efe et al. 2011).

Reprogrammierungen und Transdifferenzierungen von Zellen haben neue Einblicke in Mechanismen der Zellregulation vermittelt. Sie haben auch neue Wege für die Analyse und Therapie von Krankheiten aufgezeigt.

Mit Zellen heilen

Aus Geweben isolierte Stammzellen werden bereits seit vielen Jahren für die Therapie von Gewebeschäden und Krankheiten genutzt. So gelingt die Heilung von Verbrennungen und chronischen Wunden mit dünnen Auflagen von Keratinocyten, die ausgehend von Hautstammzellen gewonnen werden. Die Stammzellen werden aus Haarfollikeln isoliert und anschließend in Zellkulturen vermehrt. Bei Bluterkrankungen, insbesondere Leukämien, werden hämatopoetische Stammzellen aus dem Knochenmark gesunder Individuen übertragen. Die kranken Zellen der Patienten müssen vor Applikation fremder Stammzellen eliminiert werden.

So bemerkenswert diese und weitere Therapien sind, so sind sie doch bisher nur auf wenige Schäden und Erkrankungen begrenzt. Zellverluste, wie sie z. B. bei Herzinfarkt und Schlaganfall, bei Epilepsie und Parkinson auftreten, können nicht ausgeglichen werden. Die Möglichkeit einer Reprogrammierung oder Transdifferenzierung patienteneigener Gewebezellen hat deshalb große Hoffnungen geweckt. Ausgehend von Fibroblasten oder anderen leicht zugänglichen Zellen eines Patienten kann man induzierte pluripotente Stammzellen und aus ihnen Zellen eines benötigten Zelltyps gewinnen, z. B. Nervenzellen oder Herzzellen. Die gezüchteten Zellen sollten für die Patienten immunologisch verträglich sein, weil sie von Zellen der Patienten selbst stammen. Außerdem können Genschäden, die Krankheiten verursachen, vor Vermehrung der Zellen korrigiert werden. Durch Transdifferenzierung lassen sich u. U. funktionell weniger bedeutsame Zellen in Zellen umwandeln, die für die Funktion eines Gewebes unerlässlich sind, im Herzmuskel z. B. Fibroblasten in kontrahierende Muskelzellen. Die Ausführung solcher und ähnlicher Überlegungen ist allerdings nicht so einfach, wie es scheint. Größere Hürden ergeben sich aus folgenden Umständen:

1. Für den Transfer von Genen der Pluripotenz werden bisher Retroviren verwendet, die aufgrund ihrer willkürlichen Integration in beliebige Orte des Genoms auch Tumorgene aktivieren können.
2. Jede Manipulation von Zellen birgt die Gefahr ihrer Entartung. Zellen, die für Therapien vorgesehen sind, müssen nicht nur bezüglich ihrer Funktion charakterisiert sein. Sie müssen auch langfristig lebensfähig und stabil sein.
3. Die gezielte Differenzierung von iPS-Zellen in einen gewünschten Typ funktionsfähiger Zellen ist nicht trivial.
4. Das Einbringen von Zellen in Gewebe, in denen Zellverluste ausgeglichen werden sollen, ist ebenfalls nicht trivial.
5. Reprogrammierte Zellen sind nicht identisch mit embryonalen Stammzellen. Ein genereller Unterschied betrifft die Herkunft und die Vorgeschichte der Zellen. Das Genom von iPS-Zellen enthält alle Mutationen und Schädigungen, die im Genom von Körperzellen im Laufe des Lebens entstanden sind. Bei der Reprogrammierung und anschließenden Kultivierung der Zellen kommen weitere Mutationen hinzu. Auch DNA-Methylierungen und Histonmodifizierungen von iPS- und ES-Zellen stimmen nicht völlig überein (siehe oben).

Anwendung finden reprogrammierte Zellen bereits heute in der medizinischen Forschung. Aus Gewebezellen von Patienten mit schädlichen Genmutationen gewinnt man iPS-Zellen und aus ihnen Zelltypen, in denen sich die Mutationen besonders schädigend auswirken. An den Zellen kann man dann Gendefekte und die Wirkung von Substanzen zur Behebung der Defekte untersuchen.

4.4 Die Organisation von Zellen in Geweben

„Was dem Einzelnen nicht möglich ist, das vermögen viele." Dieser Ausspruch von J. W. Raiffeisen, dem Gründer der nach ihm benannten Banken, trifft in vollem Maße auf Zellen zu. Einzelne Zellen sind fragil, ihre Aktivitäten oft nur mit empfindlichen Instrumenten messbar. Im Verbund eines Gewebes sind Zellen viel stabiler und leisten Erstaunliches. Nervenzellen können nicht denken, ein Gehirn schon. Isolierte Herz- und Skelettmuskelzellen können kontrahieren, aber ein gesundes Herz pumpt in jeder Minute literweise Blut, und kräftige Bizepse heben Zentnergewichte.

Gewebe und Organe bestehen nicht nur aus Zellen. Zwischen den Zellen befindet sich ein Geflecht aus Proteinen und Polysacchariden, die **extrazelluläre Matrix**. Ihre verschiedenen Komponenten werden aus Zellen freigesetzt. Zellen beeinflussen auch die Anordnung der Matrixmoleküle und sekretieren Enzyme, die die Moleküle modifizieren und abbauen. Die Matrix wirkt ihrerseits auf Zellen zurück. Sie bestimmt die Orientierung und Polarisierung von Zellen und gewährt Zellen Haltepunkte für Bewegungen und Kontraktionen. Zell-Matrix-Verbindungen tragen neben Zell-Zell-Verbindungen zur Kontinuität und Festigkeit von Geweben bei. Sie dienen dem Transport von Molekülen und der Übertragung von Signalen. Ob Zellen lebensfähig bleiben oder absterben, ob sie im Ruhezustand verharren oder sich teilen, ob und wie sie sich bewegen, hängt in entscheidendem Maße von der umgebenden Matrix ab.

Eine grobe Einteilung unterscheidet zwischen **Epithel-** und **Bindegeweben**. In Epithelien, wie dem Darmepithel oder der Epidermis der Haut, sind Zellen eng benachbart und miteinander verbunden in Schichten angeordnet. Die extrazelluläre Matrix nimmt geringen Raum ein. Sie tritt auffallend nur in Form von **Basalmembranen** hervor, dichten Matten aus vernetzten Makromolekülen in engem Kontakt mit Zellschichten. In Bindegeweben wie Sehnen, Knorpeln und Knochen überwiegen dagegen Matrixstrukturen. Die Zellen sind mehr oder weniger einzeln in Matrixgeflechte eingebettet. Neben ausgeprägten Epithel- und Bindegeweben gibt es viele Gewebe mit unterschiedlichen Anteilen an Zellen und extrazellulärer Matrix.

Im anschließenden Text werden die Hauptkomponenten der extrazellulären Matrix vorgestellt und die wichtigsten Verbindungen zwischen Zellen und zwischen Zellen und extrazellulärer Matrix beschrieben.

Die extrazelluläre Matrix

In der extrazellulären Matrix dominieren drei Typen von Makromolekülen: Glykosaminglykane (GAG), Faserproteine und Multidomän-Glykoproteine.

Glykosaminglykane sind lang gestreckte, lineare Polymere aus Zuckerpaaren, auch Disaccharide genannt. Ein Zucker der Disaccharide ist stets N-Acetylglucosamin oder N-Acetylgalactosamin, der zweite meist eine Uronsäure, d. h. ein Zucker mit einer Carboxylgruppe, wie die von Glucose abgeleitete Glucuronsäure. Die verschiedenen GAG kann man in Abhängigkeit von den Disaccharideinheiten, aus denen sie zusammengesetzt sind, und der Art der Verknüpfung und Modifizierung der Einheiten in vier Hauptgruppen unterteilen: 1) Hyaluronsäuren, 2) Chondroitinsulfate, 3) Heparansulfate und 4) Keratansulfate. Hyaluronsäuren sind lineare Polymere aus dem Disaccharid N-Acetylglucosamin-Glucuronsäure. Einzelne Hyaluronsäuremoleküle bestehen aus bis zu 25.000 solcher Disaccharideinheiten. Chondroitin-, Heparan- und Keratansulfate enthalten andere Disaccharide, die zudem mit Sulfatgruppen modifiziert sind. Die sulfatierten Polysaccharide sind mit 15 bis 60 Disaccharideinheiten auch bedeutend kleiner als Hyaluronsäure. In der Regel sind sie kovalent an Polypeptide gebunden. Die Makromoleküle aus Polypeptiden und GAG nennt man **Proteoglykane**. Sie weisen unterschiedliche Größen und Zusammensetzungen auf. So besteht **Decorin**, ein in Bindegeweben verbreitetes Proteoglykan, nur aus einem Polypeptid von 40 kDa und einer Chondroitinsulfatkette. Andere Proteoglykane sind weit größer. Der Anteil von GAG kann in ihnen bis zu 95 % der Molekülmasse betragen. **Perlecan**, eine Komponente von Basalmembranen, weist z. B. einen Proteinkern von 600 kDa und zwei bis 15 daran gekoppelte Heparansulfatketten auf, und **Aggrecan**, ein Hauptbestandteil von Gelenkknorpel, ist ein Polypeptid von 210 kDa mit ca. 100 Chondroitinsulfat- und 30 Keratansulfatketten.

Alle Glykosaminglykane enthalten negativ geladene Gruppen, die sich gegenseitig abstoßen und eine starre Struktur der Moleküle bewirken. Die negativen Carboxyl- und Sulfatgruppen assoziieren Kationen aus dem umgebenden Milieu, deren lokal erhöhte Konzentrationen osmotisch durch Wasser ausgeglichen werden. Die ausgeprägte Wasserbindung führt dazu, dass GAG in Wasser Gele mit hohem Schwelldruck bilden. Die Moleküle verleihen Geweben dadurch Spannkraft und Druckwiderstand.

In der Gruppe der Faserproteine dominieren **Kollagene**. Fibrilläre, Fibrillen-assoziierte und netzwerkbildende Kollagene stellen den größten Gewichtsanteil aller Proteine im menschlichen Körper, ca. 25 %. Nicht weniger als 42 Gene codieren für **Kollagene-α**. Die Aminosäuresequenzen der Polypeptide bestehen zu einem großen Teil aus aneinander gereihten Tripletts Glycin-X-Y, in denen X und Y meist Hydroxyprolin und Prolin sind. Kollagene-α bilden linksdrehende Helices, die sich von den üblichen α-Helices in Proteinen unterscheiden. Sie weisen drei statt 3,6 Aminosäurereste pro Windung auf. In Kollagenmolekülen sind drei α-Ketten zu einer rechtsgängigen Helix, der **Triple-Helix**, verdreht. Die Glycinreste der Folgen Gly-X-Y sind im Innern der Triple-Helix platziert und ermöglichen aufgrund ihrer geringen Größe eine enge Packung der α-Polypeptide aneinander. Aus 42 verschiedenen Kollagenen-α werden in menschlichen Zellen ca. 40 verschiedene Kollagenmoleküle gebildet. Am weitesten verbreitet sind **fibrilläre Kollagene**, darunter Typ-I-, Typ-II-, und Typ-III-Kollagene, die nach ihrer Sekretion aus Zellen und der Abspaltung N- und C-terminaler Propeptide zu seilartigen Fibrillen assoziieren. Die Fibrillen lagern sich ihrerseits zu Kollagenfasern zusammen, die in Geweben sowohl parallel als auch über Kreuz angeordnet sein können. Typ-I-Kollagen ist hauptsächlich in der extrazellulären Matrix von Haut, Knochen und Sehnen vertreten. In Knorpelgewebe dominiert dagegen Typ-II-Kollagen, und in den Wänden von Blutgefäßen und inneren Organen findet sich überwiegend Typ-III-Kollagen. Die Fibrillen und Fasern fibrillärer Kollagene gewährleisten die Zugfestigkeit von Geweben und verhindern Überdehnungen.

Fibrillen-assoziierte Kollagene, darunter Typ-IX- und Typ-XII-Kollagen, sind nicht so geradlinig ausgerichtet wie fibrilläre Kollagene. Ihre Triple-Helix-Struktur ist von nichthelicalen Bereichen unterbrochen und weist eine größere Flexibiliät auf. Die Moleküle lagern sich auch nicht zu Fibrillen aneinander. Sie assoziieren an Fibrillen der fibrillären Kollagene und verbinden diese miteinander und mit anderen Strukturen der extrazellulären Matrix. Typ-IX-Kollagen assoziiert vorzugsweise mit Fibrillen von Typ-II-Kollagen und Typ-XII-Kollagen mit Fibrillen von Typ-I-Kollagen.

Netzwerkbildende Kollagene enthalten weniger Glycinreste als fibrilläre und Fibrillen-assoziierte Kollagene, und ihre Triple-Helix weist Knicke und Krümmungen auf. Die Moleküle lagern sich mit ihren terminalen Enden aneinander. Ein weit verbreitetes Kollagen dieser Art ist Kollagen IV, das zu Dimeren assoziiert. Kollagen-IV-Dimere sind eine Hauptkomponente von Basalmembranen.

Zu den Faserproteinen gehören auch die Proteine **Elastin** und **Fibrillin**, die Geweben elastische Eigenschaften verleihen. Elastin besteht aus alternierenden hydrophoben Sequenzen und lysin- und alaninreichen Sequenzen. Letztere sind in Form von α-Helices angeordnet. Die Moleküle werden durch Querverbindungen zwischen Lysinresten zu Fibrillen mit gummibandartigen Eigenschaften verknüpft. Fibrillinmoleküle bilden ebenfalls elastische Mikrofibrillen.

Glykoproteine mit mehreren Bindungsdomänen assoziieren mit anderen Makromolekülen zu supramolekularen Komplexen. Sie vermitteln Wechselwirkungen zwischen Zellen und extrazellulärer Matrix. Einige Glykoproteine bilden Leitbahnen für die Migration von Zellen. Zu ihnen gehören **Fibronektin**, **Laminin**, **Tenascin** und **Vitronektin**. Fibronektinmoleküle bestehen aus zwei Polypeptiden, die an ihren C-terminalen Enden durch zwei Disulfidbrücken verbunden sind. Jedes Polypeptid enthält mehrere Domänen, darunter Domänen mit Affinität für Integrinproteine, Kollagene und Heparin. Es gibt mehrere Isoformen von Fibronektin, die durch unterschiedliches Spleißen des Primärtranskripts nur eines Gens entstehen. Die Isoformen unterscheiden sich in ihrer Domänenstruktur und ihren Affinitäten für Ligandenmoleküle. Eine lösliche Form von Fibronektin zirkuliert auch im Blut. Das Glykoprotein Laminin besteht aus drei mit Disulfidbrücken verbundenen Polypeptiden α, β und γ. Die Heterotrimere assoziieren mit den N-terminalen Enden ihrer β- und γ-Polypeptide aneinander und bilden netzartige Strukturen. In Basalmembranen überlagern sich Geflechte von Laminin-1, einer Isoform von Laminin, mit Geflechten von Typ-IV-Kollagen. Beide Proteine, Laminin-1 und Typ-IV-Kollagen, assoziieren Perlecan und Nidogen. Laminin bindet auch an Integrine und Dystroglykan in Zellmembranen.

Die verschiedenen Komponenten der extrazellulären Matrix treten in unterschiedlichen Kombinationen und Strukturen auf. Zwei distinkte Anordnungen sind die **interstitielle Matrix** und die bereits mehrfach erwähnten **Basalmembranen**. Als interstitielle Matrix werden Strukturen aus GAG, Proteoglykanen, fibrillären Kollagenen und Multidomän-Glykoproteinen bezeichnet, die zwischen Gewebezellen verteilt sind. Die Molekülaggregate sind in der Regel nicht direkt aneinandergepackt, sondern in kleineren und größeren Abständen verteilt. Dazwischen befindet sich interstitielle Flüssigkeit. Basalmembranen sind kompakte, ca. 50–100 nm starke Lagen aus Proteinen und Proteoglykanen an Epithel- und Endothelzellschichten. In ihnen dominieren Gerüste aus Laminin und Typ-IV-Kollagen mit assoziierten Proteinen und Proteoglykanen. Interstitielle Matrix und Basalmembranen der verschiedenen Gewebe unterscheiden sich voneinander. Sie enthalten unterschiedliche Isoformen der Hauptkomponenten und unterschiedliche Anteile von bis zu 50 weiteren minoren Matrixkomponenten.

Proteoglykane, Faserproteine und nichtkollagene Strukturproteine der extrazellulären Matrix werden durch Proteasen, die aus Zellen freigesetzt werden oder in äußeren Zellmembranen gebunden sind, modifiziert und abgebaut. Die wichtigsten Proteasen dieser Art sind **Matrix-Metalloproteasen**, eine Familie von 23 proteolytischen Enzymen, und **Disintegrin- und Metalloproteasen mit Thrombospondindomäne**, eine Familie von 19 Enzymen. Zu der Familie der Matrix-Metalloproteasen gehören u. a. mehrere **Kollagenasen**, die in der Lage sind, die Triple-Helix von Kollagenmolekülen, d. h. drei Polypeptidstränge in einer Ebene, gleichzeitig zu spalten. Disintegrin- and Metalloproteasen mit Thrombospondindomäne hydrolysieren vorzugsweise Proteoglykane. Die Proteasen beider Familien und weitere Proteasen wirken spezifisch. Sie spalten meist nur eine oder wenige Polypeptidbindungen ihrer Substrate. Einzelne Proteasen setzen aus Matrixproteinen Fragmente frei, die als Signalproteine wirken. Ein Beispiel ist die Abspaltung eines C-terminalen Fragments von Kollagen XVIII, das die Proliferation und Migration von Endothelzellen hemmt. Die Aktivität von Matrixproteasen wird streng reguliert. Die Enzyme werden als Proformen synthetisiert, die erst aktiviert werden müssen, und sie werden durch spezifische Proteininhibitoren gehemmt.

Verbindungen zwischen Zellen und zwischen Zellen und extrazellulärer Matrix

Eine grobe Einteilung von Zell-Zell- und Zell-Matrix-Verbindungen unterscheidet zwischen 1) Ankerverbindungen (*anchoring junctions*), 2) verschließenden Verbindungen (*occluding junctions*), 3) Kanalverbindungen (*channel-forming junctions*) und 4) signalübertragenden Verbindungen (*signal-relaying junctions*). Alle Verbindungen vermitteln in der einen oder anderen Weise sowohl Kontakte als auch Signale. Chemische Synapsen zwischen Nervenzellen und Synapsen zwischen Zellen des Immunsystems werden in der vierten Gruppe als spezifische signalübertragende Verbindungen besonders hervorgehoben.

Ankerverbindungen zwischen Zellen halten Zellen zusammen und verketten ihre Cytoskelettfilamente. Zwei Typen von Zell-Zell-Verbindungen dieser Art sind **Adhärenzverbindungen** (*adherens junctions*) und **Desmosomen** (*desmosomes*). In Adhärenzverbindungen werden Actinfilamente und in Desmosomen Intermediärfilamente von Zellen zusammengeführt (Abb. 4.13). Zell-Matrix-Verbindungen (*cell-matrix junctions, actin-linked*) verbinden Actinfilamente von Zellen mit Molekülkomplexen der extrazellulären Matrix. **Hemidesmosomen** (*hemidesmosomes*) koppeln Intermediärfilamente von Zellen an Matrixstrukturen. Beide Verbindungstypen verankern Zellen in der extrazellulären Matrix (Abb. 4.13). Von den verschiedenen Ankerverbindungen werden hier nur Adhärenzverbindungen zwischen Zellen und Zell-Matrix-Verbindungen ausführlicher vorgestellt.

Adhärenzverbindungen werden durch Cadherin- und Cateninproteine gebildet. **Cadherine** sind *single-pass*-transmembranale Glykoproteine. Ihre N-terminalen Sequenzen sind extrazellulär und ihre C-terminale Sequenzen intrazellulär lokalisiert. Die extrazellulären Sequenzen falten in mehrere „Cadherindomänen", die durch Ca^{2+}-Ionen stabilisiert werden. Cadherine binden mit ihren Cadherindomänen aneinander. Es assoziieren immer nur gleiche Cadherinmoleküle und zwar sowohl in *cis*, d. h. Moleküle ein und derselben

4.4 Die Organisation von Zellen in Geweben

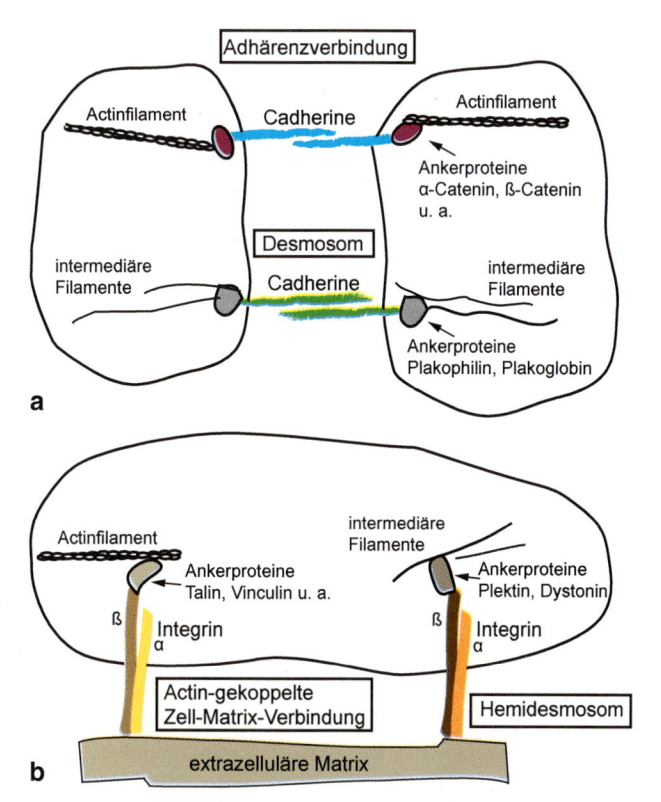

Abb. 4.13 Ankerverbindungen zwischen Zellen (**a**) und zwischen Zellen und extrazellulärer Matrix (**b**). In Ankerverbindungen zwischen Zellen dominieren Cadherine. Die Membranproteine zweier Zellen assoziieren extrazellulär und koppeln intrazellulär über Ankerproteine an Actinfilamente (Adhärenzverbindungen) oder Intermediärfilamente (Desmosomen). Verbindungen zwischen Zellen und extrazellulärer Matrix werden durch Integrine vermittelt. Integrine assoziieren extrazellulär an Matrixproteine und binden intrazellulär ebenfalls über Ankerproteine entweder an Actinfilamente oder Intermediärfilamente (Hemidesmosomen). Die intrazellulären Ankerproteine von Cadherinen und Integrinen sind verschieden. Jede feste Verbindung zwischen Zellen und zwischen Zellen und extrazellulärer Matrix besteht aus vielen molekularen Einzelverbindungen

Zelle, als auch in *trans*, d. h. Moleküle benachbarter Zellen. Die homophilen Bindungen sind relativ schwach, und stabile Adhärenzverbindungen zwischen Zellen entstehen nur, wenn ein „Reißverschluss" vieler benachbarter Cadherin-Cadherin-Paare gebildet wird. Die extrazellulären Bereiche von Cadherinen können neben Cadherindomänen weitere Domänen enthalten, die Bindungen an andere Proteine vermitteln. Insgesamt gibt es in humanen Zellen über 80 verschiedene Cadherine. Sie werden zellspezifisch exprimiert, und einige von ihnen sind nach den Zellen benannt, in denen sie vorzugsweise auftreten: E-Cadherin in Epithelzellen, N-Cadherin in Nervenzellen und VE-Cadherin in vaskulären Endothelzellen.

Intrazelluläre Sequenzen von Cadherinen binden α-, β-, und **p120-Catenine** oder **Plakoglobin**. Weitere Proteine stellen Verbindungen von den Cateninen zu Actinbündeln her.

Die Cadherin-Catenin-Komplexe werden durch intrazelluläre Signale reguliert. Phosphorylierungen der Proteine stabilisieren oder destabilisieren die Komplexe und die von ihnen gebildeten Adhärenzverbindungen. Spezifische Cadherine verbinden in Desmosomen auch Intermediärfilamente benachbarter Zellen miteinander.

Catenine sind nicht nur Strukturproteine, sondern auch Signalmoleküle. β-Catenin wurde als Komponente des kanonischen Wnt-Signalweges bereits mehrfach erwähnt (siehe Abschn. 3.6). Wnt-Signale stabilisieren β-Catenin, das üblicherweise, wenn es nicht an Cadherine gebunden ist, im Cytoplasma hydrolysiert wird. Unter dem Einfluss von Wnt-Proteinen wird die Proteolyse von β-Catenin unterdrückt, und das Protein gelangt in den Zellkern, wo es als Transkriptionsfaktor wirkt.

Cadherine spielen eine wichtige Rolle bei der Bildung und Auflösung von Epithelzellschichten. Sie tragen neben verschließenden Verbindungen zu den festen Kontakten zwischen Epithelzellen und auch zur Polarität der Zellen bei. Mesenchymale Zellen, d. h. einzelne, nichtassoziierte Zellen lockerer Bindegewebe, lagern sich zu Epithelschichten zusammen, wenn in ihren Zellen die gleichen Cadherine exprimiert werden. Die Zellen driften auseinander, wenn die Expression von Cadherinen unterdrückt wird oder wenn verschiedene, nicht aneinander bindende Cadherine exprimiert werden. Die Vorgänge werden als Mesenchym-Epithel-Übergang (*mesenchymal-epithelial transition*) bzw. Epithel-Mesenchym-Übergang (*epithelial-mesenchymal transition*) bezeichnet. Zellumlagerungen dieser Art finden wiederholt während der Embryogenese statt. So bilden z. B. Zellen des Neuralrohrs, die sich vom Ektoderm lösen, kein E-Cadherin mehr wie die übrigen Ektodermzellen, sondern N-Cadherin und vom Neuralrohr abwandernde Zellen der Neuralleiste bilden wieder andere Cadherine.

Epithel-Mesenchym-Übergänge finden auch im erwachsenen Organismus statt. Wenn eine Hautfläche verletzt wird, lösen sich Zellen aus dem benachbarten Epithel und wandern in die Wunde ein. Ein pathologischer Vorgang der Loslösung von Zellen aus einem Zellverbund ist die Metastasierung von Krebszellen.

Neben Cadherinen unterstützen **Immunglobulin-ähnliche Zelladhäsionsmoleküle (Ig-CAM)** und Selektine die Assoziation und den Zusammenhalt von Zellen. Die Adhäsionsmoleküle sind an Berührungsflächen von Zellen lokalisiert, ohne morphologisch hervortretende Strukturen zu bilden. Ig-CAM sind Zelloberflächenproteine mit einer variablen Anzahl extrazellulär lokalisierter Immunglobulindomänen. Die meisten Ig-CAM reichen als transmembranale Proteine durch Zellmembranen hindurch und binden intrazellulär an Komponenten des Cytoskeletts, darunter Actin, Ankyrin und Spektrin. Extrazellulär binden Ig-CAM homophil und heterophil aneinander oder an andere Proteine. Einzelne Ig-CAM assoziieren mit Cadherinen, Integrinen oder Komponenten der extrazellulären Matrix. Über die Verbindungen werden Signalwege aktiviert. Homophile Wechselwirkungen von neuralen Zelladhäsionsmolekülen (N-CAM) stimulieren in Nervenzellen z. B. über intrazelluläre Proteinkinasen das Wachstum von Zellfortsätzen. Einige Ig-CAM sind keine transmembranalen Proteine, sondern mit einem lipophilen GPI-Anker an Zellmembranen fixiert.

Selektine sind transmembranale Proteine, die mit ihren extrazellulären **Lectindomänen** Kohlenhydrate erkennen und Zellen miteinander verbinden. Die Selektine einer Zelle binden an Kohlenhydrate auf Plasmamembranen benachbarter Zellen. Intrazellulär koppeln sie an Actinfilamente. Die Adhäsionsmoleküle werden zellspezifisch exprimiert, z. B. L-Selektin in Leukocyten, P-Selektin in Thrombocyten und E-Selektin in Endothelzellen. Das letztere Protein spielt eine wichtige Rolle bei der Einwanderung von Leukocyten in entzündetes Gewebe. Endothelzellen in Gefäßwänden der Gewebe exponieren E-Selektin, das Oligosacharide auf Leukocytenmembranen bindet. Durch die Wechselwirkungen werden Leukocyten aus dem Blut an die Gefäßwände gezogen, wo sie mit dem Blutstrom „fortrollen", bis in ihren Zellmembranen Integrine aktiviert werden, die an Ig-CAM in Endothelzellen binden. Die Leukocyten lagern dann an die Gefäßwand an und wandern zwischen den Endothelzellen hindurch in das Gewebe.

Zell-Matrix-Verbindungen werden durch verschiedene Typen von Rezeptoren vermittelt. Die wichtigsten Rezeptoren sind **Integrine**, integrale Membranproteine aus zwei transmembranalen Untereinheiten, α und β. Die extrazellulären Bereiche von Integrinen binden Matrixproteine und Membranproteine benachbarter Zellen. Ihre intrazellulären Bereiche koppeln über Anker- und Adapterproteine an Filamente des Cytoskeletts.

Integrine übertragen mechanische Signale wie Zug und Druck zwischen extrazellulärer Matrix und dem Cytoskelett von Zellen. Die Wechselwirkungen spielen eine wichtige Rolle bei Zellmigrationen. Über Integrine werden auch intrazelluläre Signalwege wie der Ras-MAPK-Signalweg und die Aktivierung von Akt-Kinase beeinflusst und Signale für das Wachstum von Zellen übermittelt. Zellen mit vielen Integrinverbindungen zur extrazellulären Matrix teilen sich schneller als Zellen mit wenigen Verbindungen. Wenn Integrin-vermittelte Signale ausbleiben, sind Funktionen von Zellen beeinträchtigt und die Zellen sterben ab.

Im menschlichen Genom codieren 18 Gene für Integrin-α-Untereinheiten und acht Gene für Integrin-β-Untereinheiten. Von den möglichen Kombinationen der α- und β-Untereinheiten werden aber nicht alle, sondern nur ca. 24 gebildet. Die verschiedenen Heterodimere haben unterschiedliche Eigenschaften und werden zellspezifisch synthetisiert. Zwölf Integrine mit gleicher β1-Untereinheit, aber verschiedenen α-Untereinheiten, und die meisten übrigen Integrine binden an extrazelluläre Matrixproteine. Einige von ihnen, wie z. B. Fibronektin-bindendes α5β1-Integrin und Laminin-bindendes α6β1-Integrin, sind in vielen Zellen vertreten. Andere sind auf einen Zelltyp oder wenige Zelltypen beschränkt. Integrin α7β1 kommt z. B. nur in Muskelzellen vor. Vier Integrine mit β2-Untereinheit vermitteln keine Zell-Matrix-Kontakte, sondern Zell-Zell-Kontakte. Sie binden an Immunglobulin-ähnliche Adhäsionsmoleküle anderer Zellen. Die transiente Bindung von Leukocyten an Endothelzellen in Gefäßen entzündeter Gewebe, die weiter oben erwähnt wurde, ist ein Beispiel dieser Wechselwirkung. Leukocyten binden mit Integrin αLβ2 an Ig-CAM von Endothelzellen. Ein weiteres Beispiel ist die Bindung von T-Zellen an Antigen-präsentierende Zellen, die ebenfalls über Integrin αLβ2 und Ig-CAM erfolgt.

Intrazellulär koppeln alle Integrine mit einer Ausnahme an das Protein **Talin** und über Talin an Actinfilamente. Die Ausnahme ist Integrin α6β4 in Hemidesmosomen von Epithelzellen. Integrin α6β4 ist intrazellulär über die Ankerproteine Plektin und Dystonin mit Keratinfilamenten verbunden und bindet extrazellulär an Laminin in Basalmembranen. Neben α6β4-Integrin enthalten Epithelzellen Integrine mit Verbindungen zu Actinfilamenten.

Die Wechselwirkungen von Integrinen mit Matrixkomponenten sind relativ schwach, und stabile Verankerungen von Zellen in der Matrix erfordern viele Bindungen. Die Kontakte können langfristig oder nur kurzzeitig sein. Ihre Festigkeit hängt zudem von der Konformation der beteiligten Integrine ab. Wenn Integrine an Matrixmoleküle binden, nehmen sie eine aktive Konformation mit höherer Affinität für den jeweiligen Matrixliganden ein. Gleichzeitig erlangen die intrazellulären Bereiche ihrer β-Untereinheiten eine höhere Affinität für Talin. Die Untereinheiten assoziieren Talin, das sie mit Actinfilamenten des Cytoskeletts verbindet.

Nach Bindung extrazellulärer Liganden lagern sich Integrinmoleküle an spezifischen Kontaktstellen von Zellen und extrazellulärer Matrix, den **fokalen Adhäsionen** (*focal adhesions*), zusammen und assoziieren intrazellulär neben Talin und z. T. über Talin weitere Proteine, darunter Proteinkinasen wie Fokale Adhäsionskinase und Kinasen der Src-Familie sowie Gerüstproteine wie α-Actinin, Filamin und Vinculin.

Aktive Konformationen von Integrinmolekülen können auch durch intrazelluläre Regelkreise induziert werden. Die Signalübertragung verläuft dann von intrazellulär nach extrazellulär. Ein Beispiel ist die Aggregation von Thrombocyten an endothelfreien Gefäßwänden. Wenn Thrombocyten an beschädigte Gefäßwände anlagern, verändert sich ihr Cytoskelett. Die Zellen setzen ATP, ADP und Thromboxane frei, die auf die Zellen zurückwirken und über intrazelluläre Signalwege Integrin αIIβ3 in Membranen der Thrombocyten aktivieren. Aktives αIIβ3-Integrin bindet Fibrinogen, das in unlösliches Fibrin umgewandelt wird. Es entsteht ein Blutpfropf, der die Verletzung abdeckt, in ungünstigen Fällen Blutgefäße auch verstopft.

Epithelzellen, die äußere Körperflächen, innere Organe und Hohlräume bedecken, sind durch **verschließende Verbindungen** aneinander gekoppelt. Die Zellen liegen auf Basalmembranen und weisen eine „apikobasale Polarität" auf. „Apikale", d. h. nach außen oder zu einem Hohlraum gelegene, Zellbereiche unterscheiden sich von „basalen", an der Basalmembran anliegenden Bereichen. Die Plasmamembranen der beiden Zellbereiche sind unterschiedlich, und es finden gerichtete Transporte von einer Zellseite auf die andere statt. Epithelzellen des Dünndarms nehmen z. B. mit ihren apikalen Membranen Glucose und andere Nährstoffe aus dem Darmlumen auf und geben sie auf der Seite der basalen Membranen wieder ab. Die Glucoseaufnahme wird durch ein Na^+-Ionen-Glucose-Symport-System der apikalen Plasmamembran vermittelt, die Glucosefreisetzung durch ein Glucoseträgerprotein der basalen Plasmamembran.

Verschließende Verbindungen zwischen Epithelzellen halten Epithelzellen nicht nur fest zusammen. Die Verbindungen wirken auch als Barrieren innerhalb der Plasmamembranen der Zellen. Sie trennen apikale und basale Abschnitte der Membranen. Durch Wechselwirkungen von Komponenten der verschließenden Verbindungen mit intrazellulären Proteinen und Proteinkomplexen werden außerdem intrazelluläre Strukturen in spezifischer Weise orientiert. Das Cytoskelett und die Organellen von Epithelzellen werden so ausgerichtet, dass Komponenten für Basalmembranen nur auf der basalen Seite der Zellen freigesetzt werden. Die Basalmembranen wirken ihrerseits auf die Zellen zurück und stabilisieren die Polarität der Zellen.

Die molekulare Struktur einer verschließenden Verbindung kann man sich wie ein Klebeband zwischen zwei Flächen vorstellen, das den Zwischenraum überbrückt. Jedes „Band" besteht aus Polypeptidschleifen aneinandergereihter transmembranaler Proteine in Zellmembranen benachbarter Epithelzellen. Hauptkomponenten der „Bänder" sind das Protein **Occludin** und Proteine der **Claudinfamilien**. Sowohl Occludin als auch Claudine sind *4-pass*-Membranproteine mit jeweils zwei extrazellulären Polypeptidschleifen, einer größeren und einer kleineren. Die Proteine benachbarter Zellen lagern mit den Polypeptidschleifen aneinander, wobei Claudinproteine sowohl homophile als auch heterophile Bindungen eingehen. Ein weiteres Protein, **Tricellulin**, versiegelt die Verbindungen.

Verschließende Verbindungen treten meist zusammen mit Adhärenzverbindungen und Hemidesmosomen auf, wobei die verschließenden Verbindungen in der Regel näher zur apikalen Seite und die anderen beiden Verbindungen näher zur basalen Seite lokalisiert sind. Adhärenzverbindungen und Hemidesmosomen unterstützen wahrscheinlich die Positionierung von Occludin- und Claudinproteinen. Intrazellulär werden die Anordnungen der drei Verbindungen, sogenannte **junktionale Komplexe** (*junctional complexes*), durch Gerüstproteine stabilisiert.

Neben der apikobasalen Polarität können Epithelzellen auch eine planare Polarität, d. h. eine bevorzugte Orientierung in der Ebene ihrer Schicht, aufweisen. Ein Beispiel sind die mechanosensorischen Haarzellen im Innenohr. Die Zellen haben auf ihren Oberflächen asymmetrische stäbchenförmige Ausstülpungen von Stereocilien, die mit Actinfilamenten gefüllt sind und auf Schallwellen reagieren. Wenn sie in eine bestimmte Richtung gekippt werden, öffnen sich Ionenkanäle, und die Zellen werden elektrisch stimuliert. Nur Haarzellen, deren Bündel in gleicher Richtung orientiert sind, können koordiniert auf Schallwellen reagieren. Die planare Polarität wird wie die apikobasale Polarität durch Proteine und Proteinkomplexe vermittelt, die intrazellulär an verschließende Verbindungen assoziieren.

Kanal- oder Spaltverbindungen (*gap junctions*) ermöglichen die Diffusion niedermolekularer Substanzen von einer Zelle in die andere. Anorganische Ionen, wasserlösliche Zucker, Aminosäuren und Nucleotide, aber auch Signalmoleküle wie zyklisches AMP und Inositoltrisphosphat, können die Verbindungen passieren. Makromoleküle werden dagegen zurückgehalten.

Durchlässige Kanalverbindungen halten Zellen in einem Abstand von ca. 2–4 nm. Sie sind weit verbreitet und kommen auch in Epithelzellen und Fibroblasten vor. Besonders ausgeprägt sind sie jedoch in Nerven- und Herzmuskelzellen und in Zellen der glatten Muskulatur. Im Nervengewebe ermöglichen die Kanäle die schnelle Weiterleitung elektrischer Signale von Neuron zu Neuron. Im Herzen und in der glatten Muskelatur innerer Organe gewährleisten sie synchrone Kontraktionen vieler Muskelzellen.

Die Kanalverbindungen werden von Proteinen zweier Familien mit ähnlichen Strukturen, aber unterschiedlichen Sequenzen gebildet, den **Connexinen** und den **Innexinen**. Die meisten Kanäle in Zellen von Säugetieren und auch beim Menschen bestehen aus Connexinproteinen. Es handelt sich um *4-pass*-Membranproteine, die sich in Plasmamembranen zu sechst seitlich aneinanderlagern und wassergefüllte Poren, **Connexone**, bilden. Ein Connexon ist ein Halbkanal. Vollständige Kanäle bestehen aus je einem Halbkanal zweier benachbarter Zellen. Es gibt 21 verschiedene Connexine, die homophil und heterophil zu Connexonen assoziieren, und gleiche und ungleiche Connexone vereinigen sich zu vollständigen Kanälen. Kanalverbindungen zwischen Zellen bestehen aus vielen Connexonpaaren, die sich immer nur für eine befristete Zeit zusammenfinden. Ihre Halbwertszeit beträgt wenige Stunden. Außerdem wechseln die Kanäle zwischen geöffneten und geschlossenen Zuständen, deren Dauer durch intra- und extrazelluläre Signale reguliert wird. Niedrige pH-Werte und erhöhte intrazelluläre Ca^{2+}-Konzentrationen verringern die Durchlässigkeit der Kanäle.

Zellen des Nervensytems sind nicht nur durch Kanalverbindungen gekoppelt. Signalübertragungen zwischen Neuronen erfolgen in einem weit größeren Ausmaß durch chemische Synapsen. In Synapsen sind Membranareale „präsynaptischer" Zellen, meist Endigungen eines Nervenaxons, mit Membranarealen „postsynaptischer" Zellen durch Zelladhäsionsmoleküle verbunden und in einem festen Abstand fixiert. Unter den verbindenden Proteinen sind Cadherine, Ig-CAM und die Proteine Neurexin und Neuroligin. Im Cytosol präsynaptischer Zellen befinden sich unmittelbar vor der Zellmembran synaptische Membranvesikel mit niedermolekularen Signalmolekülen, den **Transmittern**. Wenn elektrische Signale die Plasmamembran präsynaptischer Zellen depolarisieren, fusionieren synaptische Vesikel mit der Membran und geben die Transmitter in den synaptischen Spalt, den Raum zwischen prä- und postsynaptischen Membranen, frei. Die Transmitter binden an Rezeptoren postsynaptischer Membranen, die mit **Transmitter-abhängigen Ionenkanälen** verbunden sind. Durch die Wechselwirkungen werden Ionenkanäle in postsynaptischen Membranen geöffnet, und Ionen fließen in Richtung ihrer jeweiligen Gradienten durch die Membranen. Erregende Neurotransmitter wie Acetylcholin und Glutamat öffnen Na^+- und Ca^{2+}-Kanäle. Einströme dieser Ionen in postsynaptische Zellen bewirken eine Depolarisation der Plasmamembranen. Hemmende Neurotransmitter wie γ-Aminobuttersäure (GABA) und Glycin öffnen Cl^-- oder K^+-Kanäle. Einströme von Cl^-- und Ausströme von K^+-Ionen erhöhen das bestehende Membranpotenzial und erschweren die Depolarisation der Membranen. Nur wenn postsynaptische Membranen in ausreichendem Maße depolarisiert werden, öffnen sich **potenzialabhängige Ionenkanäle** der Membranen, und es entstehen Aktionspotenziale, die zu anderen Zellen weitergeleitet werden. Die Wirkungen der Transmitter sind lokal und zeitlich begrenzt, da die Substanzen durch Enzyme schnell abgebaut und durch Endocytose wieder in präsynaptische Zellen aufgenommen werden. Ihre Entfernung aus dem synaptischen Spalt stellt den Zustand vor der Transmitterausschüttung wieder her, von dem die Synapsen auf ein nächstes Signal reagieren können.

Viele Komponenten der Signalübertragung in Synapsen, insgesamt einige Hundert Proteine in prä- und postsynaptischen Zellen, werden durch Gerüstproteine in supramolekularen Komplexen gehalten.

Tab. 4.2 Verbindungen zwischen Zellen

Verbindung	Transmembranproteine	Extrazelluläre Liganden	Intrazelluläre Anbindung
Ankerverbindung/ Adhärenzverbindung	Cadherine	Cadherine von Nachbarzellen	Actinfilamente
Ankerverbindung/ Desmosom	Cadherine	Cadherine von Nachbarzellen	Intermediärfilamente
Verschließende Verbindung	Claudine, Occludin	Claudine von Nachbarzellen	
Kanalverbindung	Connexine, Innexine		
Chemische Synapse	Präsynaptische Membran: Cadherine, Neurexin, Adhäsionsproteine der Ig-Superfamilie	Postsynaptische Membran: Cadherine, Neuroligin, Adhäsionsproteine der Ig-Superfamilie	Actinfilamente

Tab. 4.3 Verbindungen zwischen Zellen und extrazellulärer Matrix

Verbindung	Transmembranproteine	extrazelluläre Liganden	intrazelluläre Anbindung
Ankerverbindung/ Zell-Matrix-Verbindung	Integrine	Matrixproteine	Actinfilamente
Ankerverbindung/ Hemidesmosom	Integrin α6β4	Matrixproteine	Intermediärfilamente

In den beiden Tabellen Tab. 4.2 und 4.3 sind alle oben genannten Verbindungen von Zellen in Geweben und die verbindenden Membranproteine zusammengestellt.

4.5 Wie Zellen altern und sterben

Im Alter lassen Organe und Gewebe in ihren Funktionen nach. Sie reagieren nicht mehr ausreichend auf physiologische Anforderungen und Stress. Dünne und unelastische Haut, atrophierte Muskeln, fragile Knochen, Blutarmut, nachlassende Immunreaktionen und verzögerte Wundheilung sind bekannte Alterserscheinungen. Das Alter ist auch das Hauptrisiko für chronische Erkrankungen.

Die Alterung von Geweben beruht auf Zellschäden, Zellverlusten und Änderungen in den Anteilen von Zellen und extrazellulärer Matrix. Zellschäden wiederum haben viele Ursachen. Replikation, Transkription, Translation und viele andere Vorgänge in Zellen sind nicht fehlerfrei. Sie werden durch zufallsbedingte Prozesse beeinträchtigt. Dazu kommen Schäden durch reaktive Substanzen des Stoffwechsels und aggressive Einflüsse der Umwelt. Die Reparatursysteme von Zellen können nicht alle Abweichungen ausgleichen, und im Laufe der Zeit häufen sich Schäden der DNA und anderer Makromoleküle. Die

Zellen verlieren ihre funktionellen Eigenschaften und sterben ab. Zellen proliferierender Gewebe können auch entarten oder gehen in einen seneszenten Zustand über, in dem sie sich nicht mehr teilen. Stammzellen der Gewebe sind in gleicher Weise betroffen. Sie verlieren ihre Fähigkeit der Selbsterneuerung und können abgestorbene Zellen nicht mehr ersetzen.

Zellen sterben nicht nur infolge natürlicher Alterung. Für viele Zellen ist ein früher Tod vorgesehen. Die durchschnittliche Lebensdauer von Epithelzellen des Dünndarms beträgt z. B. nur Tage und die von Leberzellen Monate. Nur wenige Zelltypen wie z. B. Nervenzellen bleiben im günstigsten Fall ein ganzes Leben lang funktionsfähig. Eine nur kurze Lebensdauer bestimmter Zellen ist Teil der Homöostase von Geweben, der Balance zwischen der Neubildung und dem Verschwinden von Zellen. Zellen sterben auch durch direkte äußerliche Einwirkungen wie Verbrennungen, Quetschungen, Bestrahlungen, oder weil sie von Viren oder Mikroorganismen geschädigt wurden.

Eine Zelle ist tot, wenn die Zellmembran nicht mehr geschlossen ist, wenn die Zelle und ihre Organellen, einschließlich des Kerns, in Fragmente zerfallen und die Zellbestandteile von anderen Zellen aufgenommen werden. Es gibt verschiedene Merkmale, die auf ein Absterben von Zellen hinweisen. Keines der Merkmale gestattet jedoch, eindeutig auf einen unmittelbar bevorstehenden Zelltod zu schließen. Zelleigene Regulationen können den Zerfall geschädigter Zellen zumindest vorübergehend wieder aufhalten. Die Ereignisse, die einem Zelltod vorausgehen, und die Art und Weise, wie Zellen ihre Funktionen einstellen, sind so vielfältig, dass ein eigens einberufenes Nomenklaturkomitee für Zelltod (*Nomenclature Committee on Cell Death 2009*, Kroemer et al. 2009) Typen des Zelltodes definiert hat. Danach unterscheidet man vier Haupttypen:

1. Der **programmierte Zelltod** durch Apoptose
   Die Apoptose ist ein vorgesehener, geregelter Zelltod. Sie verläuft nach einem kontrollierten Schema. Die Zellen runden sich und ziehen ihre nach außen gerichteten Ausstülpungen zurück. Das Zellvolumen verringert sich, und an der Plasmamembran erscheinen „Bläschen". Im geschrumpften Zellkern kondensiert das Chromatin, und der Kern zerfällt in Fragmente. Andere Organellen verändern sich anfangs morphologisch wenig, biochemisch aber sehr wohl. Aus Mitochondrien entweichen Enzyme und andere Proteine, die hydrolytische Abbaureaktionen einleiten. In späteren Stadien zerfällt die ganze Zelle in membranumschlossene Körperchen, die von Phagocyten aufgenommen werden. Die molekularen Mechanismen der Apoptose werden weiter unten ausführlicher vorgestellt.
2. **Nekrose**
   Ein nekrotischer Zelltod tritt bei übermäßigem Zellstress wie mechanischen Verletzungen, Infektionen und Mangel an Sauerstoff oder Nährstoffen ein. Die Zellen vergrößern sich. Das Cytoplasma und auch das Volumen der Organellen nehmen zu. Der Zellkern bleibt zunächst intakt. Die Plasmamembran wird dagegen durchlässig, und auch aus den Lysosomen treten hydrolytische Enzyme aus. Charakteristisch für den nekrotischen Zelltod sind weiterhin ein früher Funktionsverlust der Mitochondrien und ein

schneller Abfall des ATP-Gehalts von Zellen. Es werden verstärkt reaktive Sauerstoff- und Stickstoffverbindungen gebildet, und die intrazelluläre Ca^{2+}-Konzentration steigt an. Aus nekrotischen Zellen treten Proteine, darunter Hitzeschockproteine und Histone, aber auch RNA- und DNA-Fragmente aus, die als Entzündungsfaktoren wirken. Nach Fragmentierung der Plasmamembran kann sich der Inhalt nekrotischer Zellen auf die Nachbarzellen ergießen. Nekrotische Zellen können auch wie apoptotische Zellen durch Phagocyten aufgenommen werden.

In Abhängigkeit von auslösenden Faktoren und Abläufen wird zwischen regulierten Nekrosen, sogenannten „Nekroptosen", und zufälligen Nekrosen unterschieden. Erstere zeichnen sich durch eine Sequenz zellulärer Reaktionen aus, bei der ein „Nekrosomen"-Komplex mit den zwei Proteinkinasen **RIP1** und **RIP3** eine entscheidende Rolle spielt. Zufällige nekrotische Prozesse verlaufen mehr oder weniger unkontrolliert und nicht in einer vorbestimmten Reaktionsfolge.

3. **Autophagie**

Als Autophagie wird der intrazelluläre Verdau nicht funktionsfähiger cytoplasmatischer Organellen und von Teilen des Cytoplasmas bezeichnet. In den Zellen bilden sich Vakuolen mit aufgenommenen Fragmenten von Mitochondrien, ER- und Golgi-Membranen, sogenannte „**Autophagosomen**". Die Vakuolen sind von zwei Membranen, einer inneren und einer äußeren, umgeben. Die äußeren Membranen fusionieren mit Lysosomenmembranen. Dabei entstehen **Autolysosomen**, in denen sowohl das eingeschlossene Material als auch die inneren Membranen der Autophagosomen abgebaut werden. Autophagie ist ein zellulärer Reparatur- und Erneuerungsprozess, der bei normalen physiologischen Abläufen die intrazelluläre Homöostase gewährleistet. Beschädigte, nichtfunktionelle Organellen und aggregierte Proteine werden durch Autophagie entfernt. Autophage Prozesse helfen Zellen auch, Perioden eines Nährstoffmangels zu überleben. Die Zellen bauen verzichtbares Material ab und gewinnen daraus Energie und Bausteine für neue Synthesen. Nur unter außergewöhnlichen Umständen, z. B. einer Virusinfektion, führt eine massive Bildung von Autophagosomen zum Zelltod.

4. **Keratinisierung**/Verhornung

Diese Art des Zelltodes ist auf Keratinocyten der Epidermis beschränkt. Epithelzellen der Haut bewegen sich im Laufe ihrer Differenzierung aus der Basalschicht der Epidermis bis in die äußerste Hornschicht und sterben ab (siehe Abschn. 4.3). Aus Basalzellen werden erst Stachelzellen, dann Körnerzellen und schließlich abgeflachte „Zellsäcke" ohne Zellkern und andere intrazelluläre Organellen. Die Komponenten des Zellkerns und intrazellulärer Organellen werden z. T. durch die gleichen Enzyme abgebaut, die auch bei der Apoptose wirken. Die Zellsäcke der Hornschicht sind mit Lipiden, vernetzten Keratinen und weiteren Keratinocyten-spezifischen Proteinen, wie Involucrin, angefüllt und werden mit der Zeit von der Haut abgelöst.

Die vier Haupttypen des Zelltodes treten nicht immer in reiner Form auf. Zwischen molekularen Komponenten der Apoptose und der Nekrose gibt es Wechselwirkungen und Zellen können in einer Weise zugrunde gehen, die sowohl Merkmale der Apoptose als auch der Nekrose aufweist.

Zellseneszenz

Zellen teilen sich nicht unbegrenzt. Nach einer endlichen Zahl von Teilungen verlieren sie die Fähigkeit, in einen neuen Zellzyklus einzutreten. Der irreversible Halt wird als **replikative Zellseneszenz** bezeichnet. Seneszente Zellen unterscheiden sich von Zellen in der Ruhephase des Zellzyklus nicht nur durch den unwiederbringlichen Verlust der Teilungsfähigkeit. Die Zellen haben einen größeren Umfang und eine größere Masse als nichtseneszente Zellen. Ihre DNA weist in der Regel fortdauernde Schäden auf. Sie exprimieren eine spezifische β-Galactosidase und meist auch das Inhibitorprotein cyclinabhängiger Kinasen **P16**, das zum Anhalten des Zellzyklus beiträgt. Seneszente Zellen zeichnen sich auch durch veränderte sekretorische Aktivitäten aus. Sie setzen Wachstumsfaktoren, Cytokine und Proteasen frei, die auf die Zellen selbst zurückwirken und benachbarte Zellen beeinflussen.

Unmittelbare Ursache zellulärer Seneszenz sind Genomschäden, wie stark verkürzte Telomere und abnorme Veränderungen intrachromosomaler DNA.

Telomere schützen Chromosomen und verhindern, dass Chromosomenenden als Strangbrüche wahrgenommen und durch DNA-Reparatursysteme miteinander verbunden werden. Die Telomeren-DNA besteht aus doppelsträngigen Einheiten TTAGGG/CCCTAA, die sich auf einer Länge von Tausenden Nucleotidpaaren viele Male wiederholen. An den 3′-Enden folgt ein zusätzlicher Überhang von 50 bis 300 weiteren Nucleotiden, der auf die doppelsträngige Sequenz zurückfaltet. Die Wiederholungssequenzen assoziieren eine Reihe von Proteinen, darunter Komplexe von „Shelterin"-Proteinen, die die Sequenzen stabilisieren und ihre Funktion gewährleisten. Mit der Zeit verkürzen sich Telomere, weil bei jeder Replikation die Enden von DNA-Molekülen nicht vollständig umgeschrieben werden. Dazu kommen weitere Verluste, die sich auf 50 bis 200 verlorene Nucleotidpaare bei jeder Zellteilung summieren. In Stamm- und Vorläuferzellen werden die Verluste durch ein Telomeraseenzym, das die Enden wieder auffüllt, ersetzt. Das Enzym wirkt im Komplex mit weiteren Proteinen und einer RNA. Es assoziiert an 3′-Enden von Telomeren-DNA und fügt neue Wiederholungseinheiten an, wobei die gebundene RNA als Matrize dient. Mit zunehmender Zahl von Teilungen nehmen jedoch auch die Telomere in Stamm- und Vorläuferzellen ab. Wenn ihre Sequenz unter eine kritische Zahl von Nucleotiden verkürzt wird, können sie ihre Funktion nicht mehr erfüllen, und die betroffenen Zellen teilen sich nicht mehr.

Intrachromosomale DNA-Schäden entstehen in wiederholten Abläufen molekularer Vorgänge und verstärkt unter schädigenden Umwelteinflüssen. Beim Kopieren von DNA gehen Nucleotide verloren, oder „falsche" Nucleotide werden eingefügt. Wenn Chromosomen umgelagert oder voneinander getrennt werden, kommt es zu Brüchen von DNA-Strängen, und nicht zusammengehörende Stränge fusionieren. Reaktive Sauerstoff- und Stickstoffverbindungen, die in allen Zellen auftreten, modifizieren zudem Nucleotide, und die veränderten Nucleotide erschweren oder blockieren die Replikation und Transkription von DNA. Aus der Umwelt wirken UV-Strahlen, ionisierende Strahlen und Schadstoffe, die mit Nahrungsmitteln oder eingeatmeter Luft aufgenommen werden. Zellen korrigieren DNA-Schäden auf unterschiedliche Weise. Die Reparaturmechanismen bezeichnet man insgesamt als **DNA-Schadensantwort** (*DNA damage response*). Nach Erkennung und Beseitigung von Schäden inaktivieren Zellen die Reparatursysteme und nehmen ihre normale Funktion wieder auf. Im gegenteiligen Fall, wenn Korrekturen nicht gelingen, führen sie keine DNA-Replikation aus und gehen in den seneszenten Zustand über, der kürzer oder länger andauern kann, oder sie sterben gleich durch Apoptose.

Auch kleinere Veränderungen in Genen des Zellzyklus-Kontrollsystems, die übermäßige Zellteilungen bewirken, können zu zellulärer Seneszenz führen. Mutierte Gene, deren Produkte in dominierender Weise Zellwachstum und ungebremste Zellteilungen fördern, nennt man **Onkogene**. Zellen reagieren auf übermäßige Teilungen ähnlich wie auf größere DNA-Schäden. Sie werden seneszent oder sterben durch Apoptose. Wenn diese Programme nicht erfolgreich sind, entwickeln sich Krebszellen.

Der Zustand der Zellsenszenz wird abhängig von den auslösenden Faktoren wie Telomerenverkürzungen, DNA-Schäden oder übermäßige Zellteilungen über verschiedene Mechanismen eingeleitet. Eine Hauptrolle spielt in allen Fällen das Protein P53, aber auch Retinoblastomprotein, Inhibitoren cyclinabhängiger Kinasen und miRNA sind beteiligt.

In Abschn. 4.2 wurde bereits auf die Funktion von P53 bei der Unterbrechung des Zellzyklus hingewiesen. Telomerenverluste, intrachromosomale DNA-Schäden oder übermäßige Stimulierungen des Zellzyklus unterdrücken die Ubiquitinierung und den Abbau von P53, dessen Konzentration dadurch steigt. P53 aktiviert in der Folge eine Reihe von Genen, darunter das Gen für den Cdk-Inhibitor P21, der die cyclinabhängigen Kinasen G_1/S- und S-Cdk und damit den gesamten Zellzyklus hemmt (siehe Tab. 4.1). Höhere Konzentrationen von P53 unterbrechen nicht nur den Zellzyklus. P53 aktiviert auch Gene der DNA-Reparatur, der Zellseneszenz und der Apoptose. Das Protein wirkt zudem nicht nur als Transkriptionsfaktor. Es stimuliert im Zellkern auch die Reifung von miRNA-Spezies, die Zellseneszenz fördern, und aktiviert im Cytoplasma proapoptotische Proteine, die die Apoptose von Zellen einleiten. P53 kann somit drei unterschiedliche zelluläre Szenarien auslösen, 1) eine Unterbrechung des Zellzyklus und anschließende DNA-Reparatur, 2) Zellseneszenz oder 3) programmierten Zelltod. Das Protein hemmt darüber hinaus auch autophage Prozesse des Abbaus geschädigter Organellen. Welches Szenarium eintritt, hängt von der Konzentration, der Lokalisation und den Modifizierungen von P53 und Wechselwirkungen des Proteins mit anderen Proteinen ab.

Parallel zu P53 wirken P53-unabhängige Regulationen. Bei Zellsenszenz wird ein Genlocus (*ink4a-arf locus*) aktiviert, der für einen weiteren Inhibitor von Zellzykluskinasen, das Protein P16, codiert. Die Konzentration von P16 steigt mit der Zahl von Zellteilungen. Das Inhibitorprotein hemmt G1-Cdk (Tab. 4.1) und hindert das Enzym, Retinoblastomprotein zu phosphorylieren. Aktivator-E2F-Proteine bleiben dann in Komplexen mit nichtphosphoryliertem Retinoblastomprotein inaktiv und G_1/S- und S-Cycline werden nicht synthetisiert. Die von den zwei Cyclinen abhängigen Kinasen G_1/S- und S-Cdk werden außerdem – wie oben beschrieben – durch das P53-induzierte Inhibitorprotein P21 gehemmt. Beide Mechanismen bewirken einen nachhaltigen Arrest des Zellzyklus. Der Genlocus für das Inhibitorprotein P16, enthält auch das Gen für Protein **Arf**, das den Abbau von P53 hemmt und zum Anstieg von P53 in Zellen beiträgt.

P53, Retinoblastomprotein, Inhibitor P16, Inhibitor P21 und weitere Proteine, die den Zellzyklus unterbrechen und Teilungen und Vermehrungen entarteter Zellen mit DNA-Schäden verhindern, nennt man **Tumorsuppressorproteine** und die codierenden Gene **Tumorsuppressorgene**. Tumorsuppressorproteine sind Gegenspieler onkogener Proteine. Wenn Regelmechanismen unter Beteiligung von Tumorsuppressorproteinen versagen oder Onkogen-codierte Proteine dominieren, entstehen Krebszellen. Tatsächlich weisen etwa die Hälfte aller menschlichen Tumore inaktivierende Mutationen im P53-Gen auf. In den übrigen Tumoren werden P53-Wirkungen durch erhöhte Konzentrationen von P53-Inhibitoren oder verminderte Konzentrationen von P53-Aktivatoren oder Inaktivierungen P53-nachfolgender Signalwege beeinträchtigt und abgeschwächt. Wenn P53 aktiv ist und die durch P53 induzierten Mechanismen wirken, werden Zellen in den Zustand replikativer Seneszenz versetzt, oder sie sterben durch Apoptose.

Seneszente Zellen vermehren sich nicht, und Adhäsionsmoleküle und sekretierte Proteine der Zellen, u. a. die Cytokine Interleukin-6 und Interleukin-8, locken Immunzellen und Makrophagen an, welche die Zellen vernichten. Nicht alle seneszenten Zellen werden jedoch aus Geweben entfernt. Ihre Anzahl nimmt mit dem Alter zu, und die Zellen verändern durch die Sekretion von Wachstumsfaktoren, Cytokinen und Proteasen die Gewebe, in denen sie sich aufhalten. Faktoren und Proteasen, die aus seneszenten Zellen freigesetzt werden, können Wundheilungen begünstigen und fibrotische Narben auflösen. Sie können aber auch die Migration und Invasion vorhandener entarteter Zellen fördern und chronische Entzündungen in Geweben auslösen. Wenn Stamm- und Vorläuferzellen seneszent werden, verlieren Gewebe ihre Fähigkeit zur Regeneration. Die intrazellulären Organellen seneszenter Zellen sind darüber hinaus meist weniger funktionsfähig als die Organellen gesunder Zellen. Besonders gravierend wirken sich Defekte der Mitochondrien aus, die den größten Teil des zellulären ATP produzieren. Die Zahl und die Aktivität von Mitochondrien sind in Zellen älterer Gewebe reduziert. Dabei spielen wieder erhöhte Konzentrationen von P53 eine Rolle. P53 unterdrückt die Synthese der Transkriptions-Coaktivatoren **PGC-1α** und **PGC-1β**, die beide die Biogenese von Mitochondrien fördern und gleichzeitig auch die Synthese von Enzymen stimulieren, die reaktive Sauerstoffradikale inaktivieren. Wenn die Cofaktoren nicht in genügenden Konzentrationen gebildet werden, nehmen die Leistungen von Mitochondrien in Zellen ab. Reaktive Sauerstoffradikale, die bei unzureichenden Aktivitäten der Enzyme Superoxid-Dismutase, Katalase und Glutathion-Peroxidase akkumulieren, schädigen in größerem Ausmaß DNA, Proteine und Lipide.

Der programmierte Zelltod durch Apotose

Apoptose ist ein natürlicher Vorgang in der Entwicklung von Organen und Körperteilen und gleichzeitig auch ein Hauptweg der Entfernung seneszenter und geschädigter Zellen aus Geweben. In der Embryonalentwicklung werden überflüssige Zellen beseitigt. Hände und Füße wachsen z. B. erst als flache „Schaufeln" ohne erkennbare Finger oder Zehen. Erst später verschwinden die Zellen in den Zwischenräumen zwischen Finger- und Zehengliedern. Auch überschüssige Nervenzellen und Immunzellen mit Rezeptoren für körpereigene Antigene werden durch Apoptose entfernt. Im erwachsenen Organismus sterben täglich Milliarden Zellen durch programmierten Zelltod. Insbesondere in Geweben mit hohem Zellumsatz wie dem hämatopoetischen System und dem Darmepithel werden ständig Zellen eliminiert. Die Zerlegung der Zellen erfolgt durch Proteasen und Nucleasen. Proteasen hydrolysieren lösliche Proteine, Membran- und Cytoskelettproteine. Nucleasen spalten die DNA in Nucleosomenfragmente von ca. 200 Nucleotidpaaren oder einem Vielfachen davon. Die Zellen zerfallen dann in **apoptotische Körperchen** und senden gleichzeitig Signale aus, die Phagocyten anlocken und sie stimulieren, die Zelltrümmer aufzunehmen. Die Vorgänge laufen üblicherweise ohne Entzündungsreaktionen ab.

Eine überragende Rolle spielen in der Apoptose proteolytische Enzyme mit einem Cysteinrest im aktiven Zentrum und einer charakteristischen Substratspezifität. Sie spalten Polypeptide C-terminal von Aspartatresten. Die **Caspasen** („C" für Cystein und „asp" für Aspartat) können drei Gruppen zugeordnet werden: **Initiatorcaspasen**, **Effektorcaspasen** und Caspasen, die im angeborenen Immunsystem wirken. Zu den Initiatorcaspasen gehören die Caspasen-8, -9 und -10, zu den Effektorcaspasen die Caspasen-3, -6 und -7 (Abb. 4.14). Die Enzyme werden alle als inaktive Proenzyme mit einem Propeptid, gefolgt von einer großen (P20) und einer kleinen Domäne (P10) synthetisiert. Die Aktivierung der Proenzyme erfordert eine proteolytische Spaltung zwischen den Domänen P10 und P20. Nach der Spaltung lagern sich die zwei getrennten Molekülteile jeweils zu einem Heterodimer zusammen, und je zwei Heterodimere assoziieren zu Heterotetrameren. In der Apoptose werden erst Initiatorcaspasen aktiviert. Die Initiatorproenzyme binden mit Domänen ihrer längeren Propeptide an Gerüstproteine, wo sie aktiviert werden. Die aktiven Initiatorcaspasen aktivieren dann Effektorcaspasen. Effektorcaspasen verfügen über eine breite Substratspezifität. Sie hydrolysieren Hunderte verschiedener Proteine.

Initiatorcaspasen können über zwei verschiedene Mechanismen aktiviert werden. Die **intrinsische Aktivierung** wird durch Stresssignale wie fehlende zellfördernden Faktoren (*cell survival factors*), DNA-Schäden oder proteolytische Enzyme cytotoxischer Zellen initiiert und führt zur Aktivierung von Initiatorcaspase-9. Die **extrinsische Aktivierung** beginnt mit der Bindung spezifischer extrazellulärer Liganden an **Zelltodrezeptoren** (*death receptors*) und führt zur Aktivierung von Initiatorcaspasen-8 oder -10.

Bei der intrinsischen Aktivierung spielen **Proteine der Bcl-2-Familie** (Bcl-2 ist die Abkürzung von B-Zell-Lymphom 2) eine dominierende Rolle. Bcl-2-Proteine enthalten charakteristische **BH-Domänen**. Sie können in Abhängigkeit von ihrer Struktur und Funktion drei verschiedenen Gruppen zugeordnet werden: **Pro-Apoptose-Proteinen** (*pro-apoptotic proteins*), **Anti-Apoptose-Proteinen** (*pro-survival cell guardians*) und **Proteinen mit nur einer BH3-Domäne** (BH_3-*only proteins*) (Abb. 4.14).

Pro-Apoptose- und Anti-Apoptose-Proteine weisen im Unterschied zu Proteinen mit nur einer BH3-Domäne jeweils vier BH-Domänen auf, BH1, BH2, BH3 und BH4. In ihrer Sekundärstruktur treten neun α-Helices hervor. Sieben amphipatische α-Helices mit je einer polaren und einer apolaren Seite umgeben eine zentral gelegene hydrophobe α-Helix.

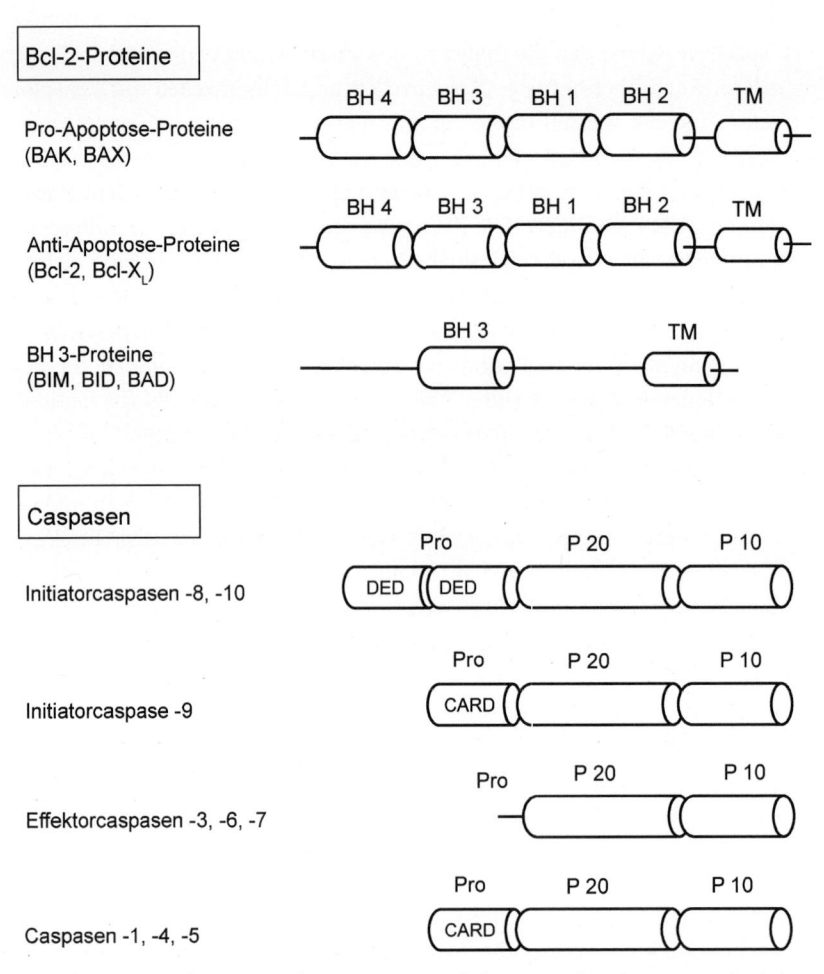

Abb. 4.14 Domänenstruktur von Bcl-2-Proteinen und Caspasen. Pro-Apoptose-, Anti-Apoptose- und BH3-Proteine enthalten unterschiedliche BH-Domänen. Die meisten weisen auch eine Transmembrandomäne (TM) auf. Caspasen bestehen aus einer Prosequenz unterschiedlicher Länge, gefolgt von zwei Domänen, P20 und P10. Die Propeptide von Initiatorcaspasen enthalten Domänen der Wechselwirkung mit anderen Proteinen, DED (*death effector domain*) und CARD (*caspase recruitment domain*)

Dazu kommt eine transmembranale Helix. Auf der Oberfläche der Proteine befindet sich eine hydrophobe Furche, an die BH3-Domänen binden können. An die Furche assoziieren Proteine mit nur einer BH3-Domäne, im Weiteren kurz **BH3-Proteine** genannt. Über Oberflächenfurchen und BH3-Domänen interagieren auch Pro-Apoptose- und Anti-Apoptose-Proteine.

Die Pro-Apoptose-Proteine **BAK** und **BAX** können in äußeren Mitochondrienmembranen Oligomere bilden und die Membranen dadurch durchlässig machen. Der Verlust der Barrierefunktion äußerer Mitochondrienmembranen ist ein entscheidender Schritt

4.5 Wie Zellen altern und sterben

intrinsische Aktivierung

Substratmangel, DNA-Schäden
⇩
Aktivierung von BH 3-Proteinen (BIM, BID, BAD) ◄------ Aktivierung BID
⇩
Aktivierung von BAX und BAK
⇩
Freisetzung von Cytochrom c und weiteren Proteinen aus Mitochondrien
⇩
Bildung von Komplexen aus Cytochromc, Apaf-1 und Pro-Caspase-9 (Apoptosom)
⇩
aktive Caspase-9
⇩
Aktivierung von Effektorcaspasen

extrinsische Aktivierung

Bindung von FAS-Ligand oder TNFα an Zelltodrezeptoren
⇩
Bildung von Komplexen aus Zelltodrezeptoren, Adapterprotein und Procaspase -8 oder -10
⇩
aktive Caspase -8 oder -10
⇩
Aktivierung von Effektorcaspasen

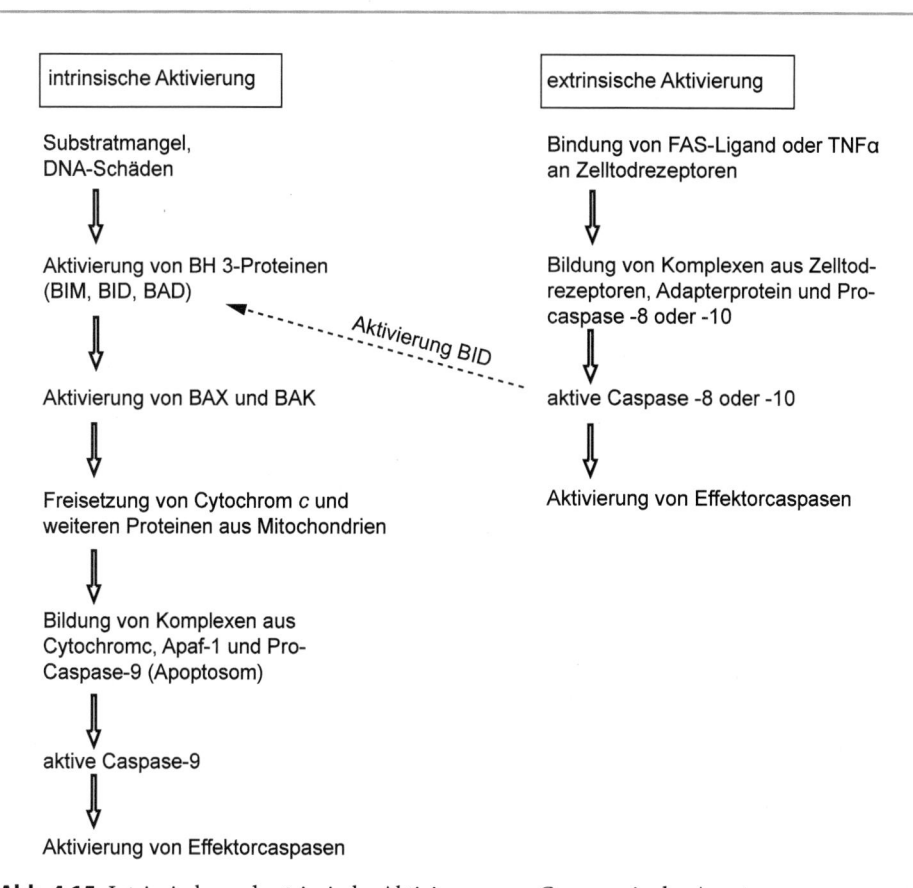

Abb. 4.15 Intrinsische und extrinsische Aktivierung von Caspasen in der Apoptose

des intrinsischen Apoptoseweges. Das Protein BAK ist bereits in äußeren Membranen lokalisiert, während BAX zwischen Membranen und Cytosol wechseln kann und erst bei Apoptose verstärkt in die Membranen transferiert wird.

Anti-Apoptose-Proteine, darunter **Bcl-2** und **Bcl-X**$_L$, verhindern die Bildung von BAK- und BAX-Oligomeren. BH3-Proteine wie **BIM**, **BID** und **BAD** bewirken dagegen Oligomerisierungen von BAK und BAX und sie neutralisieren Anti-Apoptose-Proteine.

Der intrinsische Weg der Caspase-Aktivierung, der – wie oben erwähnt – durch Stressfaktoren ausgelöst wird, führt zunächst zu erhöhten Konzentrationen aktiver Proteine mit nur einer BH3-Domäne (Abb. 4.15). Das BH3-Protein BID wird durch limitierte Proteolyse aktiviert und das BH3-Protein BAD wird aktiv, wenn es unter den Bedingungen der Apoptose nicht mehr phosphoryliert und durch andere Proteine gebunden wird. Weitere BH3-Proteine werden bei Apoptose verstärkt synthetisiert oder aus Bindungsorten am Cytoskelett freigesetzt. Die aktiven BH3-Proteine leiten die Bildung von BAK- und BAX- Oligomeren in äußeren Mitochondrienmembranen ein. Die Membranen werden durchlässig und Proteine, die sich zwischen inneren und äußeren Mitochondrienmembranen befinden, darunter **Cytochrom c**, diffundieren in das Cytoplasma. Im Cytoplasma assoziiert

Cytochrom *c* mit dem **Apoptose-Protease-aktivierenden Faktor-1** (*apoptotic protease-activating factor-1*, Apaf1). Der Faktor hat üblicherweise das Nukleotid dATP gebunden, das gespalten und in dADP umgewandelt wird. Nukleotid dADP wird anschließend wieder gegen dATP ausgetauscht und sieben Cytochrom *c*/Apaf1-Komplexe lagern sich zu einer diskusförmigen Struktur, dem **Apoptosom** zusammen. Jedes Apoptosom enthält sieben Bindungsorte für Pro-Initiatorcaspase-9. Moleküle der inaktiven Pro-Initiatorcaspase assoziieren mit ihren Prodomänen an die Bindungsorte und werden hier aktiviert. Aktive Initiatorcaspase-9 katalysiert dann die Umwandlung inaktiver Proformen der Effektorcaspasen – 3, – 6 und – 7 in aktive Enzyme.

Der **extrinsische Weg** der Apoptose wird durch die Bindung extrazellulärer trimerer Liganden wie membranständiger Fas-Ligand (FasL) und löslicher Tumornekrosefaktor α (TNFα) an trimere **Zelltodrezeptoren** eingeleitet. Die transmembranalen Rezeptoren enthalten in ihren intrazellulär gelegenen Molekülbereichen „Todesdomänen", an die das Adaptorprotein FADD anlagert. FADD assoziiert seinerseits die Initiatorcaspasen-8 oder -10, und es enstehen **Zelltod-induzierende Signalkomplexe** (*death-inducing signaling complexes*, DISC). Die Initiatorcaspasen werden in den Komplexen autokatalytisch aktiviert und aktivieren anschließend die Effektorcaspasen-3, -6 und -7. In einigen Zelltypen verstärkt Caspase-8 durch limitierte Proteolyse des BH3-Proteins BID gleichzeitig auch den intrinsischen Weg der Apoptose.

Aus Mitochondrien werden bei der Apoptose zwei weitere Proteine, **Smac** und **Omi**, freigesetzt. Beide Proteine verstärken die Aktivität von Caspasen, indem sie Inhibitoren von Caspasen inaktivieren. Apoptose-Inhibitorproteine (*inhibitors of apoptosis proteins*, IAP) gewährleisten einen Schutz gegen zufällige Aktivierungen von Caspasen. Smac und Omi schalten sie aus. Smac bindet IAP in inaktive Komplexe, und Omi, eine Protease, spaltet IAP in inaktive Fragmente.

Effektorcaspasen hydrolysieren Proteine des Zellkerns, der Mitochondrien, des Golgi-Apparats und des endoplasmatischen Reticulums. Sie zerlegen Transkriptions- und Translationsfaktoren, Cytoskelettproteine und Ankerproteine von Zell-Zell- und Zell-Matrix-Verbindungen, Signalproteine und metabolische Enzyme. Die Fragmentierung der DNA wird ebenfalls durch Caspasen eingeleitet. Die Proteasen hydrolysieren das Inhibitorprotein einer spezifischen DNAse, die DNA zwischen Nucleosomen spaltet. Caspasen aktivieren auch eine Proteinkinase, die Histon H2B phosphoryliert. Die Phosphorylierung fördert die Kondensierung nichtgespaltener DNA. Im Ergebnis aller Reaktionen lösen sich apoptotische Zellen von benachbarten Zellen und zerfallen in apoptotische Körperchen. Die Zellen senden gleichzeitig chemotaktische Signale aus, die Makrophagen und andere Fresszellen anlocken. Ein lösliches Signalmolekül ist Lysophosphatidylcholin. Membrangebundene Signalmoleküle sind Phosphatidylserin, oxidiertes Low-Density-Lipoprotein und Calreticulin. Lysophosphatidylcholin wird aus Phosphatidylcholin durch eine Caspase-3-aktivierte Phospholipase freigesetzt. Phosphatidylserin ist üblicherweise nur auf der inneren Seite von Zellmembranen lokalisiert. Bei Apoptose gelangt das Lipid unter Beteiligung von Caspasen auf die äußere Membranseite. Das Chaperon Calreticulin wechselt aus dem ER in die äußere Zellmembran. Die verschiedenen Liganden werden von Rezeptoren phagocytärer Zellen erkannt und gebunden. Die Rezeptoren leiten auch die Aufnahme von Fragmenten absterbender Zellen in Phagocyten ein. Im Unterschied zur Phagocytose von Bakterien oder zur Aufnahme von Zelltrümmern, die bei nichtprogrammiertem Zelltod entstehen, werden bei der Apoptose keine oder nur wenig entzündungsfördernde Cytokine freigesetzt. Die absterbenden Zellen und ihre Fragmente werden aufgenommen, bevor sie ihren Inhalt auf die umgebenden Zellen ausschütten können.

Alterungsprozesse und Lebenserwartung werden durch genetische und epigenetische Anlagen, Verhaltensweisen und die Umwelt beeinflusst

Die Alterung von Zellen und die Alterung eines Organismus sind nicht dasselbe. In einem Organismus sind Zellen, Gewebe und Organe voneinander abhängig und beeinflussen sich gegenseitig. Ständig sterben Zellen ab, während andere am Leben bleiben. Nichtsdestoweniger bestehen zwischen der Alterung von Zellen und der Lebensdauer von Organismen enge Beziehungen. Faktoren, die die Seneszenz und das Absterben lebenswichtiger Zellen verzögern, verlängern die Lebensdauer von Organismen, und eine längere Lebenszeit von Organismen ist an eine längere Funktionsfähigkeit zumindest bestimmter Zellen gebunden.

Die Abhängigkeit der Lebenserwartung von genetischen und epigenetischen Anlagen zeigt sich schon darin, dass Nachkommen von Individuen mit hohem Lebensalter oft – nicht immer – ebenfalls eine hohe Lebenserwartung haben. Es gibt Familien, in denen über Generationen einzelne Personen sehr alt werden. Sie erreichen nicht nur ein hohes Lebensalter, sondern leiden auch weniger an chronischen Krankheiten. Typische Alterserscheinungen treten bei ihnen erst spät in der letzten Lebensphase auf.

Langlebigkeit ist von vielen Genen abhängig, und Genvarianten können sich sowohl positiv als auch negativ auswirken. Günstige Allele scheinen bestimmte Genvarianten von **FOXO-Transkriptionsfaktoren** und **Proteinkinase Akt** zu sein, die man bei Hundertjährigen häufiger findet als bei Vergleichspersonen (Kenyon 2010). Transkriptionsfaktoren der FOXO-Familie und Akt-Kinase gehören zum Signalweg von Insulin und Insulin-ähnlichem Wachstumsfaktor 1 (IGF-1). Allele der Gene können veränderte Regulationen des Signalweges bewirken (siehe Abschn. 3.6). Ein ungünstiges Allel, das einer höheren Lebenserwartung entgegensteht, ist dagegen eine Variante des Gens für Apolipoprotein E (Deelen et al. 2011). Träger des Allels, das für die ε4-Isoform von Apolipoprotein E codiert, leiden häufiger an Herz-Kreislauf-Erkrankungen und Alzheimer-Demenz. Sie erreichen seltener ein sehr hohes Alter.

Neben Erbanlagen spielen Verhaltensweisen eine wichtige Rolle. Übermäßiger Stress, Alkohol, Rauchen und Drogenkonsum beschleunigen degenerative Prozesse und erhöhen die Anfälligkeit für chronische Krankheiten. Anregende geistige Aktivität, regelmäßiges körperliches Training, eine ausgewogene Diät und die feste Einbindung in Gemeinschaften begünstigen eine höhere Lebenserwartung.

Übermäßiger Stress einerseits und regelmäßiges Training und kalorienarme Ernährung andererseits sind entgegengesetzt wirkende Einflüsse. Unter Stressbedingungen werden verstärkt Hormone und andere Faktoren freigesetzt, die zelluläre Prozesse aktivieren und dadurch helfen, Stresssituationen zu überwinden. Lang andauernde extreme Belastungen wie Kriegsbedingungen, große finanzielle Not, erlittene Vergewaltigungen u. a. verändern jedoch Genexpressionen und verkürzen Telomere. So haben z. B. alleinerziehende Mütter chronisch kranker Kinder weit kürzere Telomere als Frauen gleichen Alters ohne vergleichbare Belastungen (Blackburn und Epel 2012). Die zellulären Folgen wurden bereits weiter oben beschrieben. Zellen mit stark verkürzten Telomeren teilen sich nicht mehr. Sie werden seneszent. Die Zahl und die Funktion ihrer Mitochondrien nehmen ab. Metabolische Prozesse und Ca^{2+}-Transporte sind beeinträchtigt; und die Zellen sind insgesamt anfälliger für endogene und exogene Noxen. Wenn Stammzellen betroffen sind, geht die Regenerationsfähigkeit der Gewebe verloren. Für den Organismus bedeuten kürzere Telomere eine statistisch höhere Anfälligkeit für degenerative Erkrankungen und eine geringere Lebenserwartung.

Körperliche Aktivität verlängert dagegen das Leben. Eine Auswertung von Langzeitstudien an über 600.000 Personen weist sogar mehrere Jahre Gewinn bei regelmäßigem Training aus (Moore et al. 2012). Auch Übergewichtige und Fettleibige profitieren von Bewegungsübungen. Regelmäßige Aktivität stärkt die Kontraktionskraft und die Ausdauer von Muskeln. Die Durchblutung der Muskeln wird verbessert. Es werden mehr und aktivere Mitochondrien gebildet. Der Glucosetransport und oxidative Stoffwechselwege werden aktiviert. Die Wirkungen sind keineswegs auf die Muskulatur beschränkt. In der Leber werden mehr Enzyme der β-Oxidation von Fettsäuren synthetisiert. Fettzellen des subkutanen weißen Fettgewebes exprimieren thermogene Gene, die üblicherweise nur in den wenig vorhandenen braunen Fettzellen aktiv sind. Die weißen Fettzellen synthetisieren nach Ausdauertraining u. a. das Entkopplungsprotein UCP1 (*uncoupling protein 1*), das in Mitochondrien die Atmungskette von der ATP-Synthese entkoppelt. Die Zellen verbrennen dann Energiedepots und produzieren Wärme. Ausdauerübungen verzögern darüberhinaus Alterungsprozesse im Gehirn, verbessern Lern- und Gedächtnisleistungen und lindern Depressionen.

In den Prozessen spielt der Transkriptions-Coaktivator PGC-1α eine wichtige Rolle (Abb. 4.16). Das Coaktivatorprotein wird bei Ausdauertraining sowohl in Herz- und Skelettmuskulatur als auch im Hippocampus, der Gehirnregion mit zentraler Bedeutung für die Gedächtnisbildung, verstärkt synthetisiert (Wrann et al. 2013). PGC-1α bindet nicht unmittelbar an DNA, aktiviert aber mehrere DNA-bindende Transkriptionsfaktoren, darunter PPAR, ERRα und NRF (siehe Abschn. 3.6 unter „Intrazelluläre Rezeptoren"). PGC-1α und ERRα initiieren die Biogenese von Mitochondrien und aktivieren oxidative Stoffwechselwege. Über PGC-1α werden auch Gene für Enzyme des Abbaus reaktiver Sauerstoffverbindungen angeschaltet. Weitere Wirkungen von PGC-1α in Skelettmuskelzellen sind die erhöhte Synthese eines Membranproteins mit der Bezeichnung FNDC5 (Broström et al. 2012) und die Freisetzung von β-Aminoisobuttersäure (Roberts et al. 2014). Von dem Membranprotein wird ein Fragment, „Irisin", abgespalten, das über die Zirkulation zu Zellen anderer Gewebe gelangt. Das Fragment induziert in weißen Fettzellen oben beschriebene Expression thermogener Gene, darunter des Gens für UCP1. Die nieder-

4.5 Wie Zellen altern und sterben

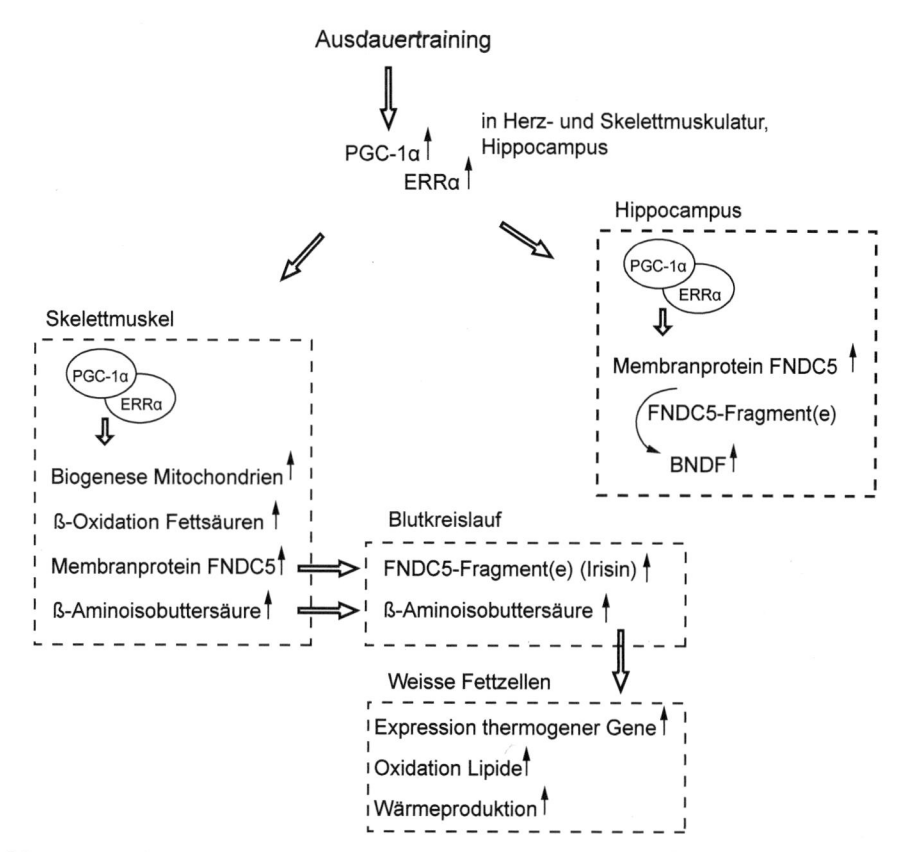

Abb. 4.16 Ausdauertraining verändert den Stoffwechsel. Mehrere Wirkungen werden durch Coaktivator PGC-1α und Transkriptionsfaktor ERRα vermittelt

molekulare Substanz β-Aminoisobuttersäure hat auf weiße Fettzellen die gleiche Wirkung und aktiviert in der Leber die β-Oxidation von Fettsäuren. Auch Zellen des Hippocampus synthetisieren nach Ausdauerübungen mehr Membranprotein FNDC5. Extrazelluläre Fragmente von FNDC5 stimulieren in dem Gehirnareal dann die Synthese des Faktors BNDF (*brain-derived neurotrophic factor*), der Differenzierungen und Interaktionen von Nervenzellen fördert.

Ausdauertraining wirkt sich auch auf die Bildung von Autophagosomen in Zellen aus. In Herz- und Skelettmuskelzellen, aber auch in anderen Zellen mit aktivem Glucosestoffwechsel, wie Leber-, Pankreas- und Fettzellen, werden bei körperlichen Anstrengungen autophage Prozesse induziert. Dadurch werden nicht nur verbrauchte Strukturen schneller abgebaut. Induzierte Autophagie erhöht auch die Ansprechbarkeit von Zellen auf Insulin und die Aufnahme von Glucose in Zellen. Gleichzeitig wird das Enzym **AMP-aktivierte Proteinkinase** aktiviert, das eine verstärkte Synthese von ATP einleitet.

Eine maßvolle Ernährung kann ebenfalls positive Wirkungen auf Zellfunktionen haben. In Tiermodellen führt eine moderate Reduktion der Kalorienzufuhr bei adäquater

Ernährung zu beeindruckenden Ergebnissen. Fadenwürmer *Caenorhabditis elegans* haben bei Nährstoffreduktion und Inhibierung nährstoffsensitiver Signalwege eine zehnfach höhere Lebenserwartung, und auch die Lebensdauer von Mäusen kann durch Kalorienreduktion um ca. 40 % verlängert werden. In zwei Untersuchungen an Rhesusaffen als Vertretern nichthumaner Primaten wurden bei reduzierter Kost Verbesserungen des Gesundheitszustands und eine geringere Anfälligkeit für Krebs und Diabetes festgestellt. In einer Studie zeichnete sich auch ein Trend zu höherer Lebenserwartung ab (Colman et al. 2009). Die Befunde wurden aber in einer zweiten Studie, in der allen Tieren, auch den Vergleichstieren, qualitativ hochwertige Nahrung mit Fischöl, Antioxidantien und wenig Zucker angeboten wurde, bisher nicht bestätigt (Mattison et al. 2012). Beide Studien dauern bereits viele Jahre und werden noch fortgesetzt.

Worauf ist die lebensverlängernde Wirkung einer reduzierten Kalorienzufuhr bei Fadenwürmern und Nagetieren zurückzuführen, und warum zeigt sie sich nicht in gleicher Weise bei Primaten?

Nährstoffe sind für alle lebenden Organismen unentbehrlich. Ohne Nährstoffe können Zellen nur begrenzte Zeit existieren. Sie stellen ihren Stoffwechsel dann auf ein „Sparregime" um. Bei länger andauerndem Nährstoffentzug folgen Defekte und Tod. Übermäßige Aktivierungen nährstoffabhängiger Signalwege sind jedoch auch nicht günstig, weil sie zu Ungleichgewichten im Stoffwechsel führen und Reparaturprozesse mit auftretenden Schäden nicht mithalten.

In Abschn. 3.6 wurde auf die Schlüsselfunktion des Proteinkomplexes mTORC1 in der Nahrungsverwertung hingewiesen. Komplex mTORC1 wird durch Insulin, das bei erhöhten Blutglucosekonzentrationen freigesetzt wird, durch Insulin-ähnliche Wachstumsfaktoren und Aminosäuren aktiviert. Der Komplex stimuliert die Synthese von Proteinen und Lipiden und hemmt gleichzeitig autophage Prozesse des Abbaus verbrauchter Zellstukturen. Bei übermäßigem Nahrungsangebot wird mTORC1 chronisch aktiviert. Der veränderte Stoffwechsel führt zu mehr metabolischen Nebenprodukten, mehr ungefalteten Proteinen und geringerer Effektivität der mitochondrialen Atmung. Auch Stammzellen der Gewebe sind von den Veränderungen betroffen. Diese ungünstige Konstellation wird bei kalorienarmer Ernährung vermieden. Mehr noch: Wenn mTORC1 gehemmt wird, bleiben zellschützende Funktionen erhalten. Bei niedriger mTORC1-Aktivität entstehen weniger Nebenprodukte, weniger ungefaltete Proteine und weniger schädigende Sauerstoffradikale. Die autophagen Prozesse des Abbaus verbrauchter Zellstrukturen verlaufen ungehindert, und auch Stammzellnischen und Gewebestammzellen bleiben länger funktionsfähig. Auf diese Weise werden Zellschäden minimiert und Regenerierungsprozesse aufrechterhalten.

Bei Primaten wirken sich die zellschützenden Effekte einer kalorienarmen Ernährung u. U. weniger aus, weil bei ihnen im Vergleich zu niederen Lebewesen zusätzliche Regulationsmechanismen wirken. Es ist auch möglich, dass die positiven Wirkungen reduzierter Kost von entgegengesetzt wirkenden Faktoren wie einer geringeren spontanen körperlichen Aktivität bei Nahrungsbegrenzung überlagert werden.

Zum Abschluss des Kapitels wird noch einmal betont, dass in einem Organismus Zellen, Gewebe und Organe gemeinsam alt werden und sich gegenseitig beeinflussen.

Altersbedingte Veränderungen des Nervensystems und des angeborenen und adaptiven Immunsystems spielen nach gegenwärtiger Kenntnis eine Hauptrolle bei dem allmählichen Versagen aller Körperteile (*systemic ageing*).

Literatur

Lehrbücher

Alberts B, Johnson A, Lewis J, Raff M, Roberts K, Walter P (2011) Molekularbiologie der Zelle, 5. Aufl. Wiley-VCH, Weinheim
Berg JM, Tymoczko JL, Stryer L (2013) Stryer Biochemie, 7. Aufl. Springer Spektrum, Springer, Berlin

Zellstruktur

Mostowy S, Cossart P (2012) Septins: the fourth component of the cytoskeleton. Nat Rev Mol Cell Biol 13:183–194
Stambio-De-Castillia C et al (2010) The nuclear pore complex: bridging nuclear transport and gene regulation. Nat Rev Mol Cell Biol 11:490–501
Westerman B (2010) Mitochondrial fusion and fission in cell life and death. Nat Rev Mol Cell Biol 11:872–884

Zellzyklus

Bertoli C et al (2013) Control of cell cycle transcription during G1 and S phases. Nat Rev Mol Cell Biol 14:518–528
Carmena M et al (2012) The chromosomal passenger complex (CPC): from easy rider to the godfather of mitosis. Nat Rev Mol Cell Biol 13:789–803
Jackson SP, Bartek J (2009) The DNA-damage response in human biology and disease. Nature 461:1071–1078
Pines J (2011) Cubism and the cell cycle: the many faces of the APC/C. Nat Rev Mol Cell Biol 12:427–438
Verdaasdonk JS, Bloom K (2011) Centromeres: unique chromatin structures that drive chromosome segregation. Nat Rev Mol Cell Biol 12:320–332
Zaidi SK et al (2010) Mitotic book marking of genes: a novel dimension to epigenetic control. Nat Rev Genet 11:583–589

Stammzellen und differenzierte Zellen

Bentzinger CF et al (2012) Building muscle: molecular regulation of myogenesis. Cold Spring Harb Perspect Biol 4:1–16 (a008342)
Blanpain C, Fuchs E (2009) Epidermal homeostasis: a balancing act of stem cells in the skin. Nat Rev Mol Cell Biol 10:207–317

Braun T, Gantel M (2011) Transcriptional mechanisms regulating skeletal muscle differentiation, growth and homeostasis. Nat Rev Mol Cell Biol 12:349–361

Bugamin Y et al (2013) Mechanisms and models of somatic cell reprogramming. Nat Rev Genet 14:427–439

Caspar-Maia A et al (2011) Open chromatin in pluripotency and reprogramming. Nat Rev Mol Cell Biol 12:36–47

Cheung TH, Rando TA (2013) Molecular regulation of stem cell quiescence. Nat Rev Mol Cell Biol 14:329–340

Efe JA et al (2011) Conversion of mouse fibroblasts into cardiomyocytes using a direct reprogramming strategy. Nat Cell Biol 13:215–222

Guttman M et al (2011) Linc RNAs act in the circuitry controlling pluripotency and differentiation. Nature 477:295–300

Ivey KN, Srivastava D (2010) MicroRNA as regulators of differentiation and cell fate decisions. Cell Stem Cell 7:36–41

Jopling C et al (2011) Differentiation, transdifferentiation and reprogramming: three routes to regeneration. Nat Rev Mol Cell Biol 12:79–89

Li M et al (2012) Navigating the epigenetic landscape of pluripotent stem cells. Nat Rev Mol Cell Biol 13:524–535

Lister R et al (2011) Hotspots of aberrant epigenomic reprogramming in human induced pluripotent stem cells. Nature 471:68–73

Martinez NJ, Gregory RI (2010) MicroRNA gene regulatory pathways in the establishment and maintenance of ESC identity. Cell Stem Cell 7:31–35

Melton C et al (2010) Opposing microRNA families regulate self-renewal in mouse embryonic stem cells. Nature 463:621–626

Takahashi K et al (2007) Induction of pluripotent stem cells from adult human fibroblasts by defined factors. Cell 131:861–872

Yamanaka S, Blau HM (2010) Nuclear reprogramming to a pluripotent state by three approaches. Nature 465:704–712

Zhou VW et al (2011) Charting histone modifications and the functional organization of the mammalian genomes. Nat Rev Genet 12:7–18

Zellen in Geweben

Cavallero U, Dejama E (2011) Adhesion molecule signaling: not always a sticky business. Nat Rev Mol Cell Biol 12:189–197

Kanchanawong P et al (2010) Nanoscale architecture of integrin-based cell adhesions. Nature 468:580–584

Sorokin L (2010) The impact of the extracellular matrix on inflammation. Nat Rev Immunol 10:712–723

Watt FM, Huck WTS (2013) The role of extracellular matrix in regulating stem cell fate. Nat Rev Mol Cell Biol 14:467–473

Zellseneszenz und Zelltod

Armanios M, Blackburn EH (2012) The telomere syndromes. Nat Rev Genet 13:693–704

Blackburn EH, Epel ES (2012) Too toxic to ignore. Nature 490:169–171

Broström P et al (2012) A PGCα-dependent myokine that drives brown-fat-like development of white fat and thermogenesis. Nature 481:463–468

Codogno P et al (2012) Canonical and non-canonical autophagy: variations on a common theme of self-eating? Nat Rev Mol Cell Biol 13:7–12

Colman RJ et al (2009) Caloric restriction delays disease and mortality in Rhesus monkeys. Science 325:201–204

Crawford ED, Wells JA (2011) Caspase substrates and cellular remodeling. Ann Rev Biochem 80:1055–1087

Czabotar PE et al (2014) Control of apoptosis by the BCL-2 protein family: implications for physiology and therapy. Nat Rev Mol Cell Biol 15:49–63

Deelen J et al (2011) Genome-wide association study identifies a single major locus contributing to survival into old age; the APOE locus revisited. Ageing Cell 10:686–698

Evans DS et al (2011) TOR signaling never gets old: aging, longevity and TORC1 activity. Ageing Res Rev 10:225–237

Green DR, Kroemer G (2009) Cytoplasmic functions of the tumour suppressor p53. Nature 458:1127–1130

He C et al (2012) Exercise-induced BCL-2-regulated autophagy is required for muscle glucose homeostasis. Nature 481:511–515

Johnson SC et al (2013) mTOR is a key mediator of ageing and age-related disease. Nature 493:338–345

Kenyon CJ (2010) The genetics of ageing. Nature 464:504–512

Koga H et al (2011) Protein homeostasis and aging: the importance of exquisite quality control. Ageing Res Rev 10:205–215

Kroemer G et al (2009) Classification of cell death: recommendations of the Nomenclature Committee on Cell Death 2009. Cell Death Differ 16:3–11

Mattison JA et al (2012) Impact of caloric restriction on health and survival in rhesus monkeys from the NIA study. Nature 489:318–312

Mihaylova MM, Shaw RJ (2011) The AMPK signaling pathway coordinates cell growth, autophagy and metabolism. Nat Cell Biol 13:1016–1021

Moore SC et al (2012) Leisure time physical activity of moderate to vigorous intensity and mortality: a large pooled cohort analysis. PLoS Med 9(11):1–14 (e1001335)

Olesen J et al (2010) PGC-1α-mediated adaptation in skeletal muscle. Pflügers Arch – Eur J Physiol 460:153–162

O'Sullivan RJ, Karlseder J (2010) Telomeres: protecting chromosomes against genome instability. Nat Rev Mol Cell Biol 11:171

Roberts LD et al (2014) β-Aminoisobutyric acid induces browning of white fat and hepatic β-oxidation and is inversely correlated with cardiometabolic risk factors. Cell Metab 19:96–108

Rodier F, Campisi J (2011) Four faces of cellular senescence. J Cell Biol 192:547–556

Sahin E, DePinho RA (2012) Axis of ageing: telomeres, p53 and mitochondria. Nat Rev Mol Cell Biol 13:397–402

Suzanne M, Steller H (2013) Shaping organisms with apoptosis. Cell Death Differ 20:669–675

Tait SWG, Green DR (2010) Mitochondria and cell death: outer membrane permeabilization and beyond. Nat Rev Mol Cell Biol 11:621–632

Vandenabeele P et al (2010) Molecular mechanisms of necroptosis: an ordered cellular explosion. Nat Rev Mol Cell Biol 11:700–714

Wilson NS et al (2009) Death receptor signal transducers: nodes of coordination in immune signaling networks. Nat Immunol 10:348–353

Wrann CD et al (2013) Exercise induces hippocampal BNDF through a PGC-1α/FNDC5- pathway. Cell Metab 18:649–659

Anhang

5

5.1 Keine Angst vor chemischen Formeln: eine Einführung in Konzepte der chemischen Bindung

Alles Stoffliche, d. h. alles, was eine Masse hat und einen Raum einnimmt, ist aus chemischen Elementen aufgebaut. In biologischen Molekülen ist von den über 90 natürlichen Elementen nur ca. ein Drittel vertreten. Mehr als 97 % der Masse der meisten Organismen besteht sogar nur aus sechs Elementen: Wasserstoff (chemisches Zeichen H), Kohlenstoff (C), Stickstoff (N), Sauerstoff (O), Phosphor (P) und Schwefel (S). Dazu kommen Natrium (Na), Kalium (K), Calcium (Ca), Magnesium (Mg), Chlor (Cl) und einige Spurenelemente. Jedes Element besteht aus Atomen und jedes Atom aus kleineren Elementarteilchen. Für das chemische Verhalten von Atomen sind nur drei Teilchen von Bedeutung: **Protonen**, **Neutronen** und **Elektronen**. Protonen haben eine positive und Elektronen eine negative Ladung. Neutronen haben keine Ladung. Jedes Atom enthält gleich viele Protonen und Elektronen, folglich sind Atome als Ganzes neutral. Protonen und Neutronen besitzen etwa gleiche Massen, die weit größer sind als die Masse von Elektronen. Die Ersteren befinden sich in den Kernen der Atome, während die Elektronen sich im umgebenden Raum aufhalten. Sie bewegen sich hier auf sogenannten **Orbitalen** unterschiedlicher Lage und Form. Jedes Orbital ist ein erlaubtes Energieniveau und kann maximal von zwei Elektronen belegt werden. Elektronen halten sich vorzugsweise auf kernnahen Orbitalen auf, wo sie eine geringere Energie haben als auf weiter entfernten Orbitalen.

Die Atome verschiedener Elemente unterscheiden sich in der Zahl ihrer Protonen und entsprechend Elektronen. Ein H-Atom hat z. B. nur ein Proton im Kern und ein Elektron auf dem Orbital niedrigster Energie. Ein C-Atom enthält sechs Protonen und sechs Elektronen. Letztere sind auf drei verschiedene Orbitale verteilt. Die Zahl von Protonen bzw. Elektronen in Atomen nennt man **Ordnungszahl**. Die Anordnung aller Elemente in der Reihenfolge ihrer Ordnungszahlen und gleichzeitig in Gruppen mit ähnlichen Eigenschaften ist als **Periodensystem der Elemente** bekannt. Die Atome verschiedener Elemente haben entsprechend ihrer Teilchenzahl auch unterschiedliche Massen, die extrem klein sind

Tab. 5.1 Ordnungszahlen, Atommassen und Bindungszahlen der Elemente Wasserstoff, Kohlenstoff, Stickstoff, Sauerstoff, Phosphor und Schwefel

Element/Atom	Ordnungszahl	Atommasse (ame)	Anzahl von Bindungen in Molekülen
H	1	1	1
C	6	12	4
N	7	14	3
O	8	16	2
P	15	31	3 oder 5
S	16	32	2 oder 6

und deshalb nicht in Gramm, sondern in Atommasseneinheiten (ame) angegeben werden. Eine Atommasseneinheit entspricht einem Gewicht von $1{,}66 \times 10^{-24}$ g. Die Atommassen der Elemente H, C, N, O, P und S in Atommasseneinheiten betragen 1, 12, 14, 16, 31 und 32.

Atome reagieren miteinander und bilden Moleküle aus gleichen oder verschiedenen Atomen. In Molekülen geben einzelne Atome Elektronen an andere ab, oder sie teilen sich Elektronen. Von den Umlagerungen sind nur die Elektronen der äußeren Orbitale, die **Valenzelektronen**, betroffen. H-Atome haben nur ein Valenzelektron, C-Atome haben vier, N- und P-Atome je fünf und O- und S-Atome je sechs Valenzelektronen. Nach der **Oktettregel** streben Atome eine Belegung ihrer äußeren Orbitale mit acht Valenzelektronen an. Wenn H-Atome in Molekülen ihre Valenzelektronen auffüllen, kann auf ihrem einzigen Orbital nur ein zusätzliches Elektron untergebracht werden. Die übrigen Atome bevorzugen entsprechend der Oktettregel jeweils acht Valenzelektronen. C-Atome mit vier eigenen Valenzelektronen benötigen für ein Oktett vier weitere Elektronen. N- und P-Atomen reichen drei und O- und S-Atomen zwei zusätzliche Elektronen für jeweils ein Oktett von Valenzelektronen aus.

Wie viele Bindungen ein gegebenes Atom mit anderen Atomen eingeht, wird durch die vorhandenen Valenzelektronen und das Bestreben der Atome, ihre äußeren Orbitale aufzufüllen, bestimmt. H-Atome sind nur zu einer einfachen Bindung fähig. Sie befinden sich deshalb stets am Rande von Molekülen. C-Atome gehen in Molekülen vier Bindungen mit anderen Atomen ein, N-Atome drei Bindungen und O-Atome zwei Bindungen. P-Atome können in Molekülen in Übereinstimmung mit der Oktettregel drei Bindungen ausbilden. Die Atome können jedoch auch mit fünf Bindungen beteiligt sein. Diese Bindungszahl tritt in den meisten biologischen Molekülen mit P-Atomen auf. In ähnlicher Weise können S-Atome nicht nur zwei, sondern auch sechs Bindungen zu anderen Atomen ausbilden. Die Gründe für die größere Anzahl von Bindungen der P- und S-Atome werden hier nicht erläutert.

Alle chemischen Formeln basieren auf den Bindungszahlen der Elemente, die für die Elemente Wasserstoff, Kohlenstoff, Stickstoff, Sauerstoff, Phosphor und Schwefel zusammen mit ihren Ordnungszahlen und Atommassen in Tab. 5.1 zusammengefasst sind.

Wenn zwei Atome Elektronen miteinander teilen, überlappen sich ihre Elektronenorbitale, und zwischen den Atomen entstehen **kovalente Bindungen**. Im einfachsten Fall

5.1 Keine Angst vor chemischen Formeln

steuert jedes Atom ein Valenzelektron für ein gemeinsames Elektronenpaar bei, und der Zusammenhalt der Atome wird durch eine höhere Dichte negativ geladener Elektronen zwischen den positiv geladenen Kernen gewährleistet. Grafisch wird eine solche kovalente Bindung zwischen zwei Atomen durch zwei Punkte für die zwei Elektronen oder einen geraden Strich dargestellt. Valenzelektronen, die nicht an Bindungen mit anderen Atomen beteiligt sind, verbleiben an den jeweiligen Atomen. Sie werden „nichtbindende" oder „einsame" Elektronenpaare genannt und oft auch mit einem geraden Strich an dem betreffenden Atom gekennzeichnet. Die folgenden drei Beispiele demonstrieren Verteilungen von Valenzelektronen in Molekülen:

Beispiel 1: Das Wasserstoffmolekül H_2

Wasserstoffatome sind sehr reaktiv. Wenn keine anderen Reaktionspartner zur Verfügung stehen, lagern sie sich je zwei H-Atome zu Wasserstoffmolekülen zusammen.

$H\cdot + \cdot H \rightarrow H:H$ oder $H–H$

In Wasserstoffmolekülen beansprucht jedes H-Atom die zwei Valenzelektronen gleichermaßen. Die chemische Bindung durch das gemeinsame Elektronenpaar wird „Einfachbindung" genannt. Atome und Atomgruppen, die mit einer Einfachbindung verbunden sind, können sich, wenn keine räumlichen Behinderungen auftreten, um die Einfachbindung wie um eine Achse drehen.

Beispiel 2: Das Methanmolekül CH_4

Ein Methanmolekül besteht aus einem C-Atom und vier H-Atomen. Das C-Atom verfügt über vier Valenzelektronen und benötigt, um der Oktettregel zu genügen, vier weitere Elektronen. H-Atome haben jeweils ein Valenzelektron und beanspruchen in Molekülen je ein zusätzliches Elektron. Aus diesen Anforderungen ergibt sich folgende Verteilung gemeinsamer Elektronen:

$$\begin{array}{c} H \\ \cdot\cdot \\ H:C:H \\ \cdot\cdot \\ H \end{array} \quad \text{oder} \quad \begin{array}{c} H \\ | \\ H-C-H \\ | \\ H \end{array}$$

Beispiel 3: Das Kohlendioxidmolekül CO_2

Ein Kohlendioxidmolekül besteht aus einem C-Atom mit vier Valenzelektronen und zwei O-Atomen mit je sechs Valenzelektronen. Alle drei Atome erlangen ein Oktett von Valenzelektronen bei folgender Elektronenverteilung:

$$\ddot{\text{O}}::\text{C}::\ddot{\text{O}} \quad \text{oder} \quad \overline{\text{O}}=\text{C}=\overline{\text{O}}$$

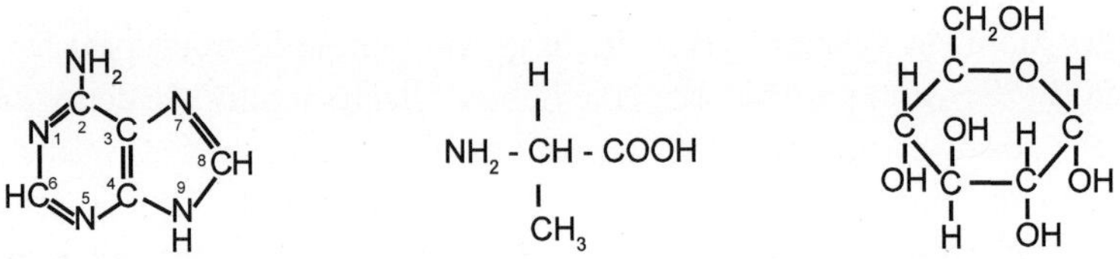

Adenin

Alanin
NH$_2$ - CH - COOH
|
CH$_3$ (with H above the central CH)

Glucose

CH$_3$ - CH$_2$ - CH$_2$ - [CH$_2$ - CH$_2$]$_5$ - CH$_2$ - CH$_2$ - COOH

Palmitinsäure

Abb. 5.1 Strukturformeln niedermolekularer organischer Verbindungen

In der Anordnung teilt das zentrale C-Atom mit jedem der zwei O-Atome jeweils zwei Elektronenpaare. Eine Bindung mit zwei Elektronenpaaren nennt man „Doppelbindung". Atome können auch drei Elektronenpaare miteinander teilen. Dabei entstehen „Dreifachbindungen". Doppelbindungen sind stärker als Einfachbindungen, und Dreifachbindungen sind stärker als Doppelbindungen. Doppel- und Dreifachbindungen erlauben im Unterschied zu Einfachbindungen keine Drehungen der Atome um die Bindungsachse.

Die drei obigen Beispiele demonstrieren zwei mögliche Darstellungen chemischer Formeln. In **Molekülformeln**, wie H_2, CH_4 und CO_2, werden nur die beteiligten Atome und ihre Zahl angezeigt. **Strukturformeln**, wie H–H und O=C=O, lassen dagegen auch die Art der Verbindung der Atome miteinander erkennen.

Kohlenstoffatome zeichnen sich dadurch aus, dass sie nicht nur mit anderen Atomen, sondern vorzugsweise auch untereinander Bindungen eingehen. Sie verbinden sich zu linearen und verzweigten Ketten und bilden Vielecke. In den Strukturen können neben C-Atomen auch andere Atome enthalten sein. Abgesehen von Wasser enthalten fast alle Moleküle biologischer Substanzen C-Atome. Vier Verbindungen mit jeweils mehreren C-Atomen sind Adenin, Alanin, Glucose und Palmitinsäure (Abb. 5.1).

Adenin ist ein zyklisches Molekül aus H-, C- und N-Atomen. Die Verbindung ist eine Teilstruktur der Nucleotide Adenylat und Desoxyadenylat. Alanin ist eine von 20 Aminosäuren in Proteinen. Glucose ist ein einfaches Zuckermolekül, ein Monosaccharid. Palmitinsäure ist eine Fettsäure und als solche Bestandteil von Phospholipiden in biologischen Membranen. In den obigen Darstellungen sind nicht alle Bindungen zwischen Atomen explizit gezeigt. Zwei oder mehrere Atome sind z. T. in Gruppen zusammengefasst. Diese Schreibweise ist für größere Moleküle mit vielen C-Atomen üblich.

Ausgehend von Molekül- oder Strukturformeln können die relativen Molekülmassen (Abk. M_r) von Substanzen berechnet werden. Sie ergeben sich als Summe der Atommassen aller in den Molekülen enthaltenen Atome. Die Molekülmassen von H_2, CH_4 und CO_2 betragen z. B. 2, 16 und 44. Biologische Makromoleküle können Molekülmassen von vielen Millionen aufweisen.

Chemische Strukturformeln sind schematische Darstellungen. Reale Moleküle sind räumliche Gebilde, deren Größe und Form durch die beteiligten Atome, die Abstände zwischen Atomen und die Winkel zwischen den Bindungen bestimmt werden. Das Molekül CH_4 hat z. B. die Form eines Tetraeders mit dem C-Atom in der Mitte und den vier H-Atomen an den vier Ecken der Figur. Die C–H-Bindungen haben eine Länge von jeweils 0,11 nm, und alle Winkel H–C–H betragen 109,5.

Kovalente Bindungen zwischen zwei gleichen Atomen sind symmetrisch und nicht polarisiert, man sagt auch „apolar". Beide Atome beanspruchen die Bindungselektronen gleichermaßen. Wenn dagegen in einer Bindung zwischen zwei unterschiedlichen Atomen ein Atom eine größere Anziehung auf die Bindungselektronen ausübt als das andere, entsteht eine „polare" Bindung. Das Atom mit der größeren Anziehungskraft zieht die Elektronen auf sich und erlangt dadurch eine partiell negative Ladung. Das Partneratom erhält eine positive Ladung. Die Fähigkeit von Atomen, Elektronen auf sich zu ziehen, wird durch ihre **Elektronegativität** bestimmt, eine intrinsische Eigenschaft von Atomen. Je stärker die Elektronegativität eines Atoms, desto größer seine Anziehungskraft auf Elektronen. Die Elektronegativität biologisch wichtiger Atome nimmt in der Reihe $H \sim P < S \sim C < N < O$ zu. Die Unterschiede der Elektronenanziehung zwischen H- und C-Atomen sind gering, und C–H-Bindungen sind wenig polarisiert. Bindungen von C-Atomen mit N- und O-Atomen zeichnen sich dagegen durch eine stärkere Polarisation aus. Die Bindungselektronen sind zu den N- und O-Atomen verschoben. Die Elektronendichte an den Atomen ist erhöht, während die C-Atome eine partiell positive Ladung aufweisen. Man spricht in diesem Zusammenhang auch von **Oxidation** und **Reduktion**. Der Ausdruck Oxidation wurde ursprünglich nur für Reaktionen unter Beteiligung von O-Atomen, die am stärksten Elektronen auf sich ziehen, verwendet. In verallgemeinerter Form bezeichnet man jeden Abzug von Elektronen als Oxidation und jede Zunahme der Elektronendichte als Reduktion. Wenn neutrale C-Atome Bindungen mit N- oder O-Atomen eingehen, werden sie oxidiert und die Partneratome reduziert. C-Atome werden auch oxidiert, wenn sie aus Bindungen mit H-Atomen zu Bindungen mit N- oder O-Atomen wechseln.

Wenn Atome Elektronen vollständig abgeben oder ganz übernehmen, werden sie positiv oder negativ geladen. Metallatome wie Na-, K-, Ca- und Mg-Atome neigen dazu, Elektronen abzugeben. Aus ihnen werden positiv geladene Na^+-, K^+-, Ca^{2+}- und Mg^{2+}-**Ionen**. Nichtmetallatome wie Cl- und Jod (J)-Atome nehmen dagegen Elektronen auf. Aus ihnen werden negativ geladene Cl^-- und J^-- Ionen. Positiv geladene Ionen nennt man auch **Kationen**, negativ geladene Ionen **Anionen**. Metalle und Nichtmetalle bilden Salze, wie NaCl und KJ, in denen die Ionen durch feste **ionische Bindungen** zusammengehalten werden. Die Salze dissoziieren in wässrigen Lösungen in Kationen und Anionen. Das gewöhnliche Kochsalz NaCl dissoziiert z. B. in Na^+- und Cl^-- Ionen.

Das Verhalten von Molekülen wird oft von einzelnen Atomgruppen mit charakteristischen Eigenschaften bestimmt. Solche funktionellen Gruppen sind u. a. **Hydroxyl-** (–OH), **Amino-** (–NH_2), **Carbonyl-** (>CO), **Aldehyd-** (–CHO), **Carboxyl-** (–COOH), **Sulfhyd-**

ryl- (–SH), **Phosphoryl-** (–PO$_3$H$_2$) und **Methylgruppen** (–CH$_3$). Carboxyl- und Phosphorylgruppen neigen z. B. in wässrigen Lösungen dazu, H$^+$-Ionen (Protonen) abzugeben. Aus –COOH wird –COO$^-$ + H$^+$ und aus –PO$_3$H$_2$ wird –PO$_3^{2-}$ + 2H$^+$. Wenn Carbonyl- oder Phosphorylgruppen in Wasser Protonen abgeben, erhöht sich die Protonenkonzentration der wässrigen Lösung. Substanzen mit diesen Gruppen sind Säuren. Aminogruppen tendieren umgekehrt dazu, Protonen aus wässrigen Lösungen aufzunehmen. Aus –NH$_2$-Gruppen werden –NH$_3^+$-Gruppen. Die aufgenommenen H$^+$-Ionen werden im Medium durch Dissoziation von Wassermolekülen in H$^+$- und OH$^-$-Ionen ersetzt. Substanzen, die H$^+$-Ionen aus wässrigen Lösungen aufnehmen und dadurch die Konzentration von OH$^-$-Ionen erhöhen, sind Basen.

Funktionelle Gruppen können von einem Molekül auf andere Moleküle übertragen werden oder mit funktionellen Gruppen anderer Moleküle reagieren.

Literatur

Brown TL, LeMay HE, Bursten BE (2007) Chemie – Die zentrale Wissenschaft. 10. Aufl. (Kapitel 2) „Atome, Moleküle und Ionen", Pearson Education, München, S 45–81

Sachverzeichnis

Symbols
3',5'-zyklisches AMP, 113
3',5'-zyklisches GMP, 113
7-Methylguanosin, 18
7-Methylguanosin-Kappe, 19
α-Actinin, 145, 180
α-Dystroglykan, 57
α-Helix, 73
β-Catenin, 126, 178
β-Faltblatt, 73
β-Galactosidase, 186
γ-Sekretase, 78, 126
γ-Tubulin-Ring-Komplexe, 144

A
Acetyl-Coenzym A, 101
Actin, 109, 178
Actinfilamente, 144, 145
Actinmonomere, 145
Activine, 125
Adapterprotein, 141
Adaptorprotein
    FADD, 192
Adeninnucleotid-Translokase, 105
Adenosindiphosphat (ADP), 99
Adenosinmonophosphat (Adenylat, AMP), 100
Adenosintriphosphat (ATP), 98, 141
Adenylylcyclase, 116
Adhärenzverbindungen, 176
Adhäsion, fokale, 180
Adhäsionsprotein, 133
ADP/ATP-Austauscherprotein, 142
Aggrecan, 174
Aktivierungsenergie, 88
Aktivität, körperliche, 194
Akt-Kinase, 123

Allel(e), 30
Alpha-1-Antitrypsin-Mangel, 79
Alterung von Zellen, 184, 193
Alzheimer-Demenz, 78, 193
Aminoacyl-tRNA, 21
Aminosäure(n), 63
Amyloid-Vorläuferprotein, 78
Amyloid-β-Peptid, 78
Anaphase, 146
Anion, 205
Ankerprotein(e), 115
Ankerverbindungen, 176
Anti-Apoptose-Protein, 189
Anticodon, 20
Antikörper, 82
Antikörperepitop, 82
Apaf1 \t Siehe Apoptose-Protease-aktivierenden
    Faktor-1, 192
Apolipoprotein E, 193
Apoptose, 184, 188
    extrinsische Aktivierung, 189
    extrinsischer Weg, 192
    Inhibitorproteine, 192
    intrinsische Aktivierung, 189
Apoptose-Protease-aktivierender Faktor-1
    (Apaf1), 192
Apoptosom, 192
Arachidonsäure, 120
Assoziationskonstante, 80
Assoziationsstudien, 56
Astralmikrotubuli, 148
ATM, 156
Atmungskette, 97
Atom, 201
ATP, 102
ATP-Synthase, 100, 102, 142
ATR, 156

Aurora B, 155
Autolysosom, 185
Autophagie, 185
   induzierte, 195
Autophagosom, 139, 185, 195
Autosomen, 24

B
Basalmembran, 167, 173, 175
Basalzellen, 167
Bcl-2-Protein, 189
BID, 191
BIM, 191
Bindegewebe, 173
Bindung
   ionische, 205
   kovalente, 202
Bivalent, 29
Blastocyste, 159
BMP, 125
   Protein, 164
   Signale, 168

C
Ca^{2+}–ATPase, 105, 137
Ca^{2+}/H^+–Austauscherprotein (LETM1), 143
Ca^{2+}–Ionen, 119, 137, 142
Ca^{2+}–Uniporterprotein (MCU), 143
Cadherin, 176, 182
Calreticulin, 192
cAMP, 116
cAMP-abhängige Proteinkinase(n), 117
cAMP-reaktive Elemente, 118
Cardiolipin, 143
Caspase, 189
Cateninprotein, 176
Caveolae-Vesikel, 141
Caveolinprotein, 141
Caveosom, 141
Cdc6-Protein, 11, 154
Cdc20, 155
Cdc45, 11, 154
Cdh1, 155
Cdt1-Protein, 11
CENP-A, 35
Centriole, 143
Centromer, 148
Centromer(e), 24

Centrosom, 143
cGMP, 117
cGMP-abhängige Phosphodiesterase, 119
cGMP-abhängige Proteinkinase(n), 119
Chaperon(e), 66
Chaperonin(e), 67
Chondroitinsulfat, 173
Chromatin, 10
Chromatin-modellierende Komplexe, 35
Chromosom(en), 9, 24
Citratzyklus, 100, 142
Clathrin, 140
Claudinprotein, 181
c-Myc, 169
   Protein, 163
Coaktivator, 40
codierende RNA, 6
Codon, 19
Coenzym Q, 97
Cofilin, 145
Cohesin, 148
Condensin, 148, 154
Connexine, 181
Connexon, 182
COPII-Protein, 140
COPI-Protein, 140
Corepressor, 41
CpG-Inseln, 32
CREB, 118
Creutzfeldt-Jakob-Krankheit, 78
Cyclin, 151
   Cdk, 153
Cystische-Fibrose-Transmembranleitfähigkeits-
   regulator, 57, 79
Cytochrom c, 97, 191
Cytochromoxidase, 98
Cytokin, 186
Cytokin(e), 124
Cytokinese, 146, 150
Cytokinrezeptor(en), 124
Cytoskelett, 131, 144, 179
Cytosol, 131

D
Decorin, 174
Delta-like-Liganden, 125
Delta-Protein, 160
Demethylierung von DNA, 32
Desensibilisierung, 115

Desmin, 146
Desmosom, 146, 176
Desoxyribonucleinsäure (DNA)
    Methylierung, 170
    Reparatur, 187
    Schadensantwort, 156, 187
Desoxyribonucleinsäure(n) (DNA), 5
Desoxyribonucleotid(e), 6, 7
Diacylglycerin, 113, 117, 119
Differenzierung, 160
diploider Chromosomensatz, 24
Disintegrin- und Metalloproteasen mit Thrombospondindomäne, 176
Dissoziationskonstante, 80
DNA
    Basenexzisionsreparatur, 14
    B-Form, 9
    Exonuclease, 14
    Folgestrang, 14
    Leitstrang, 14
    Methylierung, 31
    Mikrosatelliten, 24
    Minisatelliten, 24
    Mismatch-Reparatur, 14
    Mitochondrien, 28
    Nucleotidexzisionsreparatur, 14
    Segmentverdopplungen, 24
DNA-abhängige RNA-Polymerase II\i, 37
DNA-abhängige RNA-Polymerase(n), 17
DNA-Bindungsprotein(e), 11
DNA-Doppelhelix, 9
DNA-Doppelstrang, 9
DNA-Einzelstrang, 8
DNA-Endonuclease, 14
DNA-Evolution, 52
DNA-Fingerabdruck, 24
DNA-Helicase, 9
DNA-Kopiezahlvarianten, 51
DNA-Ligase(n), 11, 14
DNA-Methyltransferasen, 32
DNA-Polymerase
    Transläsion-DNA-Polymerase, 15
DNA-Polymerase(n), 11
DNA-Polymerase α, 11
DNA-Polymerase δ, 13
DNA-Polymorphismen, 54
DNA-Rekombination, 14
DNA-Reparatursystem(e), 14
DNase I, 44
DNA-Sequenzvarianten, 54
DNA-Strukturvarianten, 54
DNA-Topoisomerase, 148
DNA-Transposon, 25
DNA-Verstärkersequenzen, 39
DNA-Vorlagestrang, 17
Doppelchromosom, 148
Down-Syndrom, 57
dreidimensionale Struktur von Proteinen, 71
Duchenn'sche Muskeldystrophie, 57
Dystonin, 180

E

E2F-Protein, 151
Effektorcaspase, 189
    3, 6 und 7, 192
Effektorprotein(e), 112
Eicosonoide, 120
Einzelnucleotid-Polymorphismen, 54
Ektoderm, 159
Elastin, 175
elektrochemischer Protonengradient, 98
Elektronenträger, 97
Elektronentransportkette, 97, 100, 142
    Komplex I, II, III und IV, 97
Elongationsfaktor(en), 22
ENCODE (Encyclopedia of DNA Elements), 44
Encyclopedia of DNA Elements, 26
Endocytose, 140
Endosom, 138, 139, 140
Energiehaushalt von Zellen, 96
Enhancer, 39, 40, 45
Entoderm, 159
Entwicklungsgen, 161
Enyzmkinetik, 92
Enzym
    aktives Zentrum, 89
    Cofaktor(en), 90
    EC-Nummer, 88
    Histon-modifizierendes, 170
    Hydrolase(n), 87
    Isomerase(n), 87
    Ligase(n), 87
    Lyase(n), 87
    Oxidoreduktase(n), 87
    prosthetische Gruppe, 90
    Transferase(n), 87
Enzym(e), 86
Enzyme
    Klassifikation, 87

Enzymgekoppelte Rezeptoren, 120
epidermaler Wachstumsfaktor, 120
Epidermis, 167, 185
epigenetische Regulation(en), 31, 36
Epigenom, 32, 170
Epithelgewebe, 173
Epithel-Mesenchym-Übergang, 178
Ernährung, 193
   kalorienarme, 196
ESCC-miRNA, 163
ES-Zellen, 161
   Teilungszyklus, 162
Euchromatin, 10
Evolution von DNA, 45
Exon, 18
Exosom(en), 43

F
FAD, 97
FADH2, 102
Faktor
   Klf4, 169
   Oct4, 169
   Pax3, 166
   Pax7, 166
   Sox2, 169
Faserprotein, 173
Faserproteine, 75
Fas-Ligand, 192
Fehlpaarung, 14
Fettsäuren
   β-Oxidation, 142, 143
Fibrillin, 175
Fibronektin, 175
Filamin, 180
Flavinadenindinucleotid (FAD), 142
Flavinmononucleotid, 97
FMN, 97
Fokale Adhäsionskinase, 124
Follikelbauchung, 168
Forminprotein, 145
FOXO-Transkriptionsfaktoren, 193
Frachtprotein, 137
freie Enthalpie, 91
freie Gibbs-Energie, 91
Frizzled-Rezeptoren, 126
Fukutin, 25

G
G_1-Cdk, 151
G_1/S-Cdk, 151
G_1/S-Cyclin, 151
Gameten, 30
Gelsolin, 145
Gen
   der Differenzierung, 161
   der Selbsterneuerung, 161
   unmittelbar frühes, 151
Gen-Aktivatorprotein(e), 39
Gendrift, 50
Gen(e), 6
genetischer Code, 19
genetische Rekombination, 29
Genetische Variation, 53
Genom, 6
Genomdefekte, 57
genomische Prägung, 30
genotypische Merkmale, 53
Gen-Repressorprotein(e), 39
Gerinnungsfaktor VIII, 57
Gerüstproteine, 115
Geschlechtschromosom, 24
GINS, 11, 154
Gleichgewichtskonstante, 80
globuläre Proteine, 76
Glycerophospholipide, 131
Glykolyse, 100
Glykoprotein, 175
Glykosaminglykane (GAG), 173
Glykosidase, 138
Glykosylphosphatidylinositol (GPI), 136
Glykosyltransferase, 138
Golgi-Komplex, 137
Golgi-Membranen, 131
GPI-Anker, 136
G-Protein(e), 114
G-Protein-gekoppelte Rezeptoren, 115
GTP-abhängige Regulation(en), 114
GTPase-aktivierende Proteine, 114
Guaninnucleotid-Austauschfaktoren, 114
Guanylatcyclase, 117

H
H3-Variante CENP-A, 148
Haarfollikel, 167, 168
Haarnadelschleife, 75

Hämophilie A, 57
haploider Chromosomensatz, 24
Haplotypblock, 54
Hedgehog-Protein, 126, 160, 164
Helicase
　Mcm2-7, 154
Helicase Mcm2–7, 11
Helicase(n), 11
Hemidesmosom, 146, 176
Heparansulfat, 173
Herzmuskelzellen, 171
Heterochromatin, 10
Histon 3.3, 35
Histone, 33
Histon-Lesekomplexe, 34
Histonmodifizierung, 170
Histon-Schreibkomplexe, 35
Histonvarianten, 33
Hitzeschockproteine, 66
homologe Gene, 47, 51
homologe Proteine, 47
Homöostase, 184
HSP60-Chaperone, 67
Hsp70-Chaperone, 66
HSP90-Chaperone, 67
Hüllprotein, 140
Hyaluronsäure, 173
hydrophobe Bindung(en), 71

I
Ig-CAM \t Siehe Zelladhäsionsmoleküle,
　　Immunglobulin-ähnliche, 178
IGF-1, 123
iHog-Rezeptor, 126
Immunglobulin
　konstante Domänen, 83
　variable Domänen, 83
Immunglobulin(e), 82
Immunglobulinfaltung, 82
Inhibitor P16, 186, 187
Inhibitorprotein P21, 187
Initiation der Proteinsynthese, 21
Initiationsfaktoren der Translation, 21
Initiationskomplex der Replikation, 147
Initiationskomplex(e) der Replikation, 12
Initiationssequenzen\Inr\, 38
Initiatorcaspase, 189
　8, 192
　10, 192

Initiatorcaspase-9, 189
Innexine, 181
Inositol-1, 4, 5-trisphosphat, 117, 119
Inositoltrisphosphat (IP3), 113, 137
Insulin, 120
Insulin-ähnliche Wachstumsfaktoren, 120
Insulin-Rezeptor-Substrat-1, 123
Integrin, 179
　Integrin-α-Untereinheiten, 179
　Integrin-β-Untereinheiten, 179
　α5β1, 179
　α6β1, 179
　α6β4, 179
　α7β1, 179
　αIIβ3-Integrin, 180
　αLβ2, 179
Integrin(e), 124
Intermediärfilamente, 144, 145
Interphase, 146
Intron, 18
Ion, 205
Ionenkanäle
　potenzialabhängige, 182
　Transmitter-abhängige, 182
Ionentransportprotein, 134
iPS-Klon, 170

J
Jagged, 160
Jagged-Liganden, 125
Januskinase, 124

K
Kalorienreduktion, 196
Kanalverbindungen, 176, 181
Katalysator, 89
katalytische Konstante, 93
Kation, 205
Keimbläschen, 159
Keratansulfat, 173
Keratine, 145
Keratinocyten, 167, 171, 185
Kernantigen proliferierender Zellen, 13
Kernexport, 134
Kernexportsignal, 134
Kernimport, 134
Kernimportrezeptor, 134
Kernlamina, 134

Kernlokalisierungssignal, 134
Kernmembran, 134
Kernporenkomplex, 134
Kerntransfer, 169
Kinase
    ATM, 156
    ATR, 156
    cyclinabhängige (Cdk), 151
    Dbf4-abhängige, 154
Kinase Akt, 121
Kinase mTOR, 121
Kinetochor, 148, 155
Kinetochormikrotubuli, 148
knochenmorphogenetische Proteine (BMP), 125
Kollagen, 174
    fibrilläres, 174
    Fibrillen-assoziiertes, 174
    netzwerkbildendes, 175
    Triple-Helix, 174
    Typ I, 174
    Typ II, 174
    Typ III, 174
    Typ IV, 175
    Typ IX, 174
    α, 174
Kollagenase, 176
Kompetenz, 160
kompetitive Inhibierung, 81
Komplementarität, 9
Komplex
    Anaphase-fördernder (APC/C), 151, 155
    Chromatin-modellierender, 160, 162, 170
    junktionaler, 181
    mTORC1, 196
kooperative Bindung, 81
Kopiezahlvarianten, 55
Kopplungsanalyse(n), 56
Kopplungsungleichgewicht, 54
Körperchen, apoptotische, 189
Körper, multivesikulärer, 140
Krankheit, chronische, 193
Kristalline, 69

L
Lactasegen, 53
Laminin, 175
Laminprotein, 134, 146
Lebenserwartung, 193
Lectindomäne, 179
Lederhaut (Dermis), 167

let-7-miRNA, 163
Leukotriene, 120
Ligand(en), 79
LIN28, 163
LINE, 25
Lipiddoppelschicht, 131
Lipidtransport, 137
Low-Density-Lipoprotein, 192
Low-Density-Lipoprotein-Rezeptor-ähnliches Protein, 126
Lysophosphatidylcholin, 192
Lysosom, 131, 139

M
Makrophagen, 192
Mannose-6-phosphat (M6P), 139
MAP-2, 144
MAP-Kinase, 122
MAP-Kinase-Kinase, 122
MAP-Kinase-Kinase-Kinase, 122
MAP-Kinase-Module, 121
Markierung, epigenetische, 162
Matrix
    extrazelluläre, 173
    interstitielle, 175
Matrix-Metalloproteasen, 176
Matrixzellen, 168
M-Cdk, 154
Mcm2–7, 11
Mcm10, 11, 154
M-Cyclin, 154
Mediator, 42
Meiose, 28
Membranfusion, 141
Membranprotein, 133
    integrales, 133
    peripheres, 133
Membranvesikel, 133
menschliches Genom, 23
Mesenchym-Epithel-Übergang, 178
Mesoderm, 159
messenger RNA, mRNA, 6
Metaphase, 146
Methionin-Initiator-tRNA, 21
Michaelis-Menten-Gleichung, 93
Michaelis-Menten-Konstante, 93
Mikrotubuli, 143, 144
    dynamische Instabilität, 144
    Tretmühle-Verhalten, 144
miRISC, 44

miRNA, 43, 162
   ES-Zellzyklus-regulierende, 162
miRNA-induzierter Stilllegungskomplex, 44
Mitochondrien, 131, 141
   Cristae, 142
   DNA, 143
   Matrix, 142
Mitogen, 146, 153
Mitose, 146
   Anaphase, 150
   Metaphase, 150
   Prometaphase, 150
   Prophase, 150
   Telophase, 150
Mittelkörper, 151
Modifizierungen von Histon H3, 34
Modifizierung von Proteinen, 68
Molekül, 202
molekulare Uhr, 47
Molekülformel, 204
Molekülmasse, 204
Monomere GTP-bindende Proteine, 114
Morphogen, 125, 164
Mrf4, 165
mRNA, 17
   poly(A)-Sequenz, 19
mTORC1, 122
mTORC2, 122
mTOR-Komplex-1, 122
mTOR-Komplex-1 (mTORC1), 196
mTOR-Komplex-2, 122
Mukoviszidose, 57
Multidomän-Glykoprotein, 173
Mutation(en), 50
myc-Gen, 151
Myf5, 165
Myoblasten, 164
MyoD, 165
Myofibrillen, 109
MyoG (Myogenin), 165
Myosin, 109

N
Na^+/Ca^{2+}– Austauscherprotein, 119
NAD, 97
NADH
   Ubichinon-Oxidoreduktase, 97
NADP, 97

Nährstoffe, 196
Na^+/K^+– ATPase, 105
Nanog, 161
   Protein, 170
native Konformation, 65
natürliche Selektion, 50
Nekroptose, 185
Nekrose, 184
Neurexin, 182
Neuroligin, 182
Neurotransmitter, 113
NFκB-Proteine, 127
N-Glykosylierung, 136
nichtspontane Prozesse, 86
nichtspontane Reaktion(en), 91
Nicotinamidadenindinucleotid (NAD), 97, 142
Nicotinamidadenindinucleotidphosphat, 97
Nischen, morphologische, 166
Noggin, 168
Notch-Rezeptor, 160, 164
Notch-Rezeptor(en), 126
Notch-Signalweg, 125
Nucleolus, 134
Nucleosom
   bivalentes, 162
Nucleosom(en), 10
Nucleotidtriplett, 20

O
Oberhaut (Epidermis), 167
Occludin, 181
Oct4, 161
   Protein, 170
O-Glykosylierung, 136
Okazaki-Fragmente, 14
Oktettregel, 202
Omi-Protein, 192
Onkogen, 187
Oxidation, 205

P
P53, 156, 187, 188
Papille, dermale, 168
Parkinson-Krankheit, 78
Passagierkomplex, chromosomaler, 154
Patched-Rezeptor, 126
Pax3, 165

PCNA, 13
Peptidbindung, 21, 63
Peptidbindung(en), 73
Perlecan, 174
Permeabilität-Übergangspore, mitochondriale (mPTP), 143
Peroxisom, 131, 143
PGC-1α, 194
Phagosom, 139
phänotypische Merkmale, 53
Phosphatidylinositol-4, 5-bisphosphat (PI(4, 5) P2), 141
Phosphatidylserin, 192
Phosphoinositid-3-Kinase, 123
Phosphoinositid-abhängige Proteinkinase, 123
Phospholipase C-γ, 121
Phospholipide, 131
Phospholipidsynthese, 137
Phosphoprotein-Phosphatase Cdc25, 156
Phosphoprotein-Phosphatase(n), 95, 113
Phosphorylgruppe, 99
Phosphotyrosin-bindende Domäne, 115
phylogenetischer Stammbaum, 47
Pinocytose, 140
Plakoglobin, 177
Plasmamembran, 131
 apikale, 133
 basale, 133
Plektin, 180
Plektrin, 146
Pluripotenz, 159
Polmikrotubuli, 148
poly(A)-Bindungsprotein, 19
poly(A)-Polymerase, 19
poly(A)-Sequenz, 19
Polycombkomplex, 165
 PRC1, 162
 PRC2, 162
Polycombkomplex PRC1, 36
Polycombkomplex PRC2, 36
Polycombproteine, 35
Polypeptid, 63
Potenzial, elektrisches, 134
Präinitiationskomplex, 147
Präinitiationskomplex(e) der Transkription, 38
Präreplikationskomplex(e), 11, 147
Primase, 12
Primase-Enzym, 11
Primer, 12

Prionprotein, 79
Pro-Apoptose-Protein, 189
Prometaphase, 146
Promotor, 38
Promotor(en), 45
Prophase, 146
Prostaglandine, 120
Protease, 95
Proteasom(en), 70
Protein
 Actin-verwandtes, 145
 Arf, 156, 187
 Bindungsort, 79
 Denaturierung, 65
 Faltungselemente, 77
 Konformation, 63
 Mikrotubuli-assoziiertes, 144
 mit nur einer BH3-Domäne, 189
 Primärstruktur, 63
 Quartärstruktur, 63
 Sekundärstruktur, 63
 Supersekundärstruktur(en), 77
 Tertiärstruktur, 63
Protein-Disulfid-Isomerase, 68
Proteindomäne(n), 77
Protein(e), 5, 63
 Sortierungssignale, 68
Proteine der Argonautenfamilie, 44
Proteinfaltung, 66
Proteinkinase, 51, 113
 Akt, 193
 AMP-aktivierte, 195
 Chk1, 156
 Chk2, 156
Proteinkinase Erk, 122
Proteinkinase Mek, 122
Proteinkinase(n), 95
Proteinkinasen C, 120
Proteinkinase Raf, 122
Proteinkomplex Tsc1-Tsc2, 123
Proteinmodifizierung(en), 23
Protein-Protein-Wechselwirkungen, 82
Proteinsynthese
 Elongation, 22
Proteintranslokator, 136
Proteintransport, 137
Proteoglykan, 174
Protonengradient, 142
Pyruvat, 101

Sachverzeichnis

R
Rab-GTPase, 141
Ran-GTPase, 135
Ras
  Signalweg, 151
Ras-Protein, 121
Ras-Superfamlie, 122
Reduktion, 205
Regulation der Transkription, 37
Regulatoren der Signalübertragung durch
  G-Proteine, 116
Replikation, 5, 11
Replikationsgabel, 11
Replikationsprotein A, 11
Replikationsprotein C, 13
Replikationsursprung, 11, 147
Replisom, 12
Reprogrammierung von Zellen, 169
Restriktionspunkt, 147
Reticulum, endoplasmatisches (ER), 131, 135
Retinoblastomprotein, 151, 187
Reverse Transkriptase, 25
Rezeptor
  enzymgekoppelte Rezeptoren, 113
  G-Protein-gekoppelte Rezeptoren, 113
  Ionenkanal-gekoppelte Rezeptoren, 113
Rezeptor(en), 112
Rezeptorprotein, 133
Rezeptor-Serin-/Threoninkinasen, 125
Rezeptor-Tyrosinkinasen, 120
Rheb-Protein, 123
RhoA-GTPase, 150
Rhodopsin, 119
Ribonucleinsäure(n) (RNA), 5
Ribonucleinsäure (RNA)
  regulierende, 160
Ribosom(en), 6, 21
Ring, kontraktiler, 155
RNA
  3'-nichtcodierende Sequenz, 19
  5'-nichtcodierende Sequenz, 19
  messenger-RNA, 17
  ribosomale RNA, 18
  Transfer-RNA, 18
RNA-Editierung, 23
RNA-Interferenz, 43
RNA-Polymerase I, 37
RNA-Polymerase III, 37
RNA-Transposon, 25
rRNA, 18
Rückkopplung, 115

S
Sarkomere, 109
Satelliten-DNA, 24
Satelliten-Stammzellen, 164
Satellitenzellen, 166
  festgelegte, 164
Sauerstoffradikale, 142
S-Cdk, 152
SCF-Komplex, 155
schwache Wechselwirkungen, 71
S-Cyclin, 151
Sec61-Komplex, 136
Securin, 154
Selbstorganisation, 15
Selektin, 179
Separase, 154
Septinfilamente, 144
Septinprotein, 146
Sequenzwiederholung(en), 24
Shelterin-Protein, 186
Signal, chemotaktisches, 192
Signalkomplex, Zelltod-induzierender, 192
Signalpeptidase, 136
Signalpeptidase(n), 69
Signalprotein(e), 112
Signalproteine, 113
Signalsequenz
  Erkennungspartikel, 136
Signalsequenz-Erkennungspartikel, 69
Signalüberträger und Aktivatoren der Transkription (STAT-Proteine), 124
Signalwege, 112
Silencersequenzen, 39
SINE, 25
Six1, 165
Six4, 165
Skelettmuskelzellen, 109, 163
Sklerotom, 163
Smac-Protein, 192
Smad-Proteine, 125
Smoothened-Proteine, 126
SNARE-Protein, 141
  t-SNARE, 141
  V-SNARE, 141
somatische Mutation, 58
Sortierung von Proteinen, 68
Sox2, 161
  Protein, 170
Spalt, synaptischer, 182
Spindeläquator, 149
Spindel, mitotische, 148, 154

Spleißen, 23
Spleißen von RNA, 18
Spliceosom(en), 18
Src-Familie, 124
Src-Homologie-2 Domäne, 115
Src-Kinase, 124
SRP-Rezeptor, 136
Stammzellen, 159
    adulte, 161, 166
    embryonale (ES-Zellen), 159, 161
    gewebespezifische, 161, 166
    hämatopoetische, 171
    induzierte pluripotente (iPS-Zellen), 170
    somatische, 161, 166
Stammzellnische, 168
Startcodon, 20
Startorte der Transkription, 23, 38
STAT-Proteine, 124
Stoppcodon, 20, 23
Stress, 193
Strukturformel, 204
Succinat-Dehydrogenase, 99, 101
Synapsen, chemische, 182
Synthese von Proteinen, 19
Synthese von RNA, 15
Synuclein-α, 79

T
Talgdrüse, 168
Talin, 179
TATA-Box, 38
TATA-Box-Bindungsprotein, 38
tau-Protein, 144
Telomer, 186, 194
Telomerase, 24
Telomeraseenzym, 186
Telomer(e), 24
Telophase, 146, 150
Tenascin, 175
TFIIA, 38
TFIIB, 38
TFIIE, 38
TFIIF, 38
TFIIH, 38
TGFβ, 125
    Protein, 160
thrombocytärer Wachstumsfaktor, 120
Thromboxane, 120

Todesdomäne, 192
TopBP1, 154
Topoisomerase(n), 11
Transdifferenzierung, 171
Transducin, 119
transformierende Wachstumsfaktoren β, 125
trans-Golgi-Membranen, 137
Transkription, 5, 15
Transkriptionsfaktor, 160
    c-Myc, 169
    der Pluripotenz, 161, 169
    PGC-1α, 188
    PGC-1β, 188
Transkriptionsfaktor(en), 18, 38
    DNA-Bindungsdomän(en), 85
Transkriptionsfaktoren, 38
Translation, 6, 19
Transmitter, 140, 182
Transport
    regulierter sekretorischer, 139
    synthetisch-sekretorischer, 139
Transport-ATPase(n), 105
Transportprotein, 133
Transposon, 24
Treslin, 154
trimere G-Proteine, 114, 116
Trithoraxgruppe, 36
tRNA, 18
Tropomodulin, 145
Tropomyosin, 111, 145
Troponin, 111
Tsc1-Tsc2, 123
Tsix-RNA, 31
Tubulin
    α, 144
    β, 144
Tumornekrosefaktor α (TNFα), 192
Tumorsuppressorgen, 188
Tumorsuppressorprotein(e), 58, 188
Tyrosinkinase-assoziierende Rezeptoren, 123
Tyrosinkinase der Janusfamilie, 124

U
Übergangszustand, 88
Ubichinon, 97
Ubichinon-Cytochrom-c-Oxidoreduktase, 99
Ubiquitin-aktivierendes Enzym E1, 70
Ubiquitin-konjugierendes Enzym E2, 70

Sachverzeichnis

Ubiquitin-Ligase, 70, 155
Ubiquitin-Proteasom-System, 69
unmittelbar frühe Gene, 122
Ursegmente, 163
Ursprung-Erkennungskomplex, 147
Ursprung-Erkennungskomplex(e), 11

V

Valenzelektronen, 202
Van-der-Waals-Bindung(en), 71
Verbindungen
    signalübertragende, 176
    verschließende, 176, 180
Vererbung
    dominant, 58
    rezessiv, 58
Vesikel, synaptischer, 140
Vinculin, 180
Vitronektin, 175
Vorläuferzelle, 164, 166

W

Wachstumsfaktor, 160, 186
    epidermaler, 147
    thrombocytärer, 147
Wasserstoffbindung, 9
Wasserstoffbrückenbindung(en), 71
Wnt-Protein, 126, 160, 164
Wnt-Signale, 168, 178

X

X-Chromosom, 24
X-Inaktivierung, 31
Xist-RNA, 31

Y

Y-Chromosom, 24

Z

Zellabstammungslinie, 160
Zelladhäsionsmoleküle, Immunglobulin-
    ähnliche (Ig-CAM), 178, 182
Zellalterung, 184, 193
Zellen
    differenzierte, 160
    festgelegte, 160
    kompetente, 160
    mesenchymale, 178
    multipotente, 159
    pluripotente, 159
    postsynaptische, 182
    präsynaptische, 182
    seneszente, 188
    totipotente, 159
    unipotente, 159
Zellfusion, 169
Zellkern, 131, 134
Zelllinie, 161
Zell-Matrix-Verbindung, 173, 176
Zellmembran, 132
Zellschäden, 183
Zellseneszenz, 186
Zellteilung, 146
    asymmetrische, 166
    symmetrische, 166
Zelltod, 184, 185
    programmierter, 188
Zelltodrezeptor, 189, 192
Zell-Zell-Verbindung, 173, 176
Zellzyklus, 146, 187
    G0-Phase, 146
    G1-Phase, 146
    G2-Phase, 148
    Kontrollpunkt, 156
    Kontrollsystem, 146, 151
    M-Phase, 148, 154
    S-Phase, 147
    Start, 147
Zellzyklusphasen, 146
zyklisches AMP (cAMP), 117
zyklisches GMP (cGMP), 117